机电专业新技术普及丛书

触摸屏实用技术（三菱）

主　编　王　建　宋永昌
副主编　仉学金　刘来员
　　　　张　宏　樊慧贞
参　编　马志刚
　　　　徐洪亮
　　　　杨　峥
主　审　施利春
参　审　李迎波

机械工业出版社

本书根据企业实际生产需要，结合典型项目详细介绍了三菱触摸屏的实用技术，且实例设计紧密联系生产一线。本书主要内容包括：触摸屏的基础知识、触摸屏编程软件的使用和触摸屏的典型应用。

本书内容取材于生产一线，实用性强，可作为机电专业新技术普及用书，也可作为企业培训部门、职业技能鉴定培训机构的教材，也可作为从事触摸屏应用及开发的工程技术人员的参考书，还可作为有关人员自学用书。

图书在版编目（CIP）数据

触摸屏实用技术. 三菱 / 王建，宋永昌主编 .—北京：机械工业出版社，2012. 6（2025. 8 重印）
（机电专业新技术普及丛书）
ISBN 978-7-111-38975-0

Ⅰ. ①触… Ⅱ. ①王… ②宋… Ⅲ. ①触摸屏 Ⅳ. ①TP334. 1

中国版本图书馆 CIP 数据核字（2012）第 141094 号

机械工业出版社（北京市百万庄大街 22 号 邮政编码 100037）
策划编辑：朱 华 陈玉芝 责任编辑：王振国
版式设计：纪 敬 责任校对：闫玥红
封面设计：路恩中 责任印制：刘 媛
北京富资园科技发展有限公司印刷
2025 年 8 月第 1 版 · 第 12 次印刷
184mm×260mm · 10. 5 印张 · 257 千字
标准书号：ISBN 978-7-111-38975-0
定价：35. 00 元

电话服务 网络服务
客服电话：010-88361066 机 工 官 网：www. cmpbook. com
010-88379833 机 工 官 博：weibo. com/cmp1952
010-68326294 金 书 网：www. golden-book. com

机工教育服务网：www.cmpedu.com

前言

FOREWORD

随着经济全球化进程的不断加快，发达国家的制造能力加速向发展中国家转移，我国已成为全球的加工制造基地，但却凸显了我国高技能型人才严重短缺的现实问题，特别是对掌握数控加工技术以及自动化新技术人才的需求越来越多，而很多工人受条件限制，无法到学校接受系统的数控加工技术以及自动化新技术的职业教育；对于离开校园数年、有一定工作经验的人员，也需要进行“充电”，以适应新技术发展的需要。

为解决上述矛盾，本丛书编委会组织一批学术水平高、经验丰富、实践能力强，身处企业、行业一线的专家在充分调研的基础上，结合企业实际需要，共同研究培训目标，编写了这套《机电专业新技术普及丛书》。

本套丛书的编写特色有：

1. 坚持以“技能为核心，面向青年工人的继续充电、继续提高”为培养方针，把企业和技术工人急需的高新技术进行普及和推广，加快高技能人才的培养，更好地满足企业的用人需求。

2. 更注重实际工作能力和动手技能的培养，内容贴近生产岗位，注重实用，力图实现培训的“短、平、快”，使学员经过培训后能立即胜任本岗位的工作。

3. 在内容上充分体现一个“新”字，即充分反映新知识、新技术、新工艺和新设备，紧跟科技发展的潮流，具有先进性和前瞻性。

4. 以解决实际问题为切入点，尽量采用以图代文、以表代文的编写形式，最大限度降低学习难度，提高读者的学习兴趣。

本套丛书涉及数控技术和电气技术两大领域，是面向有志于学习数控加工、机电一体化以及自动控制实用技术，并从事过相关工作的技术工人的培训用书。适合有一定经验的工人进行自学或转岗培训。

我们希望这套丛书能成为读者的良师益友，能为读者提供有益的帮助！

由于时间和水平有限，书中难免存在不足之处，敬请广大读者批评指正。

编　者

目录

CONTENT

第一章 触摸屏的基础知识

第一节 触摸屏概述

一、触摸屏的概念

触摸屏是触摸式图形显示终端的简称，是一种人机交互装置。触摸屏不仅适用于多媒体信息查询，而且还具有坚固耐用、响应速度快、节省空间、易于交流信息等许多优点。利用这种技术，用户只要用手指轻轻地触碰显示屏上的图符或文字就能实现对主机的操作，从而使人机交互更加直截了当，这种技术给人们提供了极大的方便。

触摸屏作为一种最新的计算机输入设备，是目前最简单、方便、自然的一种人机交互方式的装置。触摸屏的应用范围非常广泛，主要是公共信息的查询，如电信局、税务局、银行、电力等部门的业务查询；城市街头的信息查询；此外，还应用于工业控制、军事指挥、电子游戏、点歌点菜、多媒体教学等。

触摸屏是一个使多媒体信息或控制改头换面的设备，它赋予多媒体系统以崭新的面貌，是极富吸引力的全新多媒体交互设备。触摸屏对于各种应用领域的计算机多媒体系统已经不再是可有可无的东西，而是必不可少的设备。它极大地简化了计算机的使用，使计算机展现出更大的魅力，解决了公共信息市场上计算机所无法解决的问题。

二、触摸屏的特点

（1）操作简单　只需用手指触摸触摸屏上的相应指示按钮，便可进入信息平台。

（2）界面友好　使用者即使没有计算机相关的专业知识，根据屏幕上的信息、指令，也可以进行操作。

（3）信息丰富　存储信息种类丰富，包括文字、声音、图形、图像等。信息存储量几乎不受限制，任何复杂的数据信息，都可以纳入多媒体系统。

（4）安全可靠　可长时间连续运行，系统稳定可靠，正常操作不会出现错误或死机，易于维护。

（5）扩充性好　具有良好的扩充性，可随时增加系统的内容和数据，并为系统的联网运行、多数据库的操作提供方便。

（6）动态联网　根据用户需要，可与各种局域网或广域网连接。

三、触摸屏的组成

触摸屏由触摸检测部件和触摸屏控制器组成。触摸检测部件安装在显示器屏幕前面，用于检测用户的触摸位置，接到触摸信息后送往触摸屏控制器；而触摸屏控制器的主要作用是从触摸点检测装置上接收触摸信息，并将它转换成触点坐标送给 CPU，同时接收 CPU 发来的命令并加以执行，如图 1-1 所示。

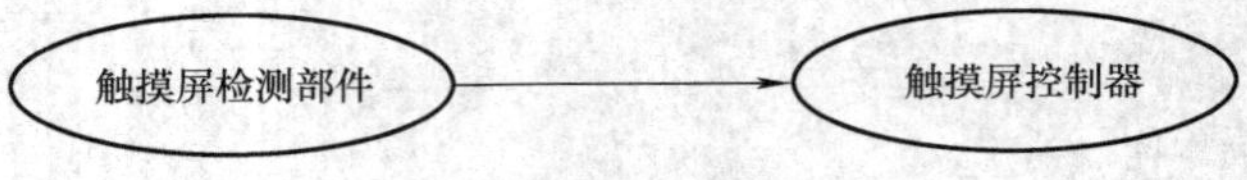

图 1-1　触摸屏的组成

四、触摸屏的工作原理

为了方便操作，常用触摸屏来代替鼠标、键盘和控制屏上的开关、按钮。工作时，用户必须先用手指或其他物体触摸安装在显示器前端的触摸屏，然后系统根据被触摸的图标或菜单的位置来定位选择信息输入。当用户触摸触摸屏时，所触摸的位置就会被触摸屏检测出来形成坐标值。触摸屏的位置坐标是绝对坐标，一般以屏幕的左上角为原点。

五、触摸屏的种类

按照触摸屏的工作原理和传输信息的介质，通常把触摸屏分为四类，分别为：电阻式触摸屏、电容式触摸屏、红外线式触摸屏和表面声波式触摸屏。每一种触摸屏都有各自的优缺点以及使用场合。

（1）电阻式触摸屏　电阻式触摸屏的结构与工作原理如图 1-2 所示。这种触摸屏是利用压力感应进行工作的。电阻式触摸屏的主要部分是一块与显示器表面非常配合的电阻薄膜屏，这是一种多层的复合薄膜，它以一层玻璃或硬塑料平板作为基层，表面涂有一层透明氧化金属（透明的导体）导电层，上面再覆一层经过外表面硬化处理、光滑防擦的塑料层，该塑料层的内表面也涂有一层导电层，两层导电层之间有许多细小的透明隔离点把两层导电

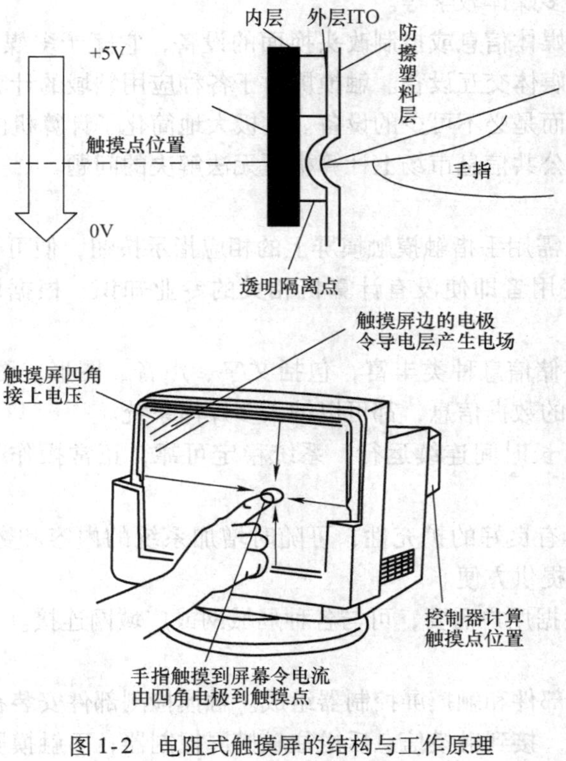

图 1-2　电阻式触摸屏的结构与工作原理

层绝缘隔开。当手指触摸屏幕时，两层导电层在触摸点位置就有接触，电阻发生变化，在X和Y两个方向上产生信号，然后送往触摸屏控制器。控制器检测到这一接触并计算出触点坐标（X，Y）的位置，再模拟鼠标的方式运作。这就是电阻式触摸屏的工作原理。

电阻式触摸屏的关键在于材料的性能，常用的透明导电涂层材料有以下两种：

第一种是氧化铟（ITO），它是弱导电体，当厚度降到180nm以下时会突然变得透明，透光率为80%，但若再薄，透光率反而下降，到30nm厚度时透光率又上升到80%。ITO是所有电阻式触摸屏及电容式触摸屏都能用到的主要材料，实际上电阻式和电容式触摸屏的工作面就是ITO涂层。

第二种是镍金涂层，五线电阻式触摸屏的外导电层使用的是延展性好的镍金涂层材料，外导电层由于频繁触摸，所以使用延展性好的镍金材料，目的是为了延长使用寿命，但是工艺成本较昂贵。镍金导电层虽然延展性好，但是只能作为透明导体，不适合作为电阻式触摸屏的工作面，因为它的电导率高，而且金属不易做到厚度非常均匀，所以不宜作电压分布层，只能作为感探层。

1）四线电阻式触摸屏。四线电阻式触摸屏的两层透明金属层工作时，每层均施加5V恒定电压：一个竖直方向，一个水平方向。其特点是高解析度，高速传输响应。表面硬度高，从而可减少擦伤、刮伤及防化学处理。具有光面及雾面处理，一次校正，稳定性高，永不漂移。

2）五线电阻式触摸屏。五线电阻式触摸屏的基层把两个方向的电场通过精密电阻网络加在玻璃的导电工作面上，可以简单地理解为两个方向的电场分时工作叠加在同一工作面上，而外层镍金导电层仅仅当做纯导体，当触摸时通过分时检测内层ITO接触点X轴和Y轴电压值来测得触摸点的位置。五线电阻式触摸屏的内层ITO需四条引线，外层只作导体仅为一条，触摸屏的引出线共有五条。其特点是解析度高，高速传输响应。表面硬度高，可减少擦伤、刮伤及防化学处理，同一点触摸3000万次仍可使用；导电玻璃作为基材的介质；一次校正，稳定性高，永不漂移。五线电阻式触摸屏的缺点是价位高和对环境要求高。

3）应用场合。无论是四线电阻式触摸屏还是五线电阻式触摸屏都不怕灰尘和水汽，可以用任何物体来触摸，也可以用来写字或画画，比较适合在工业控制领域及办公室内使用。电阻式触摸屏共同的缺点是因为复合薄膜的外层采用的是塑胶材料，所以有些人用力太大或使用锐器触摸可能划伤整个触摸屏。不过，在一定限度之内，划伤只会伤及外导电层，外导电层的划伤对五线电阻式触摸屏来说没有关系，而对四线电阻式触摸屏来说却是致命的。

（2）表面声波式触摸屏　表面声波式触摸屏的结构与工作原理如图1-3所示。

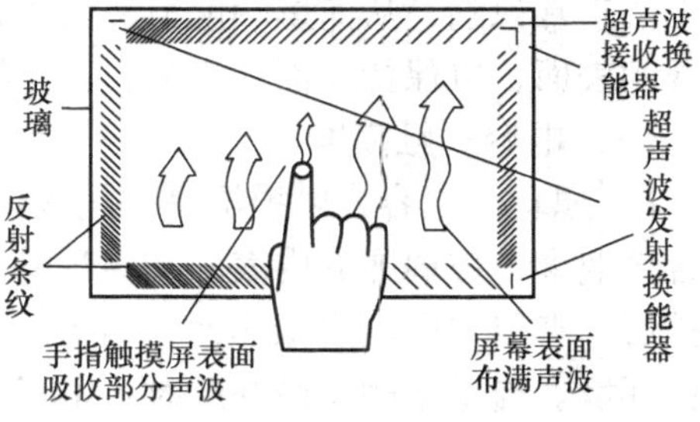

图1-3　表面声波式触摸屏的结构与工作原理

1）结构。表面声波是超声波的一种，是在介质（例如玻璃或金属等刚性材料）表面浅层传播的机械能量波。通过楔形三角基座（根据表面波的波长严格设计），可以做到定向、小角度的表面声波能量发射。表面声波性能稳定、易于分析，并且在横波传递过程中具有非常尖锐的频率特征。近年来在无损探伤、造影和探波器方向上应用发展很快，表面声波相关的理论研究、半导体材料、声导材料、检测技术等都已经相当成熟。表面声波式触摸屏的触摸屏部分可以是一块平面、球面或是柱面的玻璃平板，安装在 CRT、LED、LCD 或是等离子体显示器屏幕的前面。玻璃屏在左上角和右下角各固定了垂直和水平方向的超声波发射换能器，右上角则固定了两个相应的超声波接收换能器。玻璃屏的四个周边则有 45°由疏到密间隔非常精密的反射条纹。

2）工作原理。以 X 轴发射换能器为例：发射换能器把控制器通过触摸屏电缆送来的电信号转化为声波能量向左侧表面传递，然后由玻璃板下边的一组精密反射条纹把声波能量向上均匀地传递，声波能量经过屏体表面，再由上边的反射条纹聚成向右声波能量传播给 X 轴的接收换能器，接收换能器将返回的表面声波能量变为电信号。当发射换能器发射一个窄脉冲后，声波能量经不同途径到达接收换能器，走最右边的最早到达，走最左边的最晚到达，早到达的和晚到达的声波能量叠加成一个较宽的波形信号，不难看出，接收信号集合了所有在 X 轴方向经长短不同路径回归的声波能量，它们在 Y 轴走过的路程是相同的，但在 X 轴上，最远的比最近的多走了两倍 X 轴最大距离。因此，这个波形信号的时间轴反映了各原始叠加前的位置，也就是 X 轴坐标。发射信号与接收信号波形在没有触摸时，接收信号的波形与参照波形完全一样。当手指或其他能够吸收或阻挡声波能量的物体触摸屏幕时，X 轴途经手指部位向上走的声波能量被部分吸收，反映在接收波形上即某一时刻位置上波形有一个衰减缺口。接收波形对应手指挡住部位信号衰减了一个缺口，计算缺口位置即得触摸坐标，控制器分析到接收信号的衰减，并由缺口的位置判定 X 轴坐标。之后，Y 轴经过同样的过程判定出触摸点的 Y 轴坐标。除了一般触摸屏都能响应 X 轴、Y 轴坐标外，表面声波式触摸屏还能响应第三轴（即 Z 轴）坐标，也就是能感知用户触摸压力值大小，其工作原理是计算接收信号的衰减量。三轴一旦确定，控制器就把它们传送给主机。

3）特点。

① 优点。防爆，目前在公共场所使用较多；具有高度耐久、抗刮伤性良好（相对于电阻式、电容式触摸屏等有表面镀膜）、反应灵敏、不受温度和湿度等环境因素影响、分辨率高、寿命长（维护良好情况下寿命可达 5000 万次）、清晰度较高、透光率高（92%）、能保持清晰透亮的图像质量、没有漂移、只需安装时一次校正；具有第三轴（即压力轴）效应，这是因为用户触摸屏幕的力量越大，接收信号波形上的衰减缺口也就越宽越深。

② 缺点。表面声波式触摸屏需要经常维护，因为灰尘、油污，甚至饮料的液体沾污在触摸屏的表面，都会阻塞触摸屏表面的导波槽，使波不能正常发射；或使波形改变导致控制器无法正常识别，从而影响触摸屏的正常使用，因此，用户需要严格注意卫生，必须经常擦抹屏的表面，以保持屏面的光洁，并定期进行全面彻底的擦除。

（3）电容式触摸屏

1）原理。电容式触摸屏是利用人体的电流感应进行工作的。电容式触摸屏是一块四层复合玻璃屏，玻璃屏的内表面和夹层各涂有一层氧化铟（ITO），最外层是一薄层硅土玻璃保护层，夹层 ITO 作为工作面，四个角上引出四个电极，内层 ITO 为屏蔽层，以保证良好的工作环境。当手指触摸最外层时，由于人体电场，用户和触摸屏表面形成一个耦合电容，对于高频电流来说，电容是直接导体，于是手指从接触点吸走一个很小的电流。通过控制器可精确计算出电流比例，从而得到触摸点的位置。

2）特点。电容式触摸屏的透光率和清晰度均优于四线电阻式触摸屏，但与表面声波式触摸屏和五线电阻式触摸屏相比还存在差距。电容式触摸屏反光严重，而且四层复合电容式触摸屏对不同波长光线的透光率不相同，存在色彩失真的问题。此外，由于光线在各层间的反射，还造成图像字符模糊。电容式触摸屏在原理上把人体当做电容器的一个电极使用，当有导体靠近且夹层 ITO 工作面之间耦合出足够电容量的电容时，流出的电流就足够引起电容式触摸屏的误动作。电容量虽然与极间距离成反比，却与相对面积成正比，并且还与介质的绝缘电阻有关。因此，当较大面积的手掌或手持的导电物靠近电容式触摸屏而不是触摸时，就会引起电容式触摸屏的误动作，在气候潮湿的条件下，这种情况尤为严重，手扶住显示器、手掌靠近显示器 7cm 以内或身体靠近显示器 15cm 以内就能引起电容式触摸屏的误动作。电容式触摸屏的另一个缺点是用戴手套的手或手持不导电的物体触摸时没有反应，这是因为增加了更为绝缘介质。

电容式触摸屏更重要的缺点是漂移：当环境的温度、湿度、周围电场发生改变时，都会引起电容式触摸屏的漂移，造成不准确。例如：开机后显示器温度上升会造成漂移，用户触摸屏幕的同时另一只手或身体一侧靠近显示器会造成漂移；电容式触摸屏附近较大的物体搬移后会引起漂移；触摸时如果有人围观也会引起漂移。电容式触摸屏漂移的原因属于技术上的问题，环境电动势（包括用户的身体）虽然与电容式触摸屏离得较远，却比手指的面积大得多，它们直接影响了触摸位置的测定。此外，理论上许多应该呈线性的关系实际上却是非线性的，例如：不同体重或者不同手指湿润程度的人吸走的总电流是不同的，而总电流的变化和四个分电流的变化是非线性的关系，电容式触摸屏采用的这种四个角的自定义极坐标系没有坐标上的原点，漂移后控制器不能察觉和恢复，而四个 A－D 转换完成后，由四个分流量的值到触摸点在直角坐标系上 X、Y 坐标值的计算过程非常复杂。由于没有原点，电容式触摸屏的漂移是累积的，所以在工作现场也经常需要校准。电容式触摸屏最外面的硅保护玻璃防刮擦性很好，但是怕指甲或硬物的敲击，敲出一个小洞就会伤及夹层 ITO，不管是伤及夹层 ITO 还是安装运输过程中伤及内表面 ITO 层，电容式触摸屏都不能正常工作了。

（4）红外线式触摸屏　红外线式触摸屏的结构与工作原理如图 1-4 所示。红外线式触摸屏是利用 X、Y 轴方向上密布的红外线矩阵来检测并定位用户的触摸屏。红外线式触摸屏在显示器的前面安装一个电路板外框，电路板在屏幕四边排布红外线发射管和红外线接收

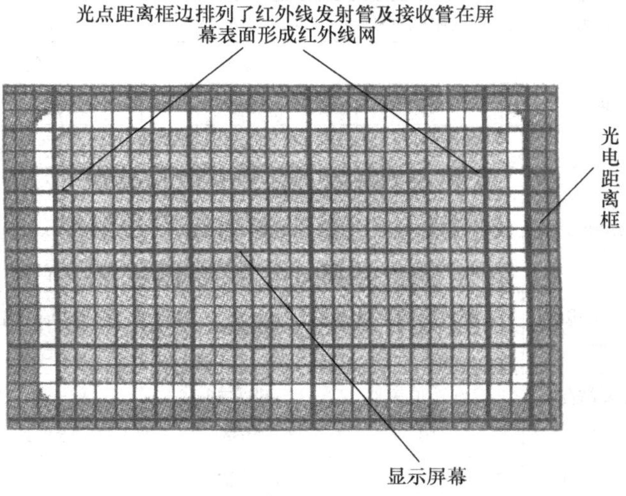

图 1-4　红外线式触摸屏的结构与工作原理

管，一一对应形成横竖交叉的红外线矩阵。用户在触摸屏幕时，手指就会挡住经过该位置的横竖两条红外线，因而可以判断出触摸点在屏幕上的位置。任何触摸物体都可改变触点上的红外线而实现触摸屏操作。早期观念上，红外线式触摸屏存在分辨率低、触摸方式受限制和易受环境干扰而误动作等技术上的局限，因而一度淡出市场。而后第二代红外线式触摸屏部分解决了抗光干扰的问题，第三代和第四代在提升分辨率和稳定性能上亦有所改进，但都没有在关键指标或综合性能上有质的飞跃。红外线式触摸屏不受电流、电压和静电干扰，适宜恶劣的环境条件，红外线技术是触摸屏产品最终的发展趋势。采用声学和其他材料学技术的触摸屏都有其难以逾越的屏障，如单一传感器的受损、老化，触摸界面不能被污染、破坏性使用、维护繁杂等问题。红外线式触摸屏只要真正实现了高稳定性能和高分辨率，必将替代其他技术产品而成为触摸屏的市场的主流。过去的红外线式触摸屏的分辨率由框架中的红外线对管数目决定，因此分辨率较低，市场上主要国内产品为 32×32 像素点、40×32 像素点。另外，红外线式触摸屏对光照环境因素比较敏感，在光照变化较大时会误判甚至死机。这些正是国外非红外线式触摸屏的国内代理商宣传的红外线式触摸屏的弱点。而最新的第五代红外线式触摸屏的分辨率取决于红外线式触摸屏对管数目、扫描频率以及差值算法，分辨率已经达到了 1000×720 像素点，至于说红外线式触摸屏在光照条件下不稳定，从第二代红外线式触摸屏开始，就已经较好地克服了抗光干扰性能差这个弱点。第五代红外线式触摸屏是全新一代的智能技术产品，它实现了 1000×720 像素点的高分辨率、多层次自调节和自恢复的硬件适应能力和高度智能化的判别识别，可长时间在各种恶劣环境下任意使用，并且可针对用户定制扩充功能，如网络控制、声感应、人体接近感应、用户软件加密保护、红外数据传输等。原来宣传的红外线式触摸屏另外一个主要缺点是抗爆性差，其实红外线式触摸屏完全可以根据客户需求选用客户认为满意的防爆玻璃而不会增加太多的成本和影响使用性能，这是其他触摸屏所无法效仿的。

（5）触摸屏类型特点综合比较　各种类型触摸屏的性能比较见表 1-1。

表 1-1　各种类型触摸屏的性能比较

	四线电阻式触摸屏	五线电阻式触摸屏	表面声波式触摸屏	电容式触摸屏	红外线式触摸屏
清晰度	一般	较好	很好	一般	一般
反光性	很少	有	很少	较严重	
透光率（%）	60	75	92	85	
色彩失真				有	
分辨率/像素	4096×4096	4096×4096	4096×4096	1024×1024	可达 1000×720
漂移				有	
材质	多层玻璃或塑料复合膜	多层玻璃或塑料复合膜	纯玻璃	多层玻璃或塑料复合膜	塑料框架或透光外壳
防刮擦	是其主要缺陷	较好、怕锐器	非常好	一般	
反应速度/ms	10～20	10	10	15～24	50～300
使用寿命	5×10^6 次以上	3.5×10^7 次以上	5×10^7 次以上	2×10^7 次以上	较短
缺陷	怕划伤	怕锐器划伤	长时间灰尘积累	怕电磁场干扰	怕光干扰

六、对触摸屏的技术要求

（1）透明　它直接关系到触摸屏的视觉效果，很多触摸屏都是由多层复合薄膜制成的，其总体视觉效果技术指标应该包括四个方面：透明度、色彩失真度、反光性和清晰度。

（2）绝对坐标系统　触摸屏是绝对坐标系统，与鼠标这类相对定位坐标系统具有本质的区别，确定位置不仅具有直观性，而且更具准确性。绝对坐标系统的特点是每一次定位坐标与上一次定位坐标没有关系，因而没有积累误差。触摸屏在物理上是一套独特的坐标定位系统，对提高同一触摸点的输出数据的稳定性具有重要意义。

（3）检测触摸并定位　各种触摸技术都是依靠各自的传感器来工作的，甚至有的触摸屏本身就是一套传感器。各自的定位原理和各自所用的传感器决定了触摸屏的反应速度、可靠性、稳定性和使用寿命。

七、触摸屏在工业自动化中的应用

可编程终端应用最早的场所主要是工业现场，它是一种与 PLC 进行人机交互的终端设备。作为智能的多媒体输入输出设备，它取代了传统控制台的许多功能，具有图形显示等丰富的人机交互功能，带有触摸功能的可编程终端称为触摸屏。随着时间的推移和触摸屏技术的广泛应用，常把可编程终端称为触摸屏。可编程终端是由计算机逐步演变而来的。初始阶段，为了工业现场使用方便和可靠。把操作按钮放在显示器的下方并做成一体，随着检测技术的发展，使用触摸技术代替传统的键盘和操作按钮，并通过加工将触摸部分和显示器叠成一体，便构成了触摸屏。触摸屏在工业现场主要具有以下功能：

1）显示和状态监视功能。它可以用来显示各种信息，例如工业控制系统或设备的工作状态。触摸屏可以通过灯、实物图形等方式来显示各开关量的状态，也可以通过液位计、折线图或趋势图等方式来显示温度、压力、流量等过程量的状态，还可通过仪表图形、数字等方式来显示电流、电压等现场参数的数据。图形和其他指示功能可以将实时数据或现场状况以及各种控制信息显示出来，表现得更加形象、逼真，使操作者更容易理解和判断现场情况。

2）实时报警功能。当现场和设备出现问题、故障，或者控制系统发生错误时，触摸屏可以显示出来，发出报警声，提示操作者，并能给出多种处理方案，以便操作者进行选择，作出适当处理。也可按预定方案，给执行机构发出指令，进行适当处理。

3）数字输入功能。使用数字输入功能，输入控制系统所需要的参数，例如 PID 的各种参数等。

4）控制功能。利用按钮等功能元素，可通过 PLC 对开关量进行控制，并可在多个控制面板之间进行切换。触摸屏可以运行用户设计的各种控制界面，并且可以使用界面上的各种触摸开关作为上位机的输入。控制界面的个数以及界面的布置是根据用户需要进行设计的。触摸屏越来越多地代替了控制面板开关。

与 PLC 相比，触摸屏对环境要求低，可使用于多种环境。同时，还具有操作方便、坚固耐用、反应速度快、节省时间、易于交流信息等优点。

触摸屏越来越多地代替了传统的按钮、仪表等硬件设备。使用这样的操作终端，可将仪表盘的功能更多地表现在触摸屏上，用更加人性化的表示方法，如指针图形、数字等来显示被监控的参数；同时可利用触摸屏的功能，修改各种输入参数，例如 PID 的值，对现场进行操作控制。先进的触摸屏技术，大大提高了工厂的自动化设备的可靠性水平，但对于要求高、反应快的按钮，例如紧急停机就不适合用触摸屏开关。触摸屏价格比计算机昂贵，但抗干扰能力强，操作方便，因而一般用于现场条件相对较为恶劣的环境。随着触摸屏技术的不断进步，集智能化、网络化于一体的可操作智能终端正在得到越来越多的应用。而触摸屏由于其自身的特点（操作方便）也在越来越多的工业现场得到广泛的应用，从而改变了以往工业现场需要安装大量仪表的状况。

第二节　触摸屏编程软件 GT Designer2 的安装

触摸屏编程软件 GT Designer2（简称 GT2）主要完成对触摸屏界面的编辑、设备的选择、人机界面控制设备的选择以及程序的下载与读出等任务，下面我们来介绍 GT2 软件与仿真软件的安装和卸载。

一、GT Designer2 软件的安装

具体安装过程如下：

1）将软件光盘放入已启动的个人计算机的 CD - ROM 驱动器中，稍等片刻后将启动菜单界面（需要将计算机设置成光驱自动播放，如无 GT2 软件可到三菱官方网站中下载），将出现如图 1-5 所示界面。

如图 1-5 所示，GT2 软件启动菜单界面中 GT Designer2 图标为触摸屏编程软件，其他图标可根据需要自由安装。

图 1-5　GT2 软件启动菜单界面

2）安装过程中出现的界面如图 1-6 所示。

若出现图 1-6a 所示的错误界面，请先执行 CD - ROM 中 Updata \ 50comupd. exe 后再执行安装程序；若出现图 1-6b 所示的错误界面，请先执行 CD - ROM 中 Updata \ Jaaxdist. exe 后再执行安装程序；若出现图 1-6c 所示的错误界面，请先执行 CD - ROM 中 EnvMEL \ Setup. exe 后再执行安装程序。

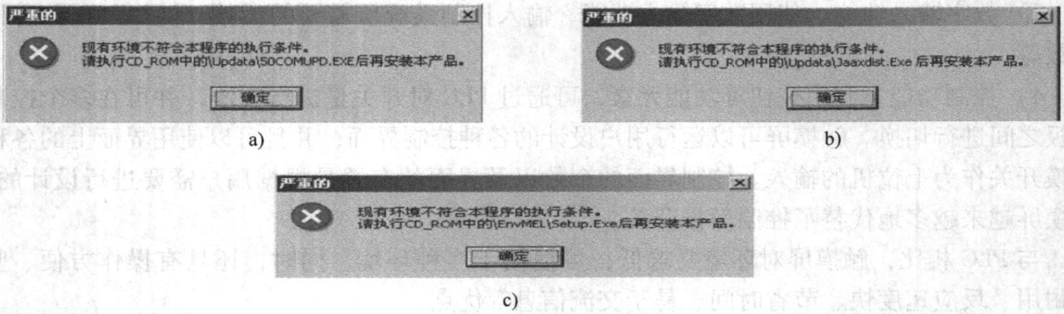

图 1-6　安装过程中错误界面

3）单击图 1-5 界面中图标，执行 GT2 编程软件的安装后将出现如图 1-7 所示的界面。

图 1-7　初始安装界面

4）初始安装界面完成以后将出现如图 1-8 所示的提示框信息，若提示“未将所有的应用程序关闭的情况下安装本程序可能会失败。”此时只需单击“确定”按钮即可。

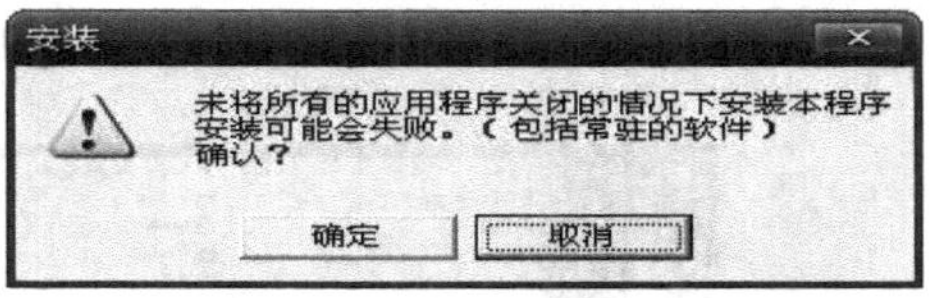

图 1-8　安装提示信息

5）单击图 1-8 中“确定”按钮以后，将出现如图 1-9 所示的欢迎安装界面，只需单击“下一个”按钮即可。

6）单击“下一个”按钮以后出现如图 1-10 所示的界面，提示键入用户信息，这时可根据需要填写，并无特殊要求。单击“下一个”按钮出现如图 1-11 所示的用户信息确认界面。

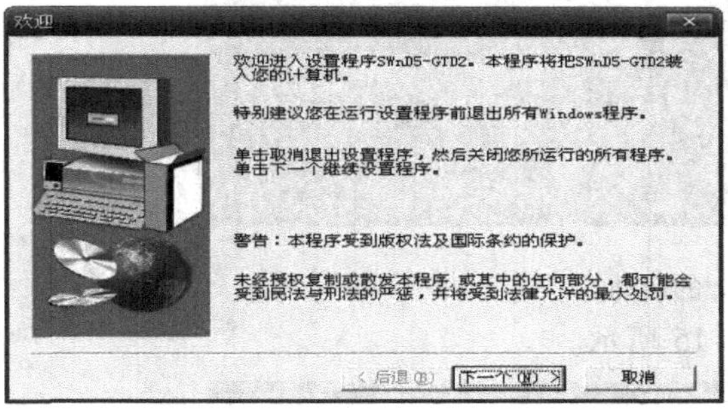

图 1-9　欢迎安装界面

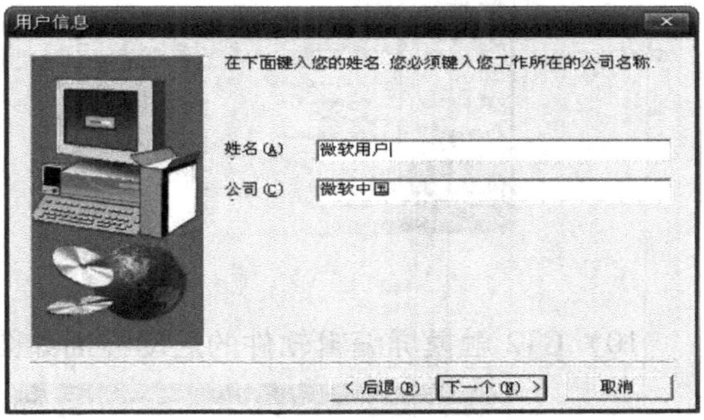

图 1-10　用户注册信息

7）单击图 1-11 中的“是”按钮，出现如图 1-12 所示的界面，提示输入产品序列号。序列号信息，在相应光盘中会有一个命名为 SN. txt 的记事本文件，里面有相应的产品序列号，只需填写后单击“下一个”按钮即可。

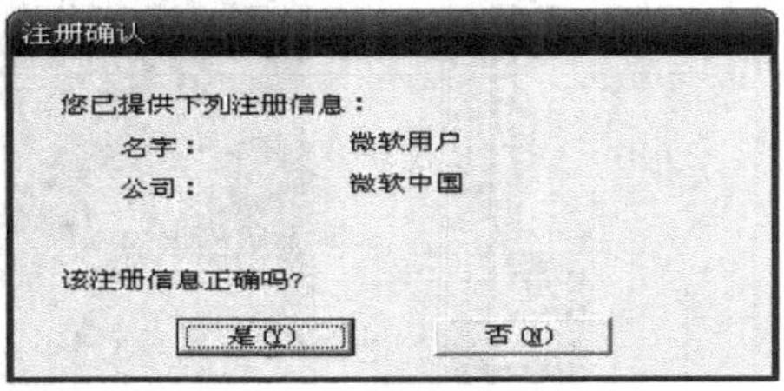

图 1-11　注册信息确认

8）输入相对应产品的序列号后，单击“下一个”按钮出现如图 1-13 所示的界面，提示用户选择安装路径，可根据自己的情况确定安装路径。这里我们选择默认路径，单击“下一个”按钮即可完成安装。

9）安装完成后可单击系统开始菜单，在“所有程序”中选择三菱应用程序下的 GT2 触摸屏编辑软件，单击后就可运行，如图 1-14 所示。

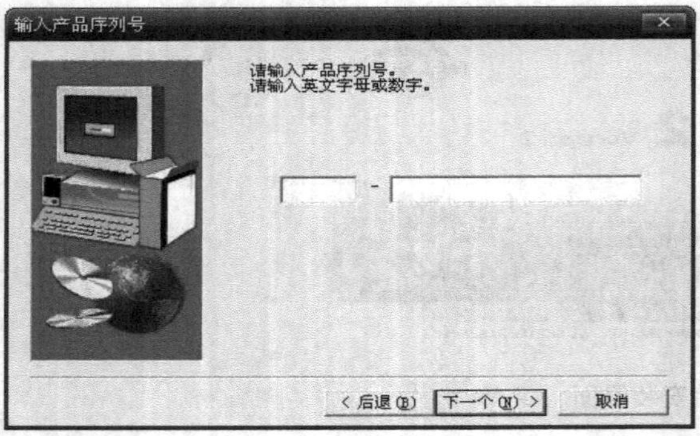

图 1-12　输入产品序列号

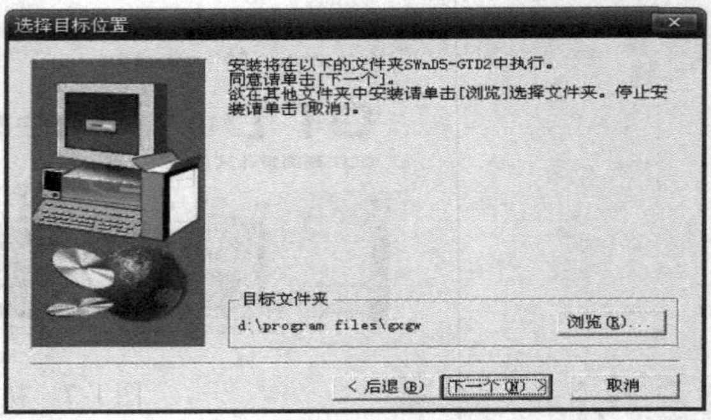

图 1-13　选择安装路径

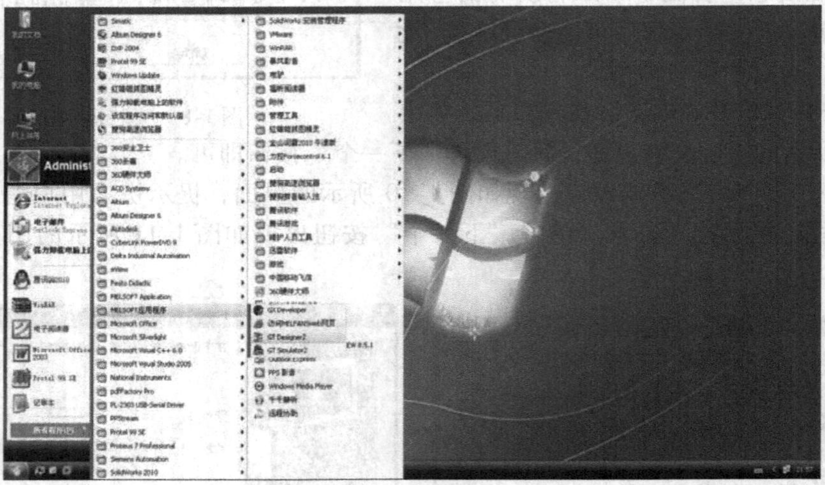

图 1-14　GT2 的启动

10）GT2 触摸屏编辑软件的启动界面如图 1-15 所示。

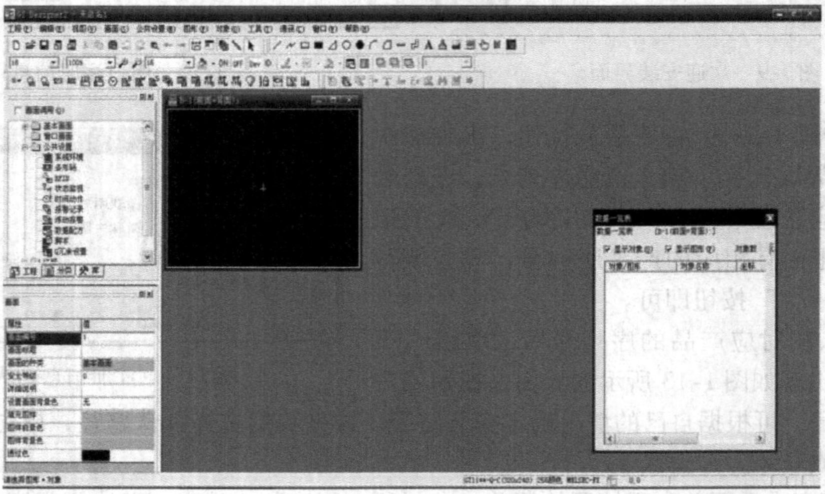

图 1-15　GT2 启动界面

二、GT Simulator2 仿真软件的安装

具体安装过程如下：

1）单击图 1-5 所示界面中图标，执行 GT2 仿真软件的安装后将出现如图 1-16 所示的初始安装界面。

图 1-16　初始安装界面

2）初始安装界面完成以后将出现如图 1-17 所示的提示框信息，若提示“未将所有的应用程序关闭的情况下安装本程序可能会失败。”此时只需单击“确定”按钮即可。

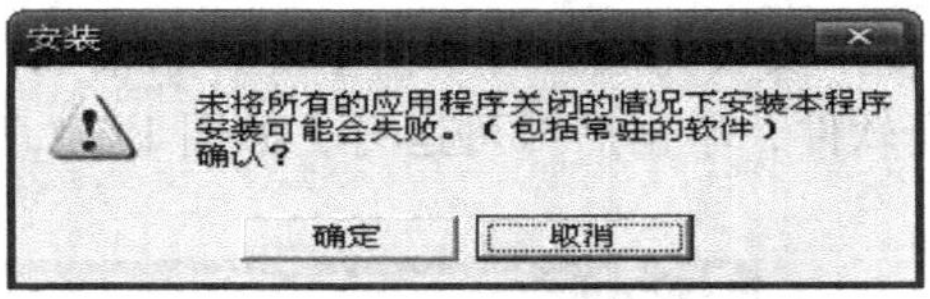

图 1-17　安装提示信息

3）单击图 1-17 中“确定”按钮以后，将出现如图 1-18 所示的欢迎安装界面，只需单击“下一个”按钮即可。

4）单击“下一个”按钮以后出现如图 1-19 所示的界面，提示键入用户信息，这时可根据需要填写，并无特殊要求。单击“下一个”按钮出现如图 1-20 的用户信息确认界面。

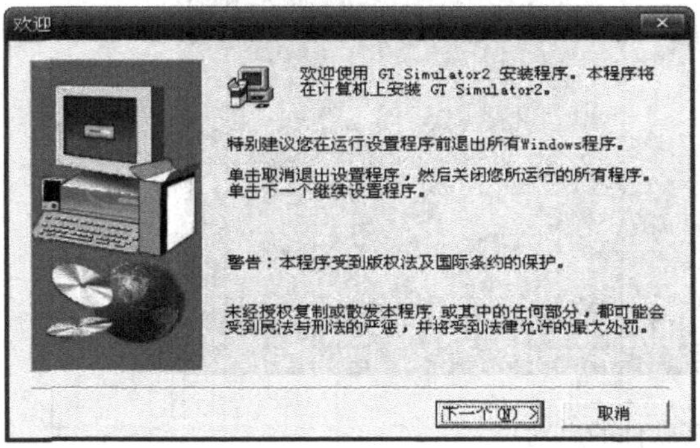

图 1-18　欢迎安装界面

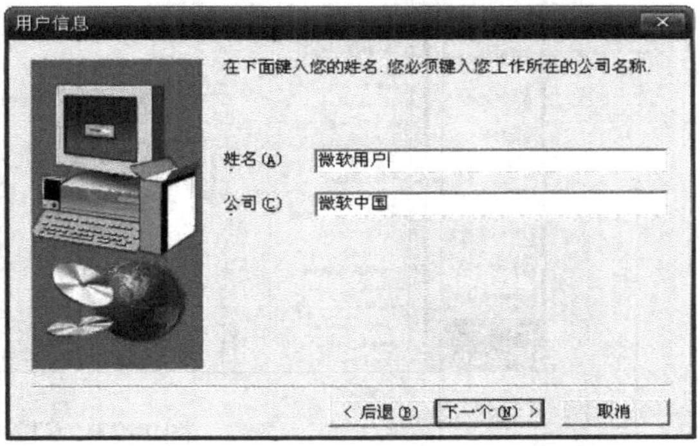

图 1-19　用户注册信息

5）单击图 1-20 中的“是”按钮，出现如图 1-21 所示的界面，提示输入产品序列号。序列号信息，在相应光盘中会有一个命名为 SN. txt 的记事本文件，里面有相应的产品序列号，只需填写后单击“下一个”按钮即可。

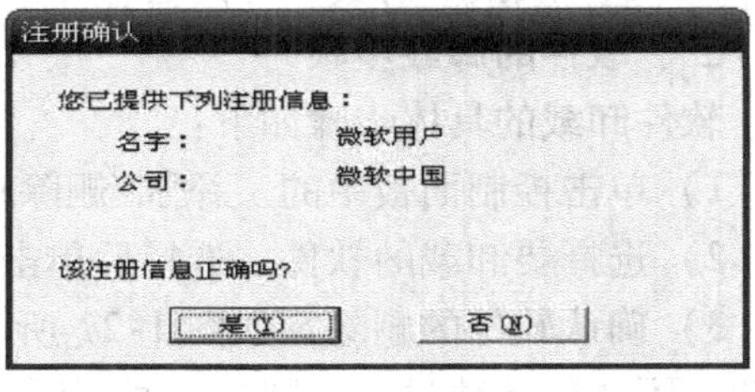

图 1-20　注册信息确认

6）输入对应产品序列号后，单击“下一个”按钮出现如图 1-22 所示界面，提示用户选择安装

路径，可根据自己的情况确定安装路径。这里我们选择默认路径，单击“下一个”按钮即可完成安装。

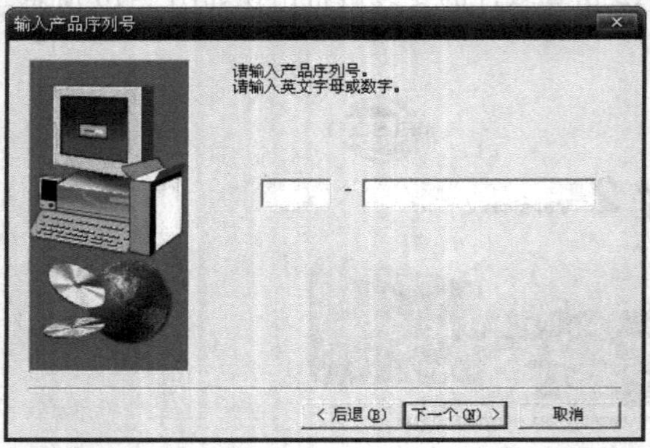

图 1-21　输入产品序列号

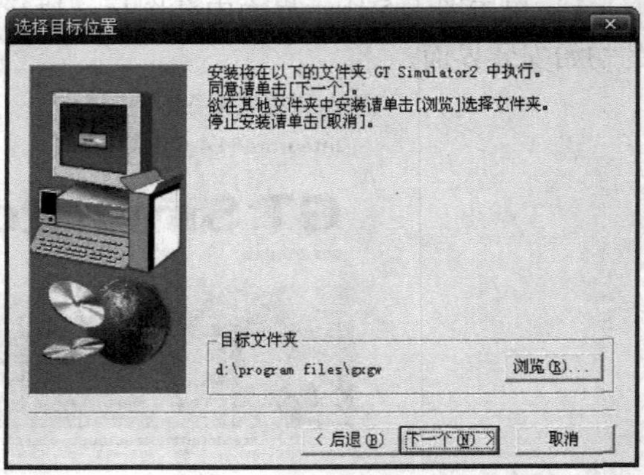

图 1-22　选择安装路径

7）安装完成后可单击系统开始菜单，在所有程序中选择三菱应用程序下的 GT2 触摸屏仿真软件，单击后即可运行，如图 1-23 所示。

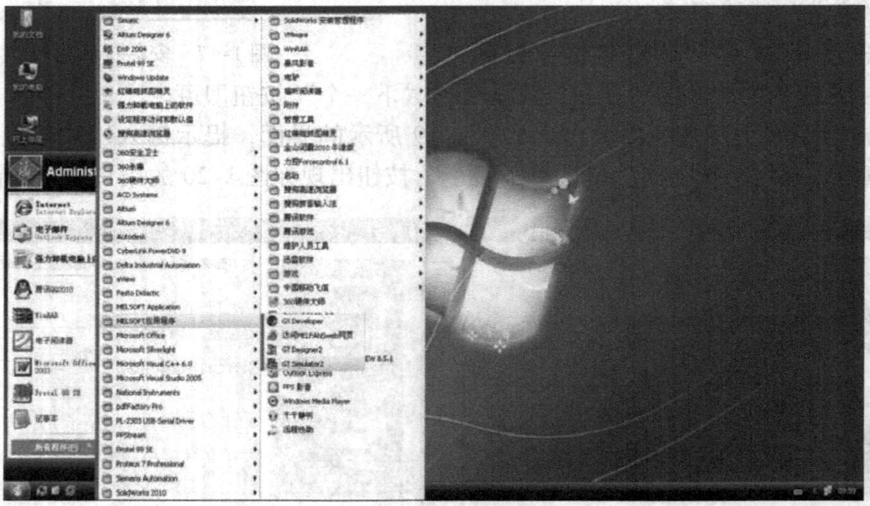

图 1-23　GT2 仿真软件的启动

8）GT2 触摸屏仿真软件的运行界面如图 1-24 所示。

三、软件的卸载步骤

软件卸载的具体步骤如下：

1）单击控制面板中的“添加/删除程序”图标，如图 1-25 所示。

2）选择要卸载的软件，选择后单击“更改/删除”按钮，如图 1-26 所示。

3）确认软件的删除，如图 1-27 所示，单击“是”按钮后开始卸载；如果单击“否”按钮，不执行卸载过程，则将返回到图 1-26 所示界面。

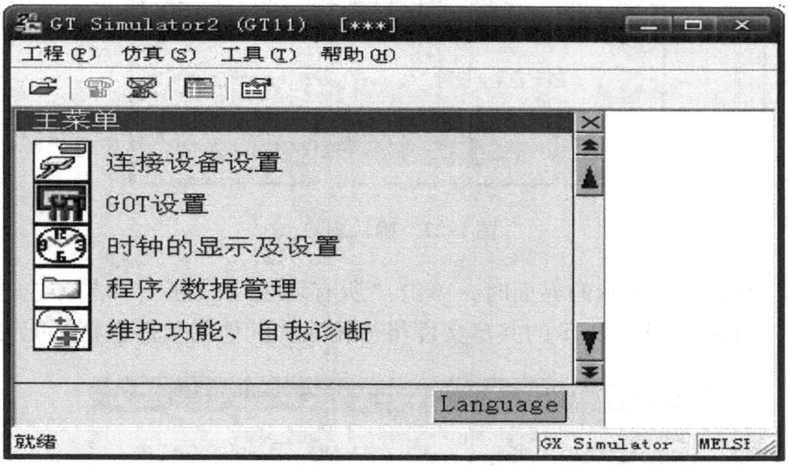

图 1-24　GT2 仿真软件的运行界面

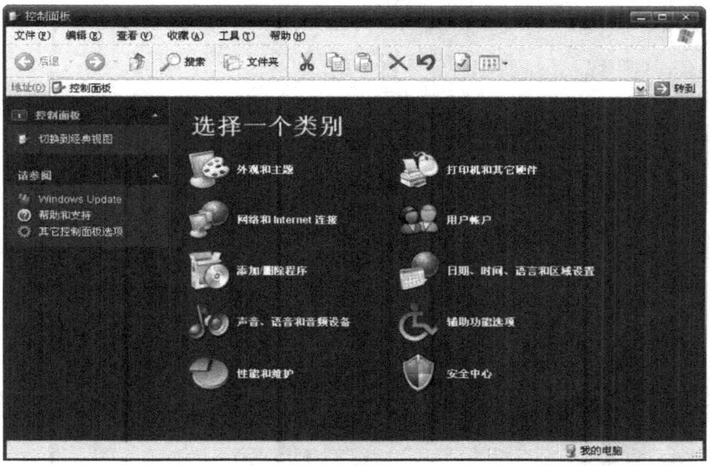

图 1-25　控制面板

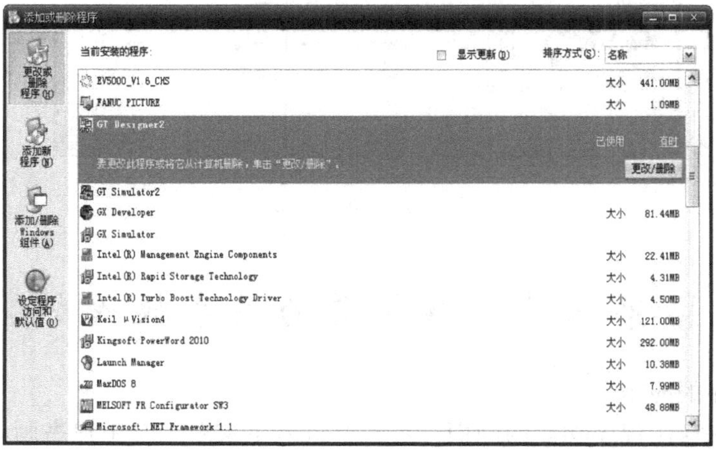

图 1-26　添加/删除

图 1-27　确认删除

4）当显示如图 1-28 所示的界面时，单击“所有均否”按钮（如果单击“是”按钮或者“所有均是”按钮，MELSOFT 的共享文件将被删除，其他的软件包将可能无法运行）。

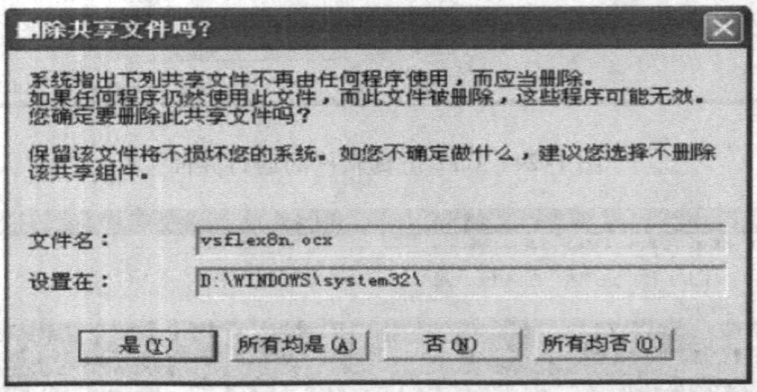

图 1-28　共享文件的确认

5）卸载结束后出现如图 1-29 所示界面，只需单击“确定”按钮即可。

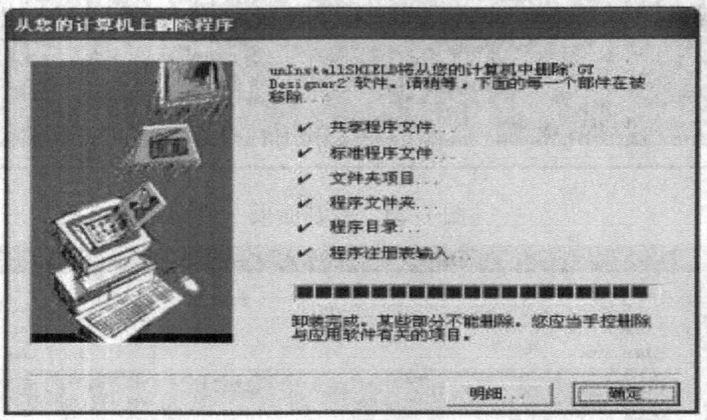

图 1-29　卸载完成

第三节　触摸屏的基本操作

一、应用程序的显示

为了显示各种应用程序功能的画面，首先要进入主菜单。应用程序画面固定为横向显示，如图 1-30 所示。

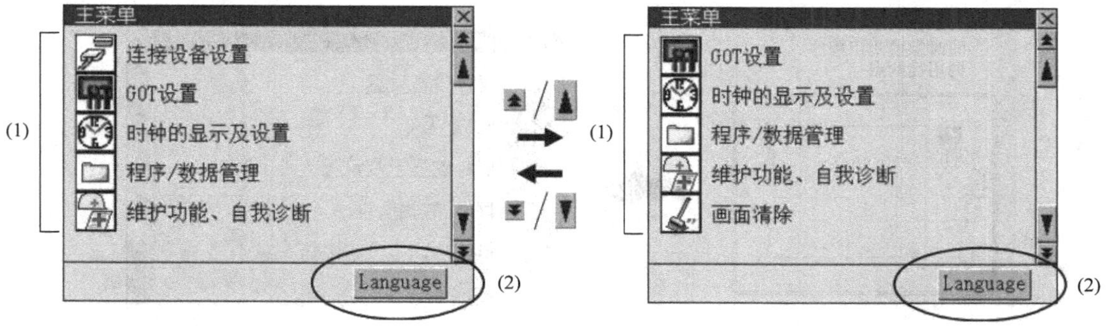

图 1-30　应用程序画面

1. 主菜单

主要显示应用程序中可以设置的菜单项，触摸菜单某项目后，就会显示出该项目设置画面或者下一个选择项目画面。

2. 系统信息切换按钮

系统信息切换按钮是用来切换应用程序语言和系统报警语言的按钮，在上述画面的情况下，触摸“Language”按钮后，在弹出的画面中选择“中文”，GOT 将重新启动，应用程序上的语言将被切换为中文。

3. 主菜单的显示操作

可以通过以下三种操作显示主菜单（都需要通过 GT Designer2 将基本功能 OS 安装到 GOT 的内置存储器中后再执行）。

1）未下载工程数据时。GOT 的电源一旦开启，通知工程数据不存在的对话框就会显示，然后触摸“OK”按钮就会显示主菜单，如图 1-31 所示。

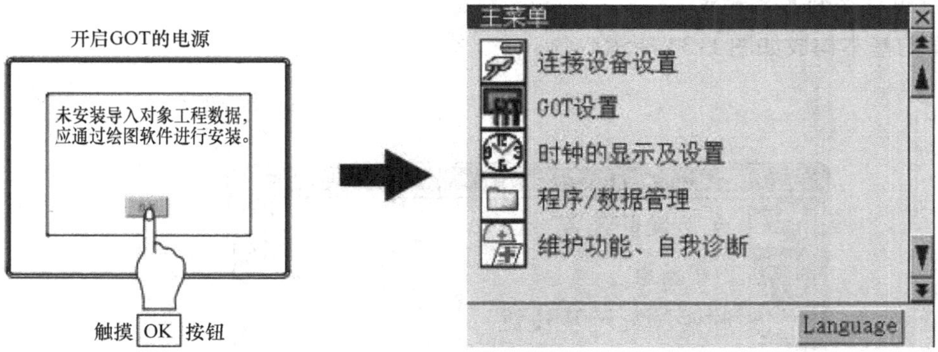

图 1-31　显示主菜单 1

2）按下应用程序调用键。显示用户创建画面时，触摸应用程序调用键后显示主菜单，通过 GOT 应用程序画面或者 GT Designer2 可以设置应用程序调用键（出厂时，设置为同时按下 GOT 画面的左右上方两点），如图 1-32 所示。

3）触摸扩展功能开关（应用程序）时。显示用户创建画面时，触摸扩展功能开关（应用程序）后显示主菜单，可以通过 GT Designer2 将扩展功能开关（应用程序）设置为用户创建画面中显示的触摸开关，如图 1-33 所示。

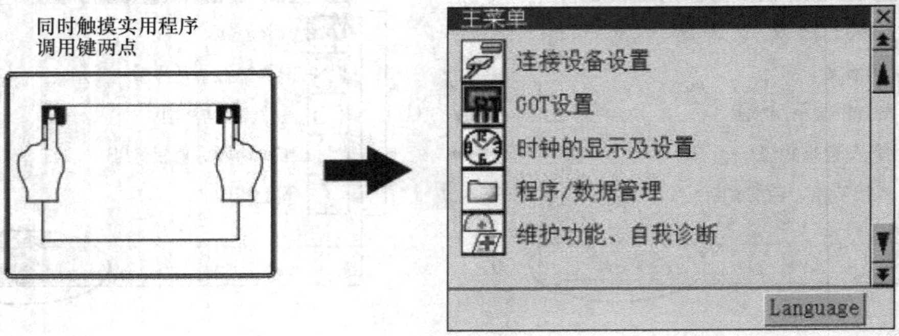

图 1-32　显示主菜单 2

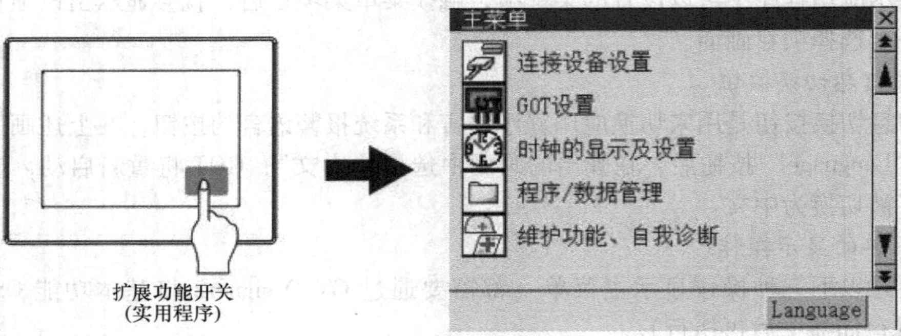

图 1-33　显示主菜单 3

4. 应用程序的基本构成

画面的基本构成如图 1-34 所示。

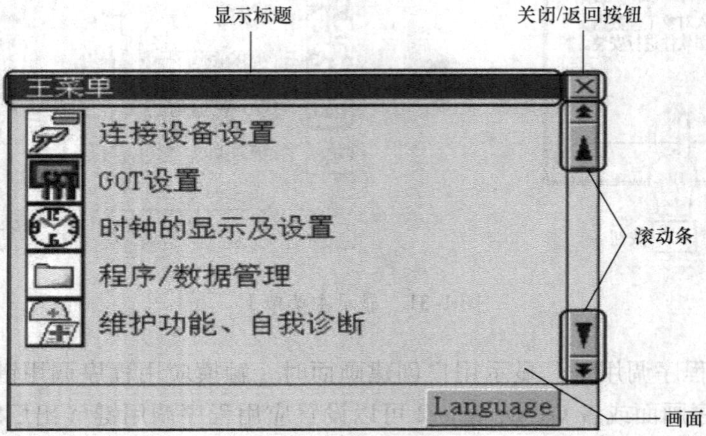

图 1-34　画面的基本构成

1）显示标题。标题显示部分显示当前画面的标题名，由于画面由复数层构成，所以层也包含在标题显示中。当标题名在标题栏里显示不下时，中间以“…”进行省略表示。

2）关闭/返回按钮。显示层中间的画面时，按下画面右上角的关闭/返回按钮后返回上一层。从监视画面直接显示时，按下该按钮则画面关闭，返回监视画面。

3）滚动键。当显示内容在一个画面中显示不下时，画面的右侧或者下方显示滚动键。

5. 设置改变的操作

（1）设置值的改变（见图 1-35）。

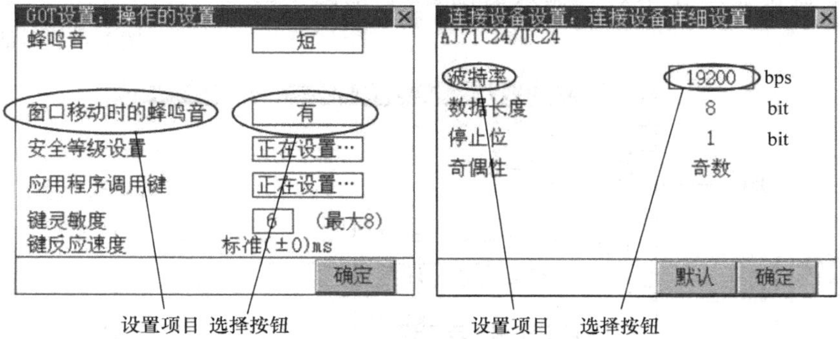

图 1-35　设置值的改变

1）触摸画面上的选择按钮（设置处）。

①“有”键：选择设置值的键。触摸时在有和无之间切换；

②“数值”键：输入数值的键。触摸后画面下方将显示键盘，如图 1-36 所示。

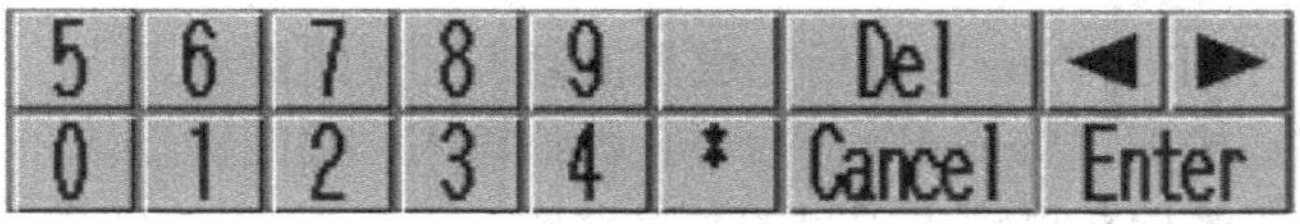

图 1-36　触摸画面上的选择按钮

③ 通过“Enter”键确认输入的数值。如果有设置范围则不显示键盘，而是重复显示各数值。

④“设置…”键：触摸后，显示各设置项目的设置画面，如图 1-37 所示。

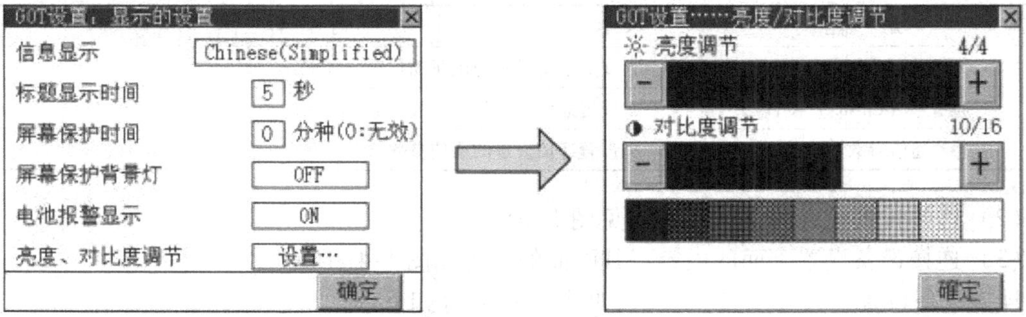

图 1-37　显示各设置项目的设置画面

2）按下“确定”按钮后确认已设置的内容。如果不触摸“确定”按钮，而触摸“关闭/返回”按钮，则显示如图1-38的对话框。

①“OK”按钮：放弃已设置的内容，关闭画面。

②“Cancel”按钮：返回设置画面。

(2) 键盘的操作　显示数值输入用的键盘，同时显示光标。根据被触摸数值的位置键盘显示位置也将发生变化（输入数值时，键盘将显示在不妨碍输入的位置），如图1-39所示。

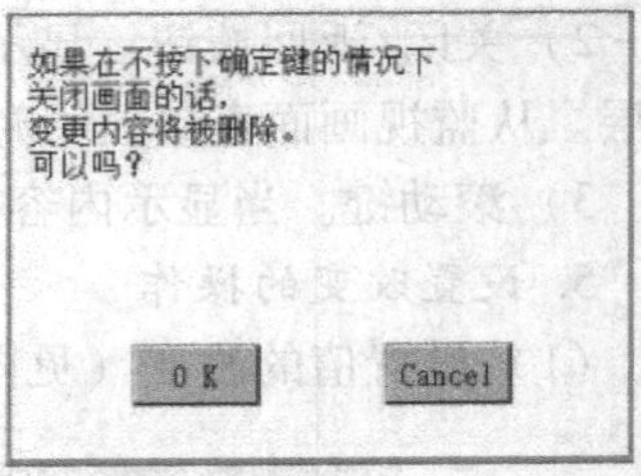

图1-38　对话框

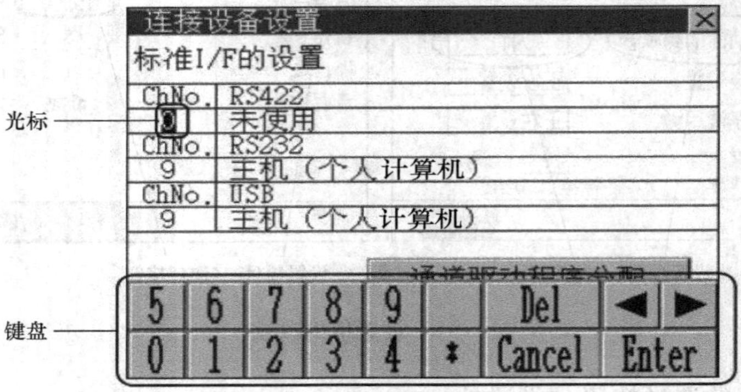

图1-39　键盘的操作

在键盘上输入数值：

①0~9键：输入数值。

②“Enter”键：按下“Enter”键后完成数值输入，关闭键盘。

③“Cancel”键：按下“Cancel”键后中止数值输入，关闭键盘。

④◀ ▶键：用于光标在可输入项目的左右移动。

⑤“Del”键：删除一个已输入的字符。

⑥“*”键：和键首未记载的键没有任何功能。

二、通信接口的设置

(1) 连接设备设置功能（见表1-2）。

表1-2　连接设备设置功能

功　能	内　容
通道驱动程序分配	变更通道号和通讯驱动程序的分配
通道号（ChNo.）设置	设置通信接口的通道号
通信参数设置	设置通信设备的通信参数

(2) 连接设备设置的显示操作（见图1-40）

(3) 连接设备设置画面的内容　其画面的内容如图1-41所示。

连接设备设置的设置项目栏、显示项目栏的名称如下：

1) 通道驱动程序分配。

① 通道号的分配。可以对GOT中安装的通讯驱动程序分配通道号。即使在GT Designer2中未进行“连接机器设置”，也可以通过本功能分配通道号与PLC进行通信。

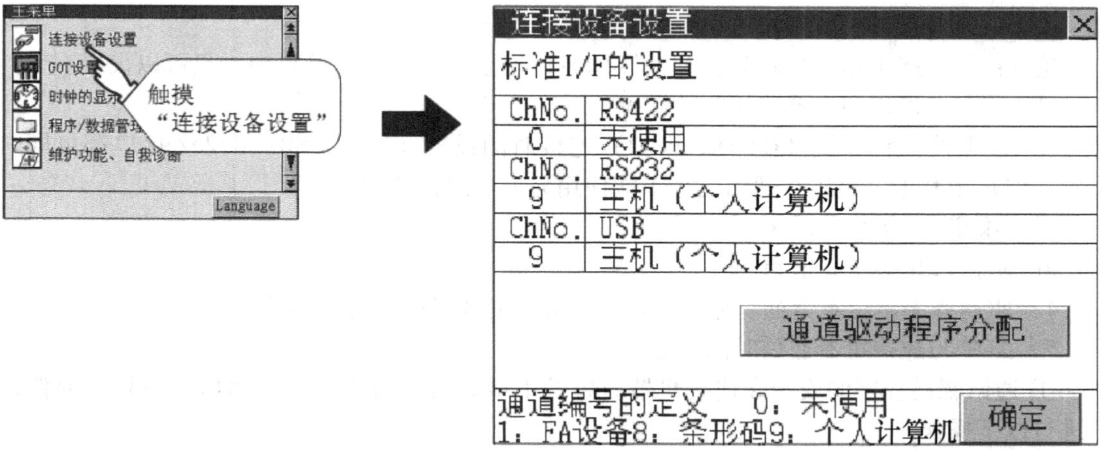

图 1-40　连接设备设置的显示操作

② 通讯驱动程序的变更。在应用程序中可以改变分配到通道中的通讯驱动程序（改变通讯驱动程序时，必须预先将欲改变的通讯驱动程序安装到 GOT 中）。

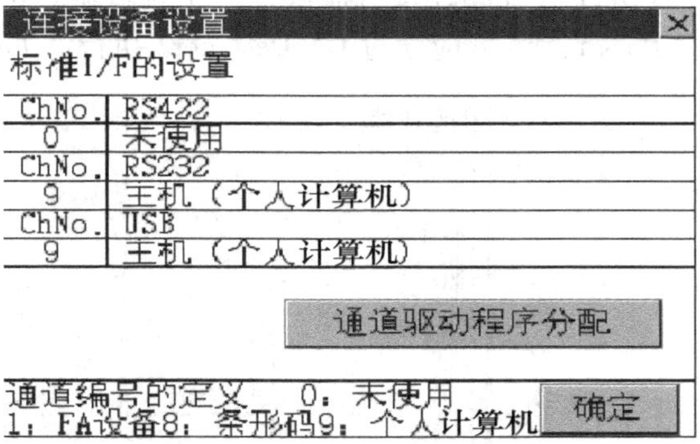

图 1-41　连接设备设置画面的内容

2）标准接口显示对话框。显示 GT11 中标准配备的通信接口，标准接口有以下三个种类：

① RS232：用于与个人计算机（GT Designer2）或连接机器通信。

② RS422：用于与连接机器通信。

③ USB：用于与个人计算机（GT Designer2）通信。

接口定义如图 1-42 所示。

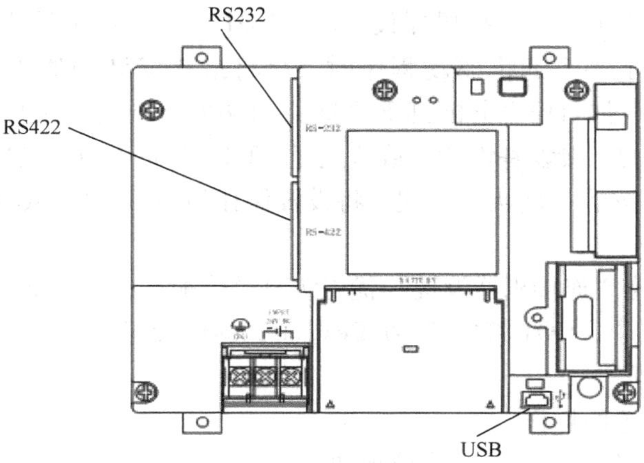

图 1-42　接口定义

3）通道号指定菜单对话框。

① 0：通信接口未使用时的设置。

② 1：与连接机器（PLC 和微型计算机等）连接时的设置（接口中，只可以设置 1 个）

③ 8：与条形码阅读器连接时的设置。

④ 9：与个人计算机（GT Designer2）连接时的设置（对于 USB、RS232 接口都可同时设置，但是用其中一个进行通信时，不能使用另一个进行通信）。

⑤ 不能设置为 2 ~7、＊。

⑥ 对于 USB 接口固定为 9。

4）驱动程序显示对话框。显示通道号中分配的通讯驱动程序名称。

5）GOT 与连接机器通信时的注意事项。

① 通讯驱动程序的安装和连接机器设置的下载。为了与连接机器通信，必须对通信接口进行以下操作：

a. 通讯驱动程序的安装（最多可安装四个 OS）。

b. 对通信接口分配通道号、通讯驱动程序（连接机器设置）。

c. b 中分配的连接机器设置（工程数据）的下载。

上述 a、b、c 应通过 GT Designer2 执行，如图 1-43 所示。

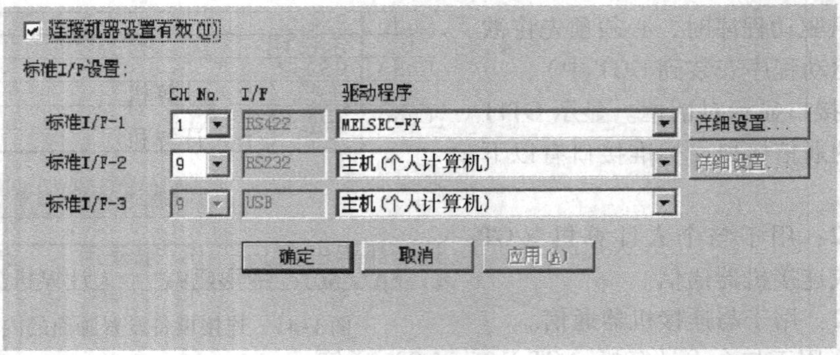

图 1-43　通讯驱动程序的安装和连接机器设置的下载

② GT Designer2 中未下载连接机器设置时，GOT 将已安装的通讯驱动程序自动分配到 RS422 接口中。安装了多个通讯驱动程序时，会将最初安装的通讯驱动程序自动分配到 RS422 接口中。将通讯驱动程序分配到 RS232 接口中时，或者改变已分配的通讯驱动程序时，应通过应用程序的连接设备设置，或者通过 GT Designer2 的连接机器设置进行设置。

a. 自动分配后，按下“确认”按钮，将设置保存到 GOT 中，从下次启动开始将不再执行自动分配。

b. GT Designer2 的“连接机器设置”优先级自动分配后，如果通过 GT Designer2 将连接机器设置下载到 GOT 中，GOT 将按照 GT Designer2 的连接机器设置进行动作（按最后设置的连接机器设置动作）。

（4）连接设备设置的操作

1）通道驱动程序分配操作。操作前须知：

① GOT 的重新启动。执行本设置后，GOT 将自动重新启动。另外，如果下载工程数据，

重新启动后，即开始监视连接设备。因此应在充分确认安全的前提下执行本操作。

② 设置的保持。确定了的通道－驱动程序分配，将保持到连接设备设置更新为止。

具体操作步骤如下：

① 将通讯驱动程序“A/QnA/QCPU、QJ71C24”安装到已与 AJ71QC24 连接设备设置的 GOT 中（不通过从 GT Designer2 下载“连接机器设置”）。安装通讯驱动程序后，在“连接设备设置”中触摸“通道驱动程序分配”按钮，如图 1-44 所示。

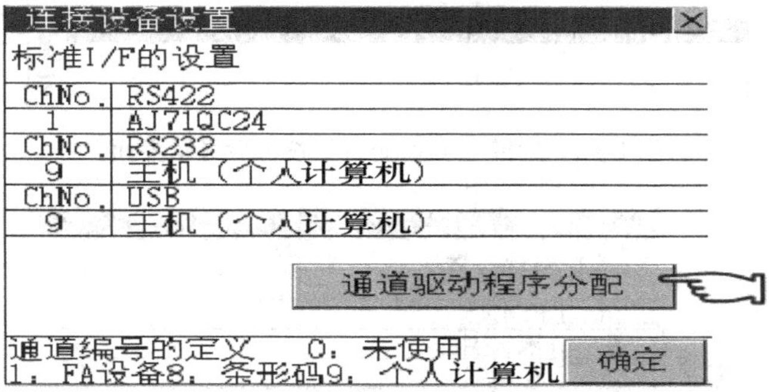

图 1-44 “连接设备设置”中触摸“通道驱动程序分配”按钮

② 触摸“通道驱动程序分配”按钮后显示界面如图 1-45 所示。在画面中触摸“分配变更”按钮。

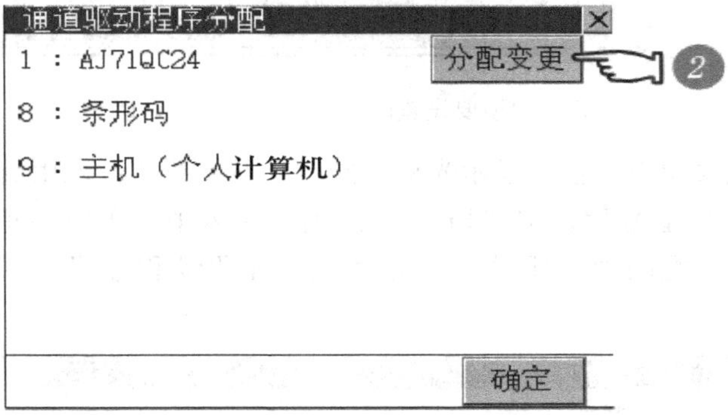

图 1-45 触摸“通道驱动程序分配”按钮

③ 触摸“分配变更”按钮后显示界面如图 1-46 所示。接下来可触摸所要选择的通讯⊖驱动程序。

④ 返回“通道驱动程序分配”界面，触摸“确定”按钮，确认分配变更。返回连接设备设置界面触摸“确定”按钮，完成连接机器设置。触摸“关闭/返回”按钮，GOT 将重新启动。

2）通道号设置操作。

① 触摸要设置的通道号指定菜单对话框，如图 1-47 所示。

⊖ 按照国家标准，“通讯驱动程序”应该改为“通信驱动程序”，但由于本书计算机软件中采用的是“通讯驱动程序”，为与软件保持一致，本书对于截屏图中的“通讯驱动程序”不作改动。

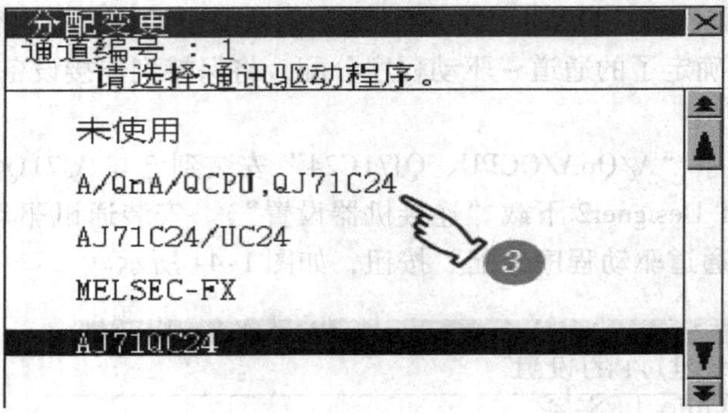

图 1-46　触摸“分配变更”按钮后显示界面

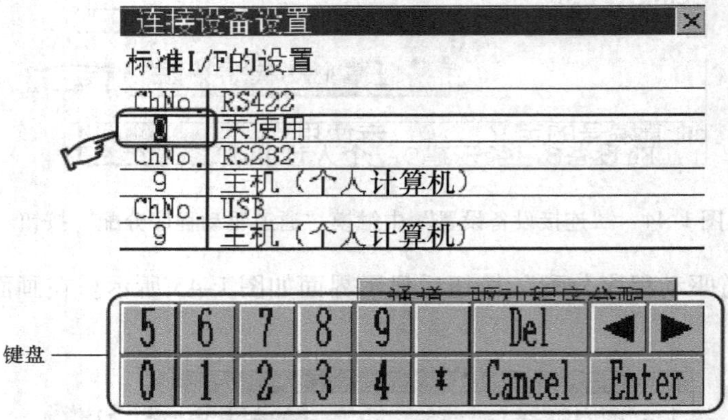

图 1-47　触摸要设置的通道号指定菜单对话框

② 在通道号指定菜单对话框上显示光标。同时，显示数值输入用键盘。

③ 在键盘上输入通道号后，按“Enter”键确认输入值。若将通道号设置为 1，则 GT Designer2 的通道 1 里分配的通讯驱动程序名将显示在驱动程序显示对话框中，如图 1-48 所示。

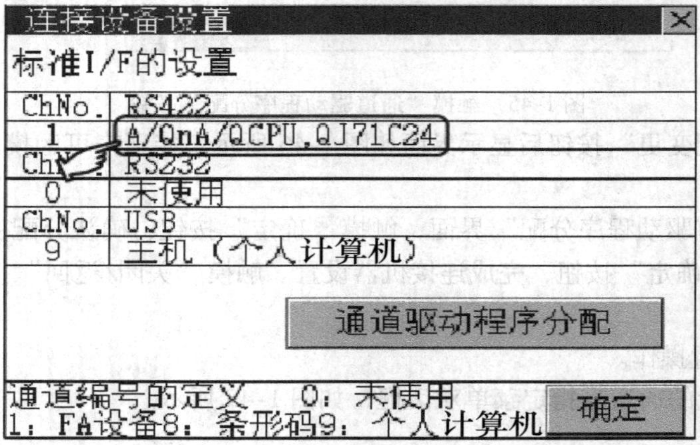

图 1-48　通讯驱动程序名显示

三、GOT 显示和操作的设置

1. 显示的设置

（1）显示设置的功能　可以设置显示相关内容，可以设置的项目见表 1-3。

表 1-3　可以设置的项目

项　　目	内　　容	设 置 范 围
标题显示时间	可以设置 GOT 启动时的标题显示时间	0 ~ 60s <出厂时：5s>
屏幕保护时间	可以设置从用户不操作触摸面板开始到屏幕保护功能启动结束的时间	0 ~ 60min <出厂时：0min> 设置时间为 0min 时，该功能无效
屏幕保护背光灯	可以指定屏幕保护功能启动时，背光灯是否打开	ON/OFF <出厂时：OFF>
信息显示	关于应用程序和对话框中显示的语言，可以进行当前语言的确认和语言的切换	Japanese/Chinese <出厂时：Chinese>
亮度、对比度调节	可以调节亮度、对比度	—

（2）显示设置步骤（见图 1-49）

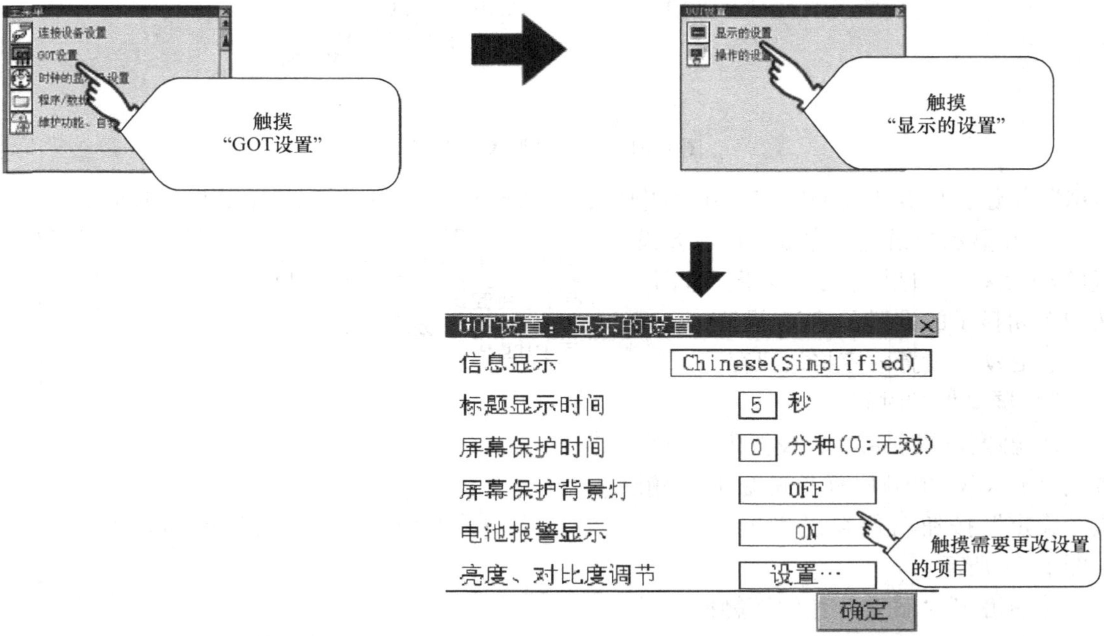

图 1-49　显示设置步骤

（3）显示设置的操作

1）标题显示、屏幕保护时间。

① 触摸设置时间（数字）后将显示输入键盘。在键盘上输入数字，如图 1-50 所示。

② 触摸“确定”按钮后保存已设置的内容，如图 1-51 所示。

③ 不触摸“确定”按钮而触摸“关闭/返回”按钮时，将显示图 1-52 所示的对话框。

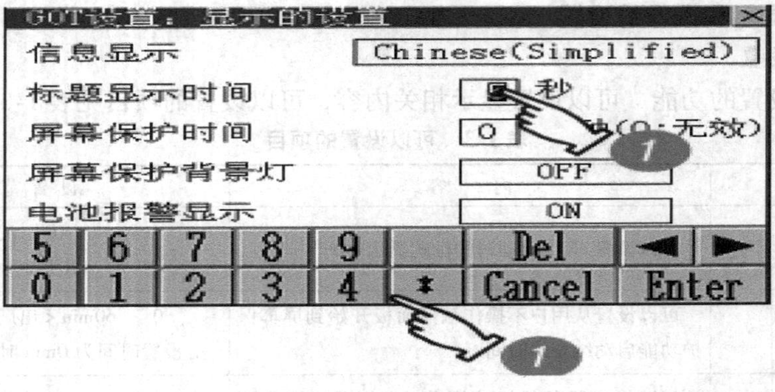

图 1-50　在键盘上输入数字

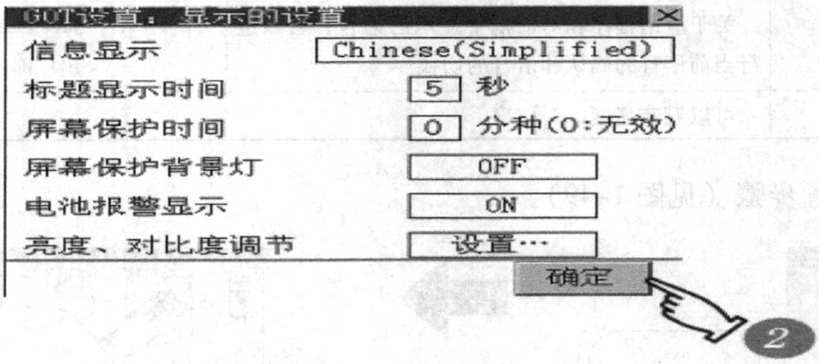

图 1-51　确定已设置的内容

"OK"按钮：放弃改变的内容，并关闭画面。"Cancel"按钮：返回显示的设置画面。

④ 在显示的设置中完成了所有要设置的项目后，如果使用"关闭/返回"按钮关闭显示的设置及 GOT 设置，GOT 将重新启动，设置内容将被保存。

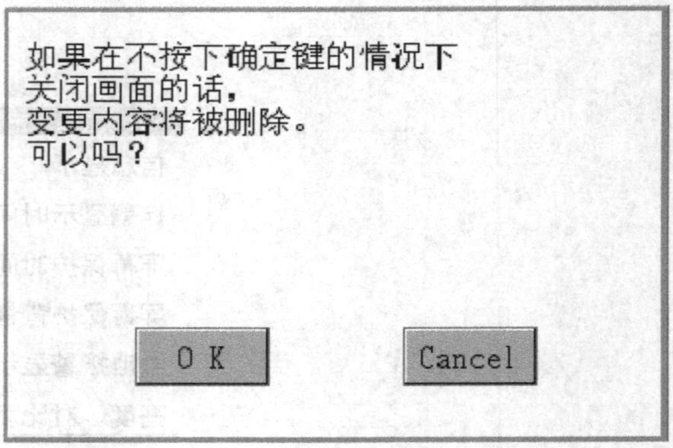

图 1-52　返回显示的设置画面

2）屏幕保护时间。

① 触摸设置项目后，设置内容将会改变（在 ON 和 OFF 两者间变化）。触摸"确定"按钮后保存已设置的内容，如图 1-53 所示。

② 不触摸"确定"按钮而触摸"关闭/返回"按钮时，将显示如图 1-54 所示的对话框。"OK"按钮：放弃改变的内容，并关闭画面。"Cancel"按钮：返回显示的设置画面。

③在显示的设置中完成了所有要设置的项目后，如果使用"关闭/返回"按钮关闭显示的设置及 GOT 设置，GOT 将重新启动，设置内容将被保存。

3）亮度、对比度调节。

① 亮度调节的显示操作如图 1-55 所示。

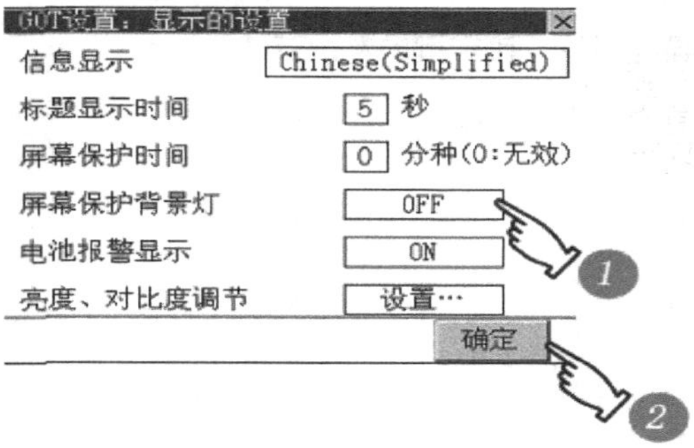

图 1-53　保存已设置的内容

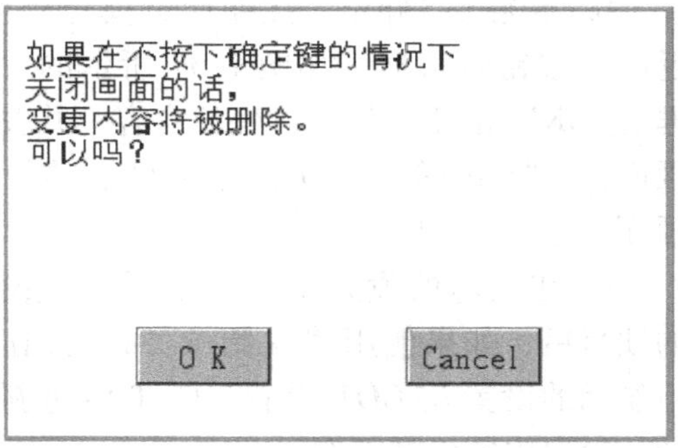

图 1-54　返回显示的设置画面

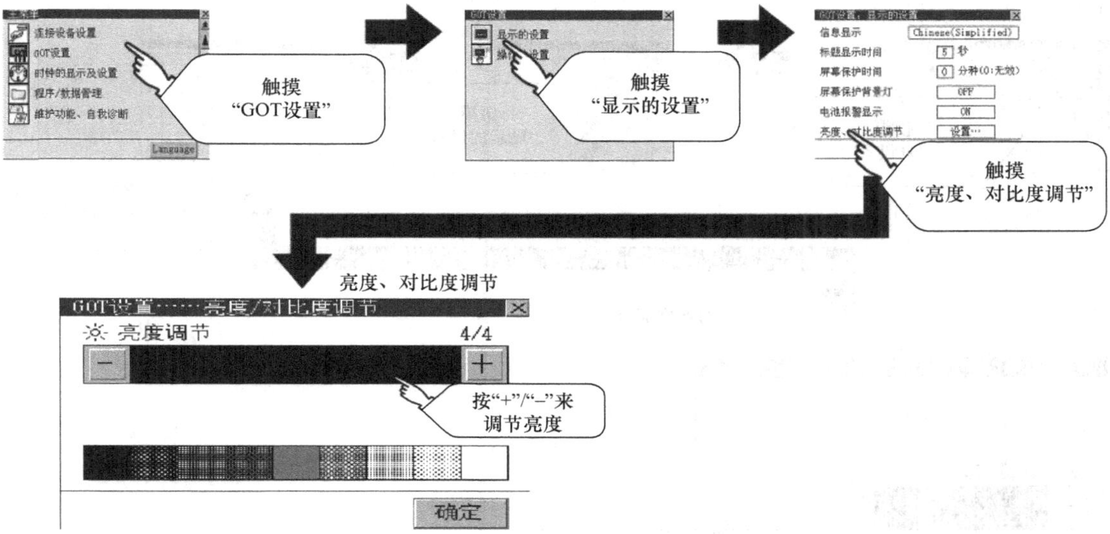

图 1-55　亮度调节的显示操作

② 亮度调节的操作。

a. 通过触摸亮度调节的“＋”、“－”钮可以调节亮度。触摸“确定”按钮保存已设置的内容，如图 1-56 所示。

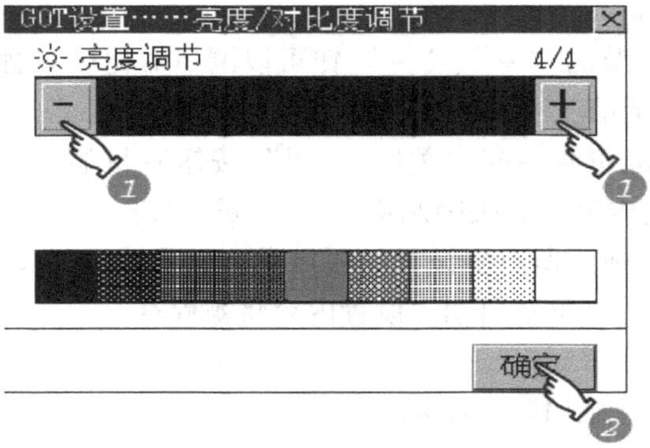

图 1-56　调节亮度

b. 不触摸“确定”按钮而触摸“关闭/返回”按钮时将显示如图 1-57 所示的对话框。“OK”按钮：放弃改变的内容，并关闭画面。“Cancel”按钮：返回显示的设置画面。

c. 在显示的设置中完成了所有要设置的项目后，如果使用“关闭/返回”按钮关闭显示的设置及 GOT 设置，GOT 将重新启动，设置内容将被保存。

③ 对比度调节的显示操作如图 1-58 所示。

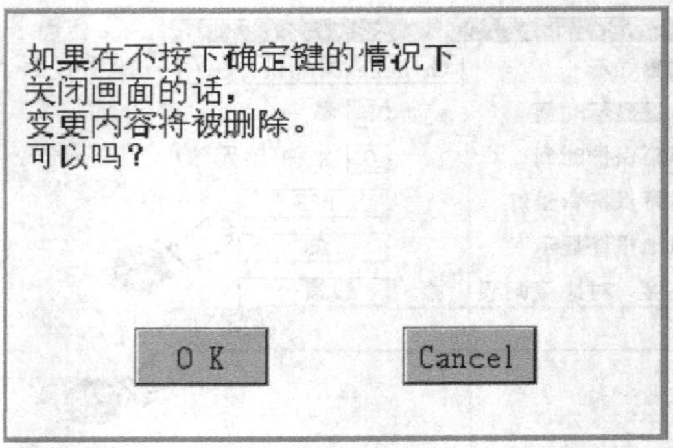

图 1-57　返回显示的设置画面

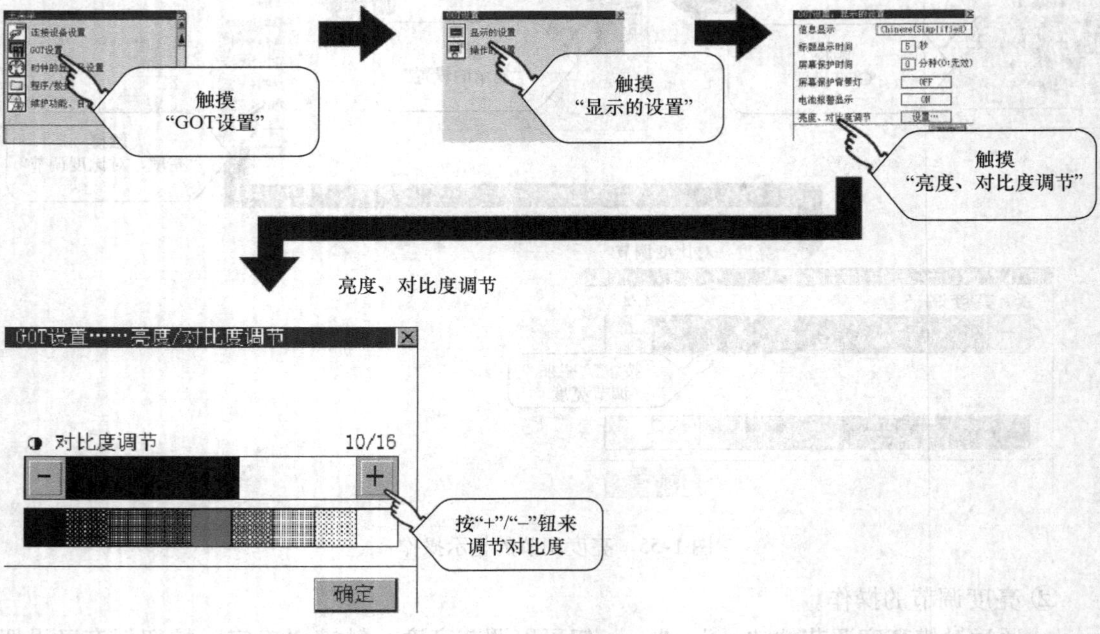

图 1-58　对比度调节的显示操作

④ 对比度调节的操作

a. 通过触摸对比度调节的“+”、“-”钮可以调节对比度。触摸“确定”按钮保存已设置的内容，如图 1-59 所示。

b. 不触摸“确定”按钮而触摸“关闭/返回”按钮时将显示如图 1-60 所示的对话框。“OK”按钮：放弃改变的内容，并关闭画面。“Cancel”按钮：返回显示的设置画面。

c. 在显示的设置中完成了所有要设置的项目后，如果使用“关闭/返回”按钮关闭显示的设置及 GOT 设置，GOT 将重新启动，设置内容将被保存。

2. 操作的设置

（1）操作的设置步骤如图 1-61 所示。

（2）更改操作的设置

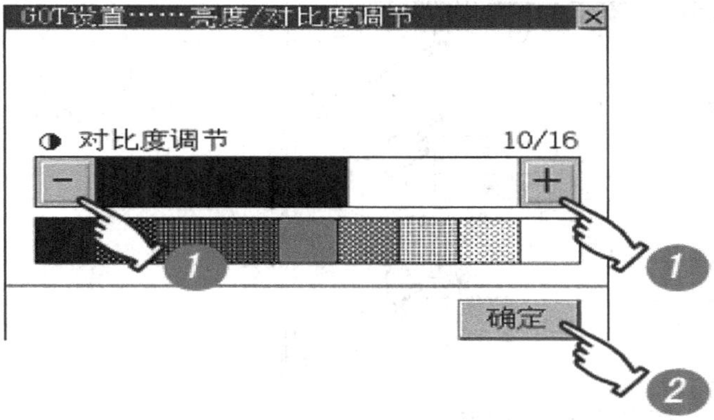

图 1-59　调节对比度

1）蜂鸣音的设置。

① 触摸设置项目后设置内容会改变。触摸“确定”按钮后保存已设置的内容，如图 1-62 所示。

② 不触摸“确定”按钮而触摸“关闭/返回”按钮时将显示如图 1-63 所示的对话框。“OK”按钮：放弃改变的内容，并关闭画面。“Cancel”按钮：返回显示的设置画面。

③ 在显示的设置中完成了所有要设置的项目后，如果使用“关闭/返回”按钮关闭显示的设置及 GOT 设置，GOT 将重新启动，设置内容将被保存。

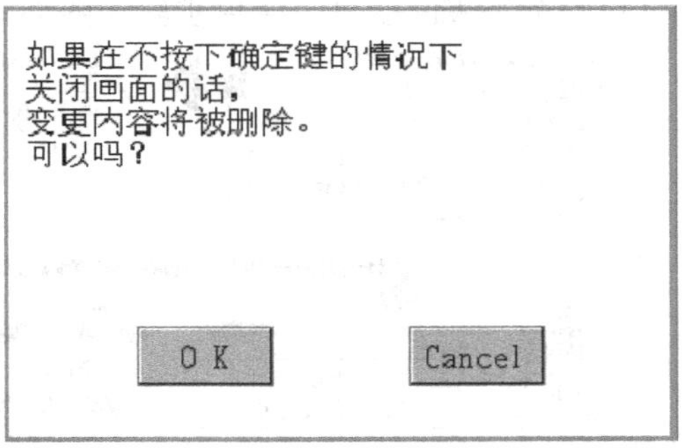

图 1-60　返回显示的设置画面

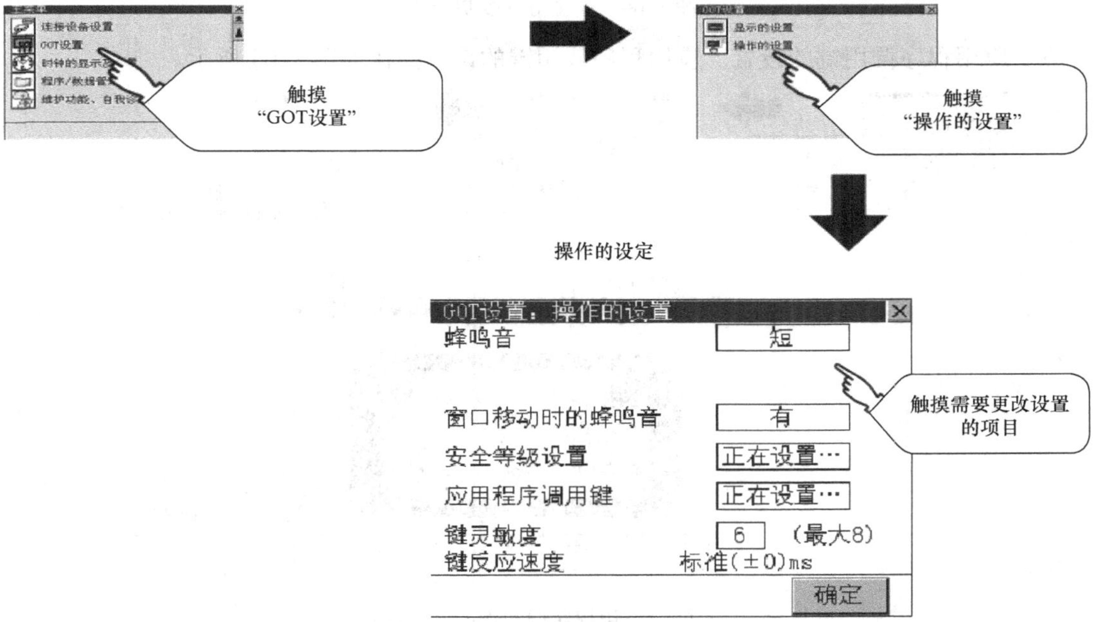

图 1-61　操作设置步骤

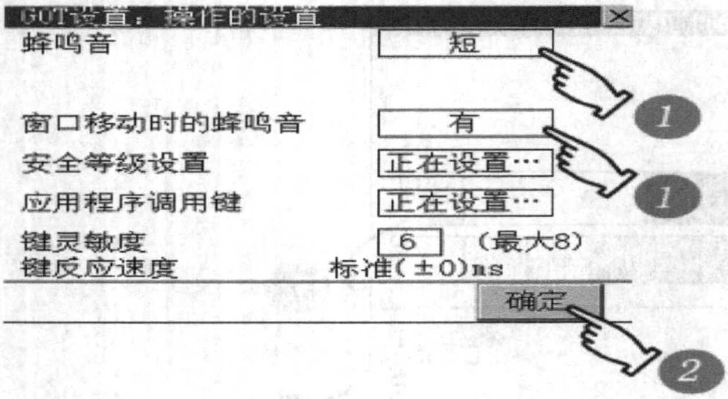

图 1-62　保存已设置的内容

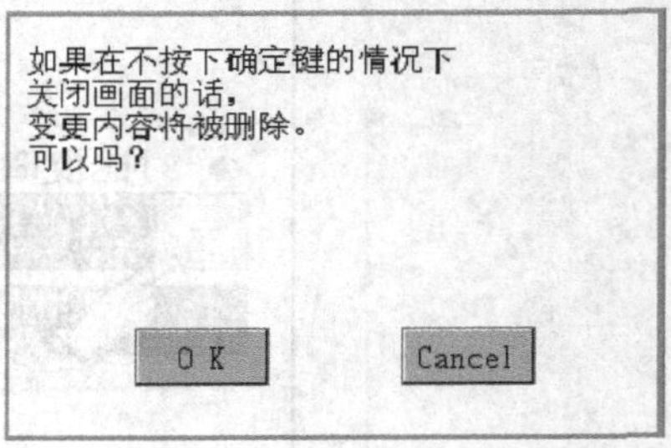

图 1-63　返回显示的设置画面

2）安全等级的变更。变更步骤如图 1-64 所示。

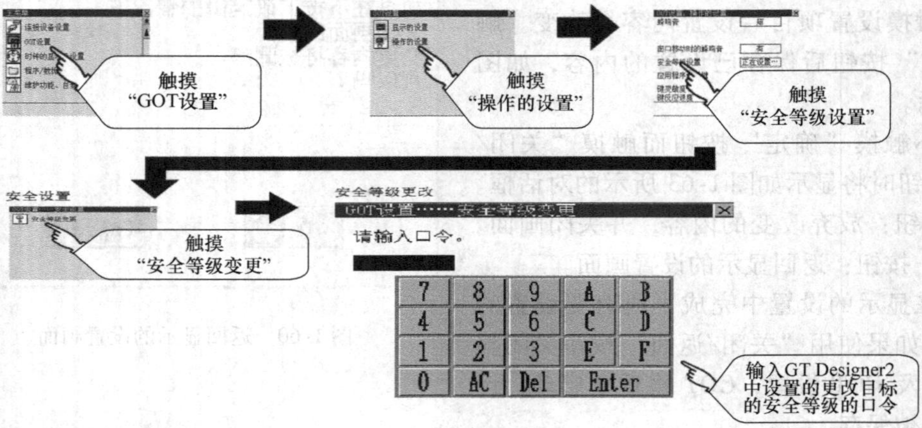

图 1-64　安全等级变更步骤

3）应用程序调用键的设置。应用程序调用键的设置操作如图 1-65 所示。

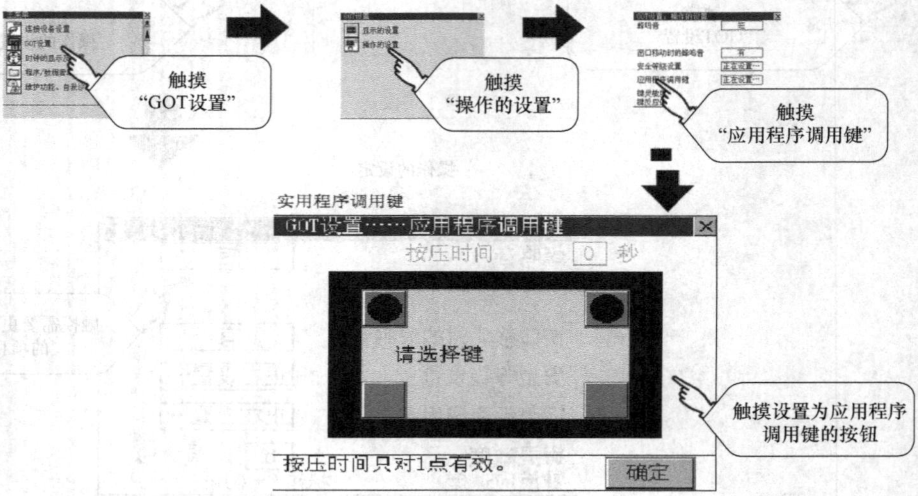

图 1-65　应用程序调用键的设置操作

第四节 触摸屏 GOT 的运行

GOT 通过 GOT 画面上的开关、灯显示数值显示/输入、消息显示等，可以对可编程序控制器 CPU 的软元件内存（位、字）进行读出/写入操作。

一、运行概述

使用 GT Designer2 在 GOT 画面上粘贴被称为对象的开关图形、灯图形、数据显示等显示框图形。对粘贴的对象设定针对 PLC 的 CPU 软元件内存的动作功能，从而可以执行 GOT 的各项功能。在完成对 GOT 上的开关（触摸键）和数据显示设定的描述后，下面对连接 PLC CPU 的动作情况做一个简要的说明，如图 1-66 所示。

1）触摸 GOT 的“运转”开关，使位软“M0”为 ON，如图 1-67 所示。

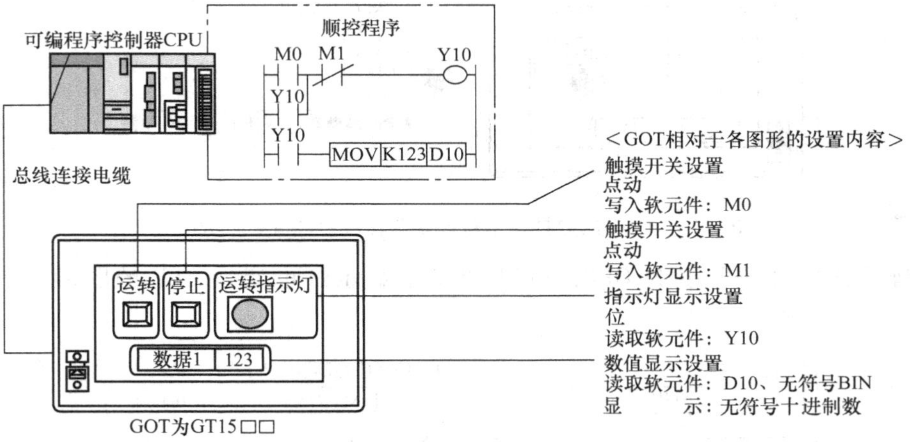

图 1-66 GOT 上的开关（触摸键）和数据显示

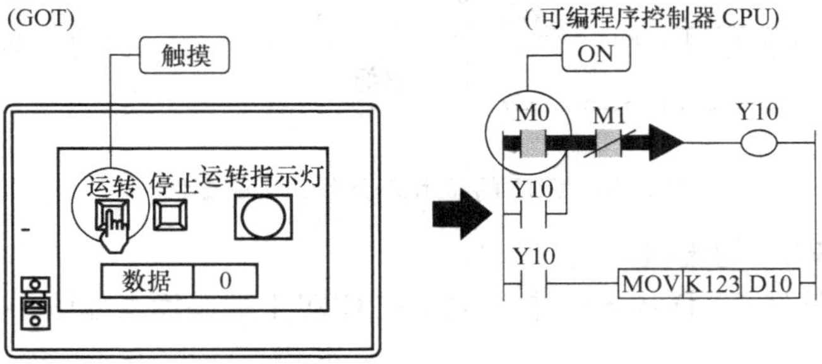

图 1-67 触摸 GOT 的“运转”开关

2）若位软元件“M0”为 ON，则位软元件“Y10”被置为 ON。此外，GOT 的显示灯被设定为监控位软元件“Y10”，因此灯也显示 ON 的图形，如图 1-68 所示。

3）因为位软元件“Y10”为 ON，所以“123”被存入字软元件“D10”。此外，GOT 的数据显示被设定为监控字软元件“D10”，因此显示“123”，如图 1-69 所示。

4）触摸 GOT 的“停止”开关，使 PLC 的 CPU 的位软元件“M1”为 ON。因为 PLC 的

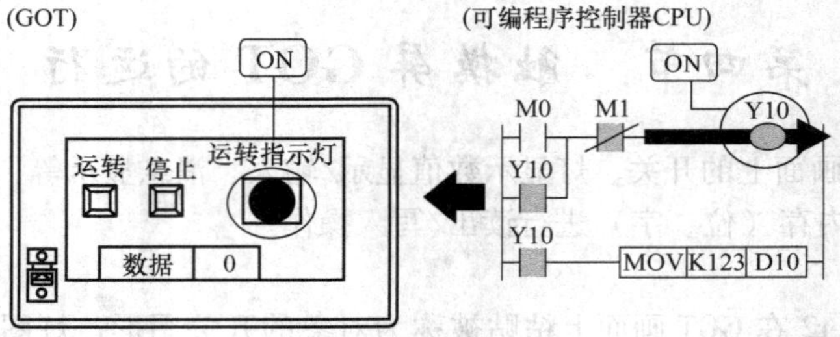

图 1-68　GOT 显示灯

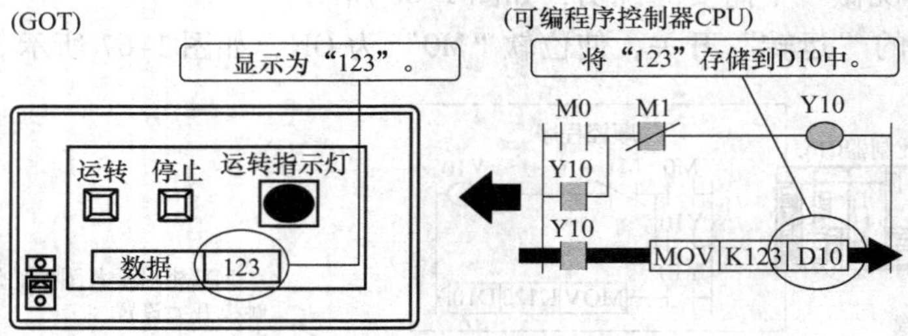

图 1-69　GOT 的数据显示被设定为监控字软元件“D10”

CPU 的位软元件“Y10”变为 OFF，所以 GOT 的显示灯也变为 OFF 的图形，如图 1-70 所示。

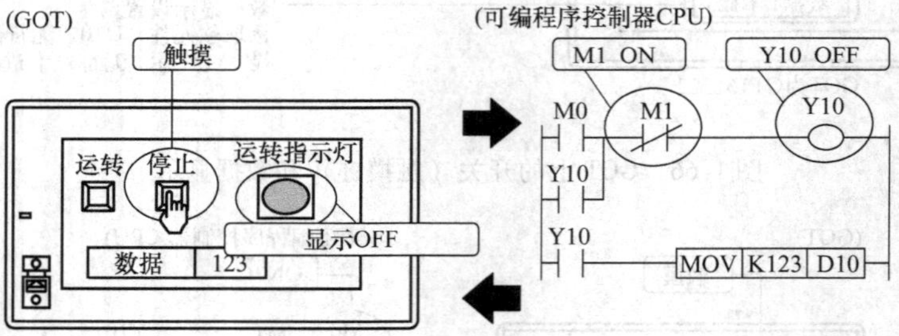

图 1-70　GOT 的显示灯变为 OFF 的图形

二、GOT 监控 PLC 的流程

1）用画面制作软件 GT Designer2 制作显示在 GOT 上的画面，如图 1-71 所示。

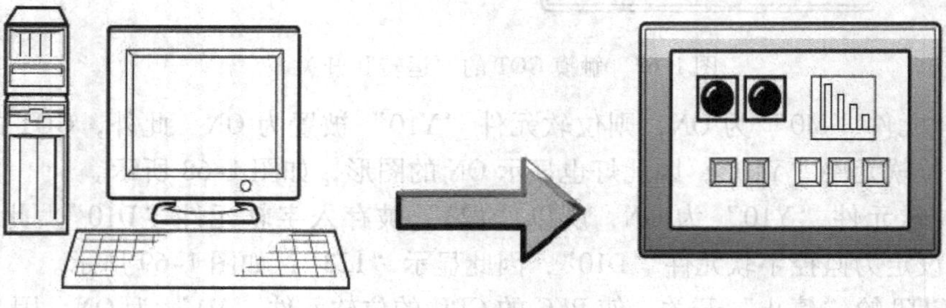

图 1-71　制作显示在 GOT 上的画面

2）将制作的监控画面传输到 GOT 中，如图 1-72 所示。

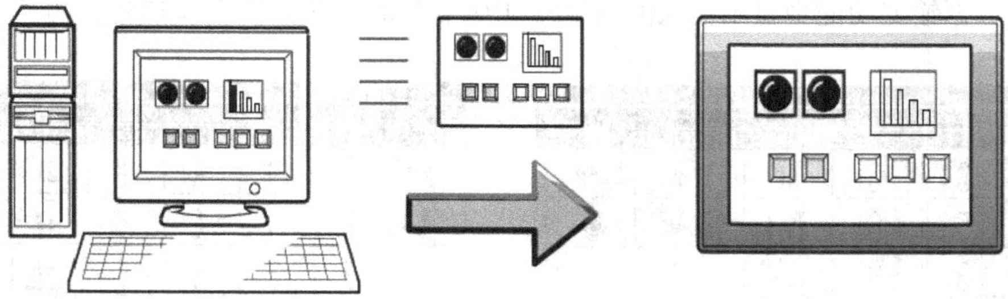

图 1-72　将制作的监控画面传输到 GOT 中

3）与 PLC 的 CPU 连接，开始监控，如图 1-73 所示。

图 1-73　开始监控

三、GOT 运行时所必需的器材（见图 1-74）

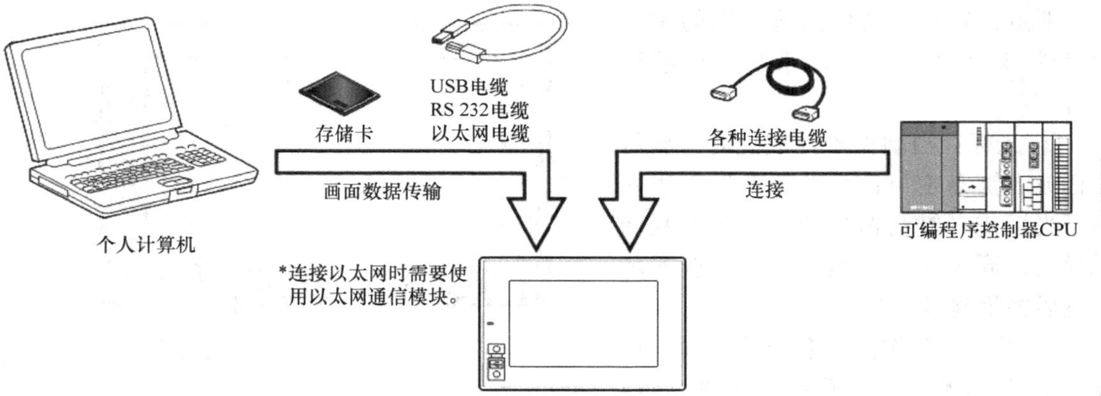

图 1-74　GOT 运行时所必需的器材

四、数据输入时的相关操作

1. 数据输入功能

数据输入功能是指向指定的字软元件写入任意数据的功能，数据输入使用 GOT 键盘，如图 1-75 所示。

2. 数据输入的操作方法

1）触摸要输入的数据，如图 1-76 所示。

2）显示键盘窗口，输入数据，输入后按确认键，如图 1-77 所示。

3）在数据输入功能中显示输入的内容（D100：100－200）键盘窗口将关闭，如图 1-78 所示。

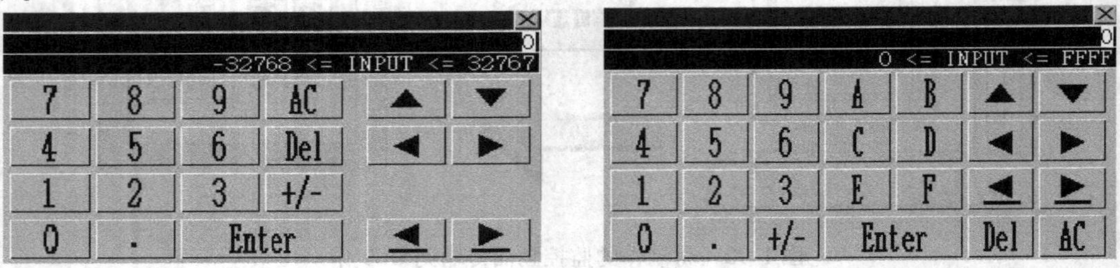

①：显示输入的数据。
②：显示数据的输入范围。

图 1-75　数据输入使用的 GOT 键盘窗口

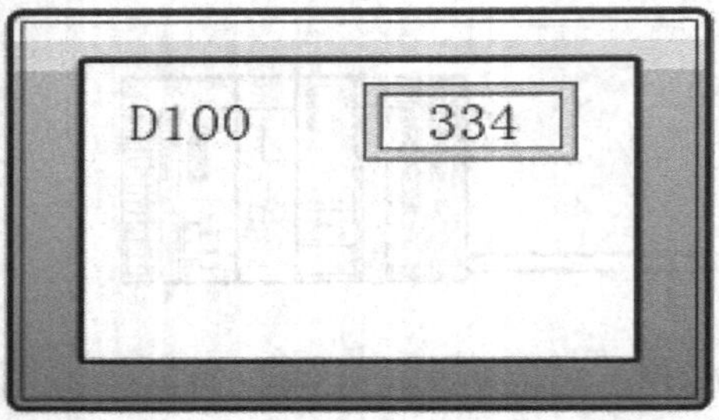

图 1-76　数据输入功能

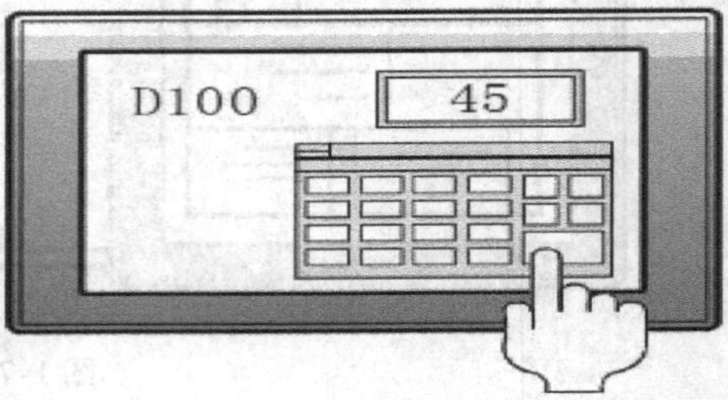

图 1-77　利用键盘窗口输入数据

要点：光标以及数据输入用的键盘窗口的显示和动作，都可以对其进行设置。

① 光标：当动作条件成立时，显示光标或者键盘窗口；当动作条件不成立时，光标或者键盘窗口消除；当检测到触摸时，同步显示键盘窗口，在按下确认键后关闭键盘窗口。

② 光标的动作：有多个数据输入功能时，设定输入的顺序，如图 1-79 所示。

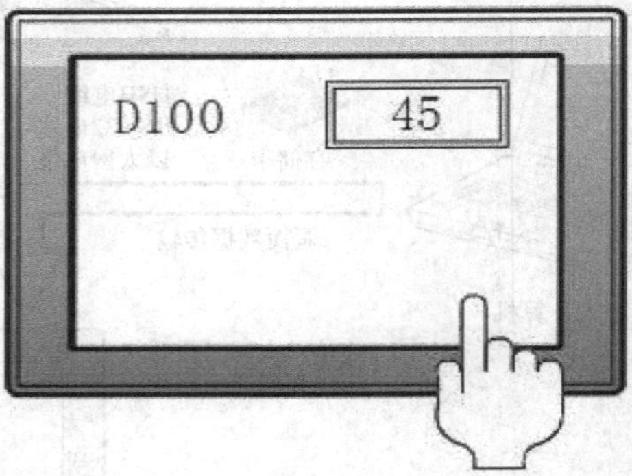

图 1-78　显示输入的内容

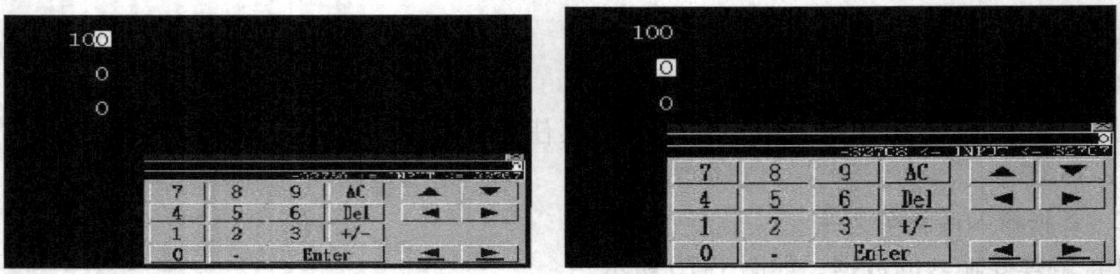

图 1-79　设定输入的顺序

第二章 触摸屏编程软件的使用

第一节 GT Designer2 触摸屏编程软件用户界面

GOT 中的显示画面（工程数据）是使用专用软件（GT Designer2）通过个人计算机创建的，在 GT Designer2 中通过粘贴开关图形、指示灯图形、数值显示等对象的显示框图形来创建画面，通过可编程序控制器 CPU 的软元件存储器（位、字）将动作功能设置到粘贴的对象中，可以执行 GOT 的各个功能。触摸屏编程软件 GT Designer2 主要完成对触摸屏界面的编辑、设备的选择、人机界面控制设备选择、程序的下载与读出等任务，下面我们来介绍 GT Designer2 软件的界面组成。

一、GT Designer2 软件的启动

从个人计算机的开始菜单中选择"开始/所有程序/MELSOFT 应用程序/GT Designer2"，启动 GT Designer2 应用程序，如图 2-1 所示。

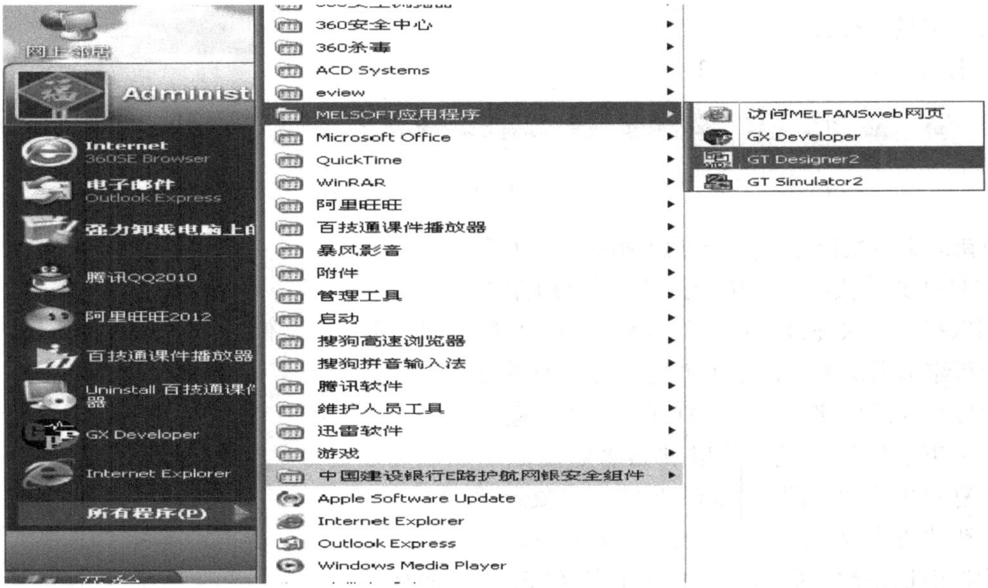

图 2-1 GT Designer2 应用程序的启动

等待启动后，将进入图 2-2 所示界面。从图 2-2 可以看出，GT Designer2 软件主要由标题栏、工具栏、菜单栏、工作区、属性表、编辑器、状态栏等部分组成。

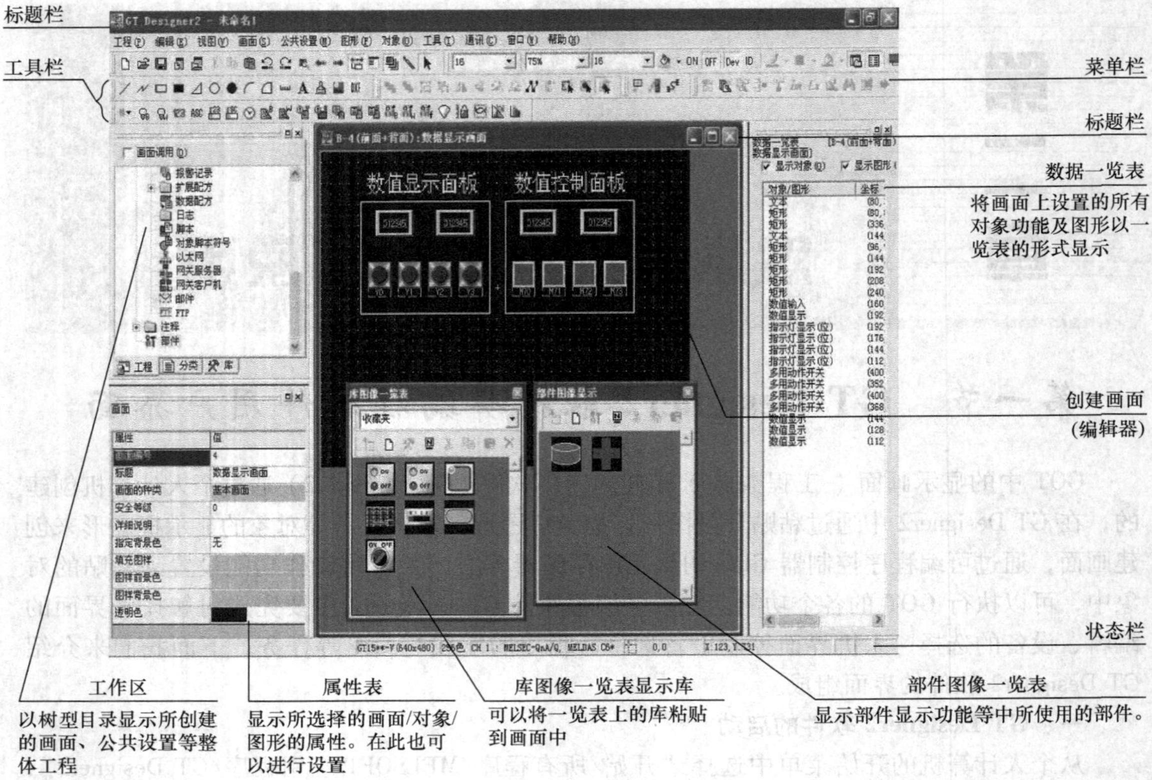

图 2-2　GT Designer2 用户界面

二、工具栏介绍

1. 标准工具栏（见图 2-3）

图 2-3　标准工具栏

新建文件快捷键，用于创建新的工程文件。

打开文件快捷键，用于打开已有的工程文件。

保存文件快捷键，用于将编辑中的工程覆盖保存到已有文件。

新建画面快捷键，用于创建新的工程画面。

打开画面快捷键，用于打开指定的工程画面。

剪切快捷键，用于剪切图形或者对象。

复制快捷键，用于复制图形或者对象。

粘贴快捷键，用于粘贴图形或者对象。

撤消快捷键，撤消最后的操作恢复到变更前的状态。

恢复快捷键，重复上一次的操作。

预览快捷键，通过 GOT 中显示的图像以显示设置内容。

上一个画面，打开比编辑中画面的画面编号小 1 号的画面。

下一个画面，打开比编辑中画面的画面编号大 1 号的画面。

软元件使用一览表，显示所有已使用的软元件。

数据一览表，将画面上配置的图形、对象以一览表的形式显示。

注释快捷键，将对象功能中显示的注释进行登录。

选择图形和对象，将光标的选择对象切换为“图形 + 对象”。

2. 显示工具栏（见图 2-4）

图 2-4　显示工具栏

移动量，设置光标的移动量。

显示比例，设置画面显示的放大率或缩小率。

栅格间距，设置栅格的间距。

栅格色，设置栅格的颜色。

ON/OFF，将画面切换为软元件 ON/OFF 时的显示。

软元件、对象 ID，将软元件（Dev）、对象 ID（ID）显示到各对象中。

画面背景图样前景色，设置画面的背景色。

画面背景图样，设置画面背景的图样。

画面背景图样背景色，设置画面背景的图样色。

工作区，显示工作区。

属性表，显示属性表。

图层前面，显示图层的前面。

图层背面，显示图层的背面。

图层前面 + 背面，重叠显示图层的前面与背面。

3. 图形工具栏（见图 2-5）

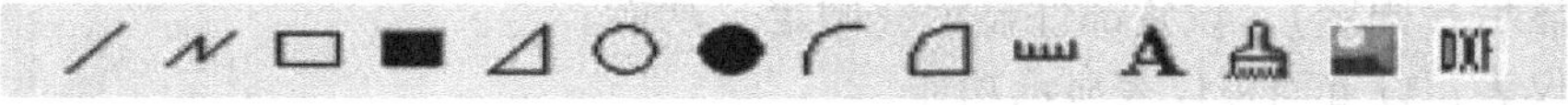

图 2-5　图形工具栏

直线，用于绘制直线。

折线，用于绘制折线。

长方形，用于绘制长方形。

长方形（填充），用于绘制带填充的长方形。

多边形，用于绘制多边形。

圆形，用于绘制圆形。

圆形（填充），用于绘制带填充的圆形。

圆弧，用于绘制圆弧。

扇形，用于绘制扇形。

刻度，用于绘制刻度。

文本，用于输入文本。

涂刷，将多边形、封闭区域以所选择的图样进行涂刷。

读入图像数据，将 bmp、jpeg 格式文件读取到编辑中的画面中。

读入 DXF 数据，将 DXF 格式文件读取到编辑中的画面中。

4. 对象工具栏（见图 2-6）

图 2-6　对象工具栏

开关，设置触摸开关功能。

指示灯显示（位），设置指示灯显示（位）功能。

指示灯显示（字），设置指示灯显示（字）功能。

数值显示，设置数值显示功能。

ASCII 显示，设置 ASCII 显示功能。

数值输入，设置数值输入功能。

ASCII 输入，设置 ASCII 输入功能。

时刻显示，设置时刻显示功能。

注释显示（位），设置注释显示（位）功能。

注释显示（字），设置注释显示（字）功能。

扩展用户报警显示，显示扩展用户报警监视。

扩展系统报警显示，显示扩展系统报警监视。

报警记录显示，设置系统报警记录显示功能。

用户报警，设置用户报警列表显示功能。

系统报警，设置系统报警列表显示功能。

部件显示（位），设置部件显示（位）功能。

部件显示（字），设置部件显示（字）功能。

部件显示（固定），设置部件显示（固定）功能。

面板仪表，设置面板仪表显示功能。

液位，设置液位显示功能。

趋势图表，设置趋势图表显示功能。

折线图表，设置折线图表显示功能。

条形图表，设置条形图表显示功能。

5. 编辑工具栏（见图 2-7）

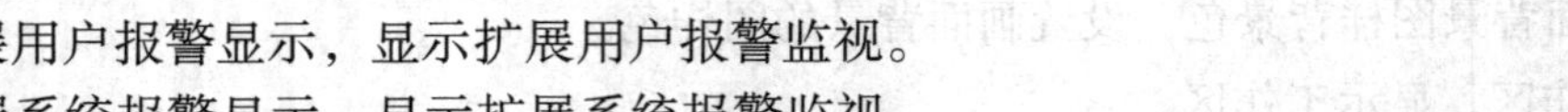

图 2-7　编辑工具栏

置于顶层，将所选择的图形、对象配置到前面图层的最顶层。

置于底层，将所选择的图形、对象配置到背面图层的最底层。

组合，对所选择的图形、对象进行组合。

取消组合，解除组合。

水平翻转，将所选择的图形进行水平翻转。

垂直翻转，将所选择的图形进行垂直翻转。

左 90°翻转，将所选择的图形进行左 90°翻转。

右 90°翻转，将所选择的图形进行右 90°翻转。

编辑顶点，变更折线、多边形的线长度。

排列设置，排列所选择的图形、对象。

选择图形，将图形作为选择对象。

选择对象，将对象作为选择对象。

选择图形 + 对象，将图形、对象作为选择对象。

6. 排列工具栏（见图 2-8）

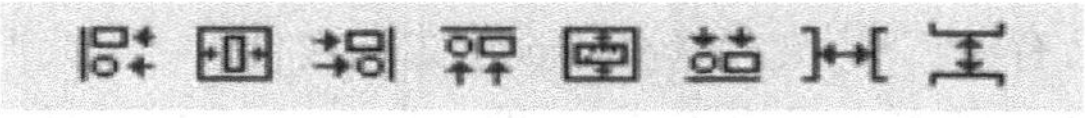

图 2-8　排列工具栏

排列左，以所选择最左端的图形、对象为基准进行排列。

排列中央（水平），排列到水平方向的中央位置。

排列右，以所选择最右端的图形、对象为基准进行排列。

排列上，以所选择最上端的图形、对象为基准进行排列。

排列中央（垂直），排列到垂直方向的中央位置。

排列下，以所选择最下端的图形、对象为基准进行排列。

排列均等排列（水平），将所选择的图形、对象在水平方向均等排列。

排列均等排列（垂直），将所选择的图形、对象在垂直方向均等排列。

7. 图形绘图工具栏（见图 2-9）

图 2-9　图形绘图工具栏

线型，变更线的线型。

线宽，变更线的宽度。

线条颜色，变更线的线条颜色。

填充图样，变更填充图样。

图样前景色，变更图样填充前景色。

图样背景色，变更图样填充背景色。

文本颜色，变更文本颜色。

文本类型，变更文本类型。

文本阴影色，变更文本阴影色。

8. 通讯工具栏（见图 2-10）

图 2-10　通讯工具栏

跟 GOT 的通讯，进行与 GOT 的数据传输。

传送到存储卡，进行存储卡的数据传输。

通讯设置，进行通讯的设置。

9. 注释工具栏（见图 2-11）

图 2-11　注释工具栏

新建注释，追加新建注释行。

新建注释组，创建新的注释组。

注释组属性，对选中的注释组属性进行选择。

行插入，在指定的行选择位置插入行。

列插入，在指定的列选择位置插入列。

注释导入，导入已有的 CSV 文件、Unicode 文本文件。

注释导出，从注释一览表中导出 CSV 文件、Unicode 文本文件。

注释属性，打开注释属性对话框。

搜索，打开字符串搜索对话框。

定位，打开定位对话框。

属性的显示/不显示，切换属性信息的显示与不显示。

三、菜单的配置

1. 工程

工程菜单包含文件管理、绘图环境的设置、打印等相关功能，可以进行工程的新建、已有文件的读取、绘图环境的设置、编辑过程中内容的打印等功能。此外，还可显示最近打开文件的记录，如图 2-12 所示。

2. 编辑

编辑菜单包含绘制图形/对象的相关功能，具有因编辑操作失误可以返回编辑前状态的功能（撤消）及对象/图形的复制、粘贴、组合等功能，如图 2-13 所示。

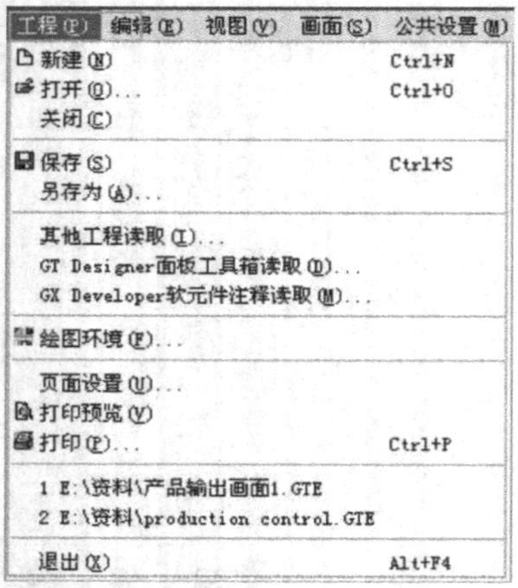

图 2-12　工程菜单

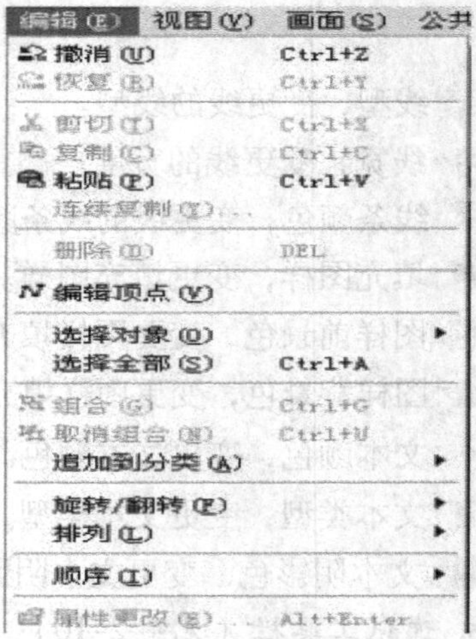

图 2-13　编辑菜单

3. 视图

视图菜单包含显示在 GT Designer2 上的相关功能，可以设置显示/不显示工具栏、状态栏、工作区、属性表等功能，如图 2-14 所示。

4. 画面

画面菜单包含工程的画面管理、功能设置，可以进行画面的新建、画面的打开/关闭、窗口画面尺寸的变更等操作，如图 2-15 所示。

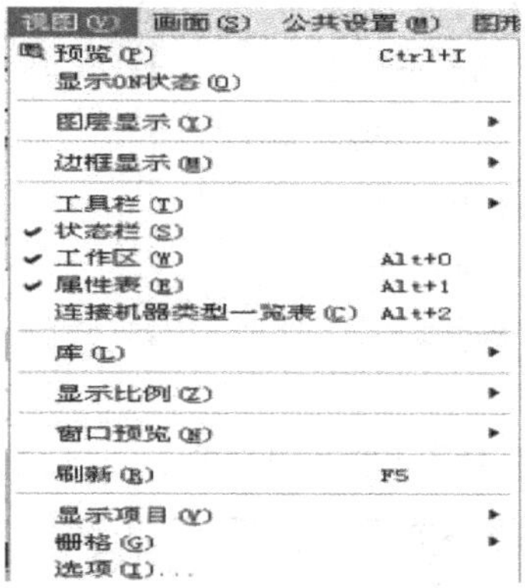

图 2-14 视图菜单

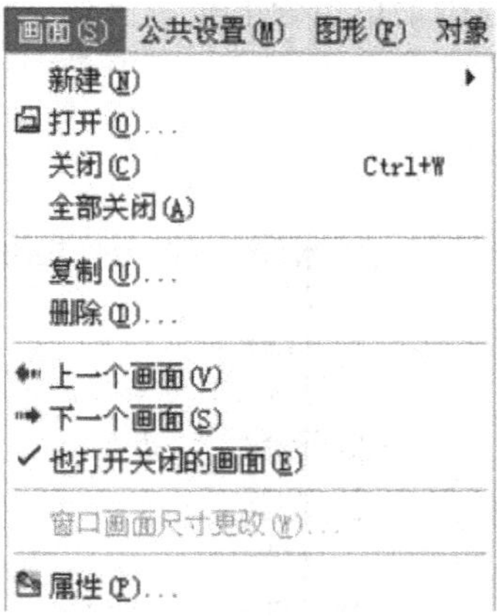

图 2-15 画面菜单

5. 公共设置

公共设置菜单包含公共设置相关功能、可以设置所有工程中使用对象的功能。此外，也可以进行注释、部件等登录功能，如图 2-16 所示。

6. 图形

图形菜单包含图形绘制的相关功能，可以进行各种图形的绘制及图形的填充操作。此外，也可以进行图像数据的读取，如图 2-17 所示。

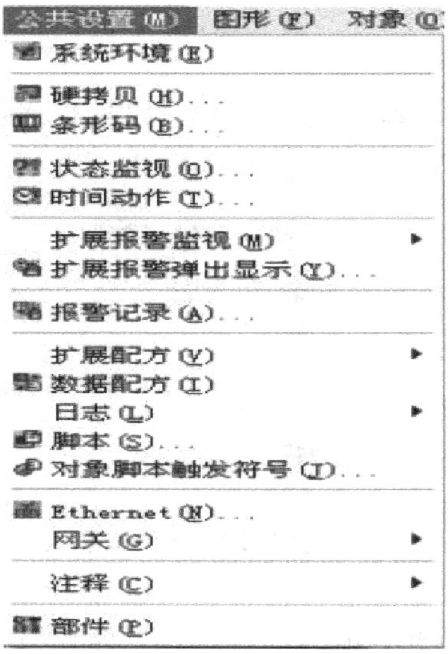

图 2-16 公共设置菜单

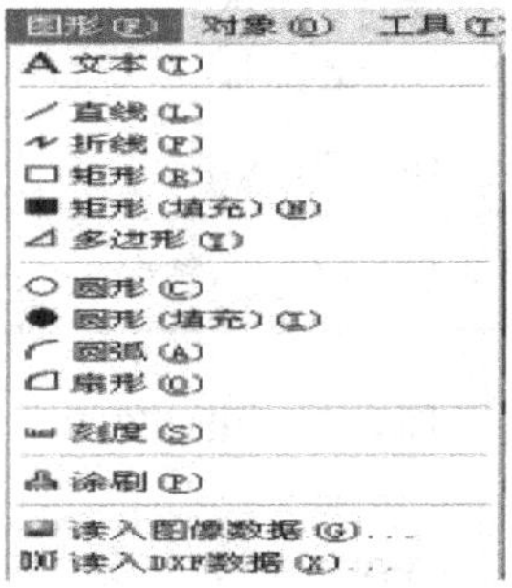

图 2-17 图形菜单

7. 对象

对象菜单包含指示灯及开关等画面上配置对象的相关功能，如图 2-18 所示。

8. 工具

工具菜单包含所设置的软元件使用一览表显示，设置内容的出错检查等功能。此外，可以设置显示/不显示数据一览表，如图 2-19 所示。

9. 通讯㊀

通讯菜单包含下载、上载、驱动器信息显示、通讯设置功能，如图 2-20 所示。

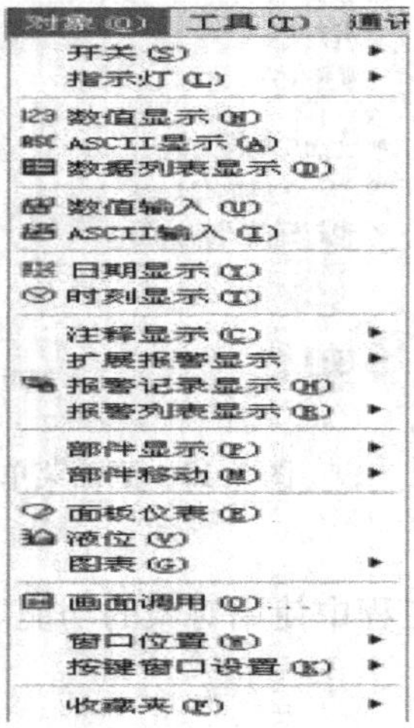

图 2-18　对象菜单

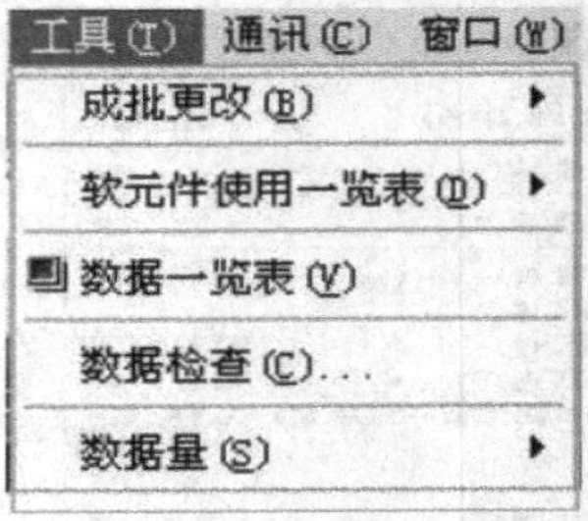

图 2-19　工具菜单

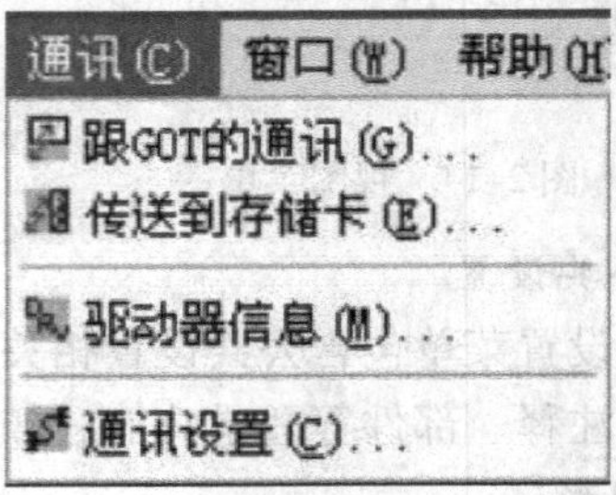

图 2-20　通讯菜单

10. 窗口

窗口菜单包含多个画面平铺显示等功能，如图 2-21 所示。

11. 帮助

帮助菜单包含 GT Designer2 相关 PDF 手册的阅览、软件版本的确认等功能，如图 2-22 所示。

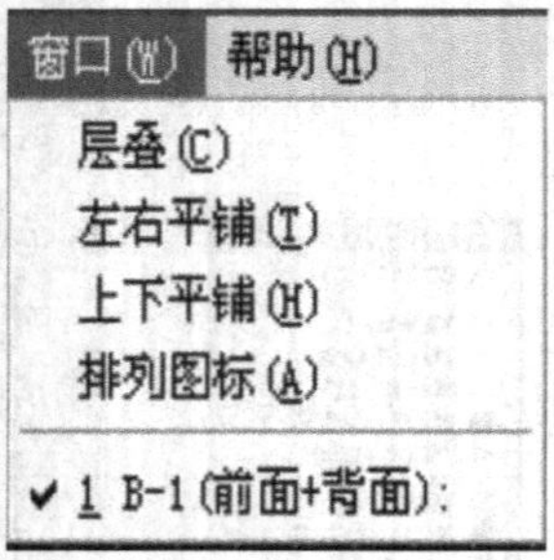

图 2-21　窗口菜单

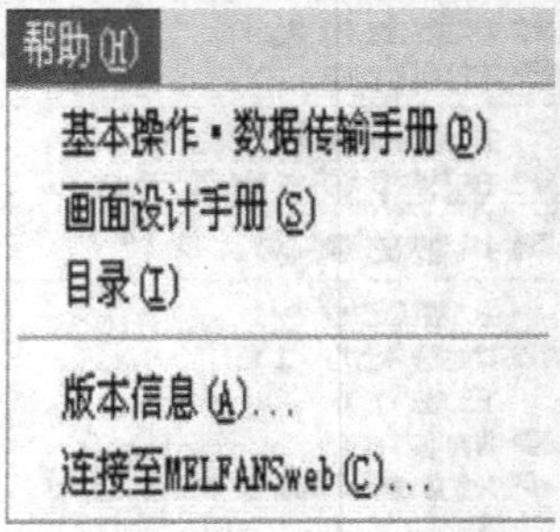

图 2-22　帮助菜单

㊀ 按照国家标准，“通讯”应该改为“通信”，但由于本书计算机软件中采用的是“通讯”，为与软件保持一致，本书对于截屏图中的“通讯”不作改动。

第二节　GT Designer2 触摸屏编程软件的特点

在 GT Designer2 软件中，为了提高绘图效率，提供了各种各样的功能，下面介绍一下 GT Designer 的主要功能。

一、简便的操作

1）简便地掌握整体工程。将创建的画面及公共设置等整体工程以树型显示，在掌握当前设置的内容、确认作业的进程、复制画面时将十分便利，如图 2-23 所示。

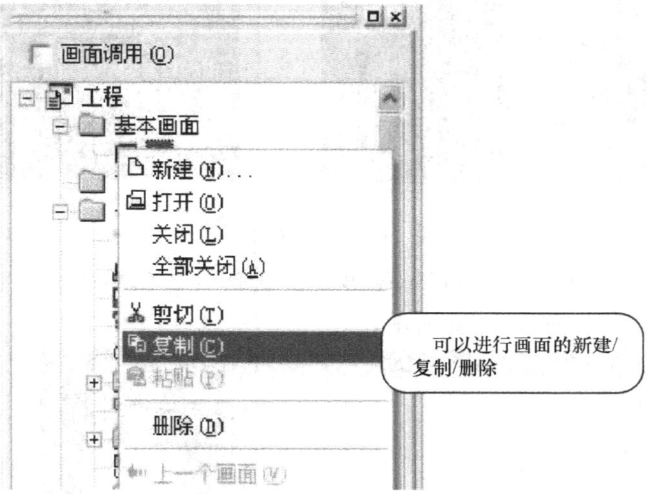

图 2-23　将创建的画面及公共设置等整体工程以树型显示

2）简便地按用途对对象进行管理。将对象总体设置按分类进行树型显示，如图 2-24 所示。

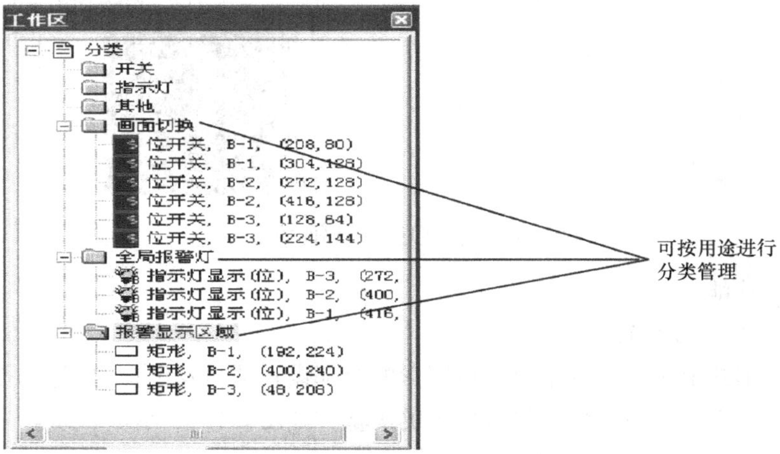

图 2-24　将对象总体设置按分类进行树型显示

3）简便地进行常用部件的选择。登录对象图形后，可以将登录的对象或图形粘贴到画面上，也可以将经常使用的对象或图形登录为工具栏，如图 2-25 所示。

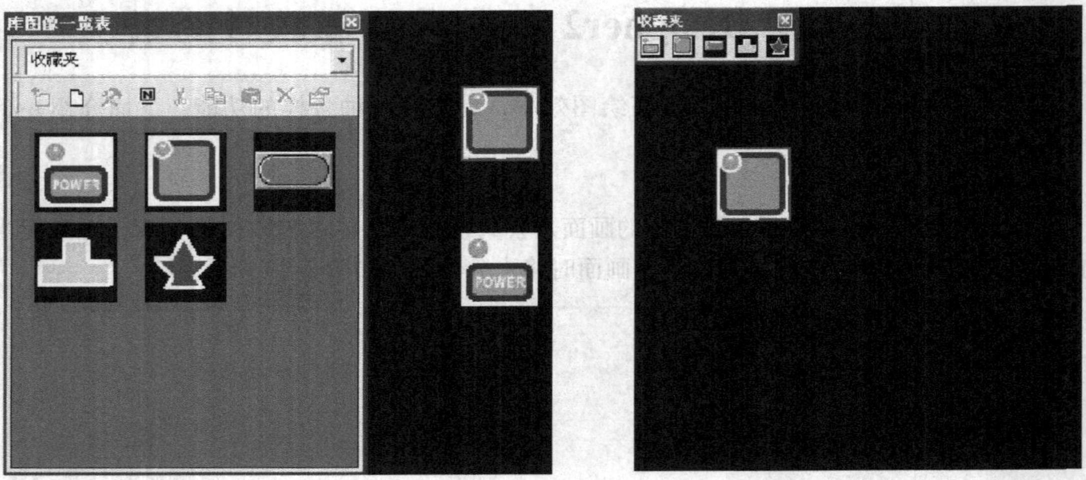

图 2-25　进行常用部件的选择

4）简便地进行部件的编辑。通过编辑专用编辑器（库编辑器）可以对已登录的部件（对象或图形）进行编辑，如图 2-26 所示。

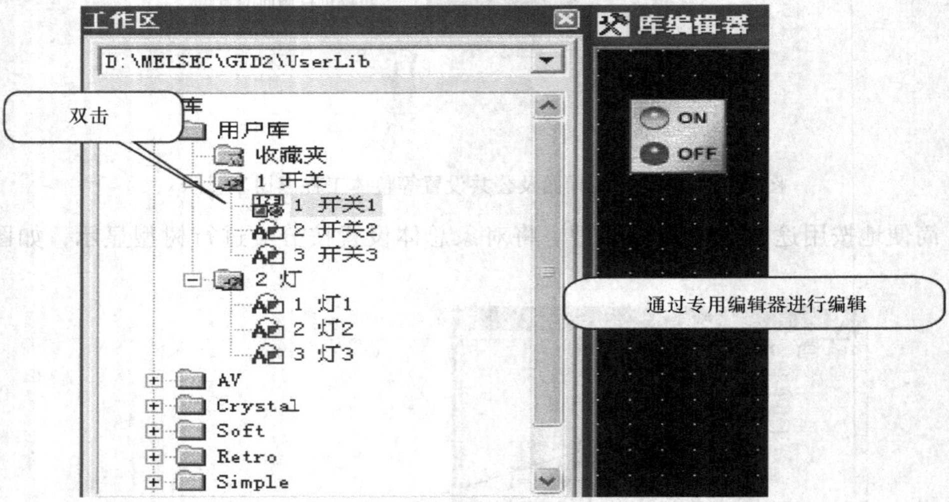

图 2-26　简便地进行部件的编辑

二、方便的功能

1. 不需要打开对话框的直接设置

以一览表的形式显示当前选中对象或图形的全部设置项目及设置内容。不需要打开对话框，可以对对象或图形进行设置及设置内容的确认，如图 2-27 所示。

2. 将对象按使用目的进行分类

由于触摸开关是按使用目的进行分类的，所以可以简便地选择想要设置的触摸开关。

此外，指示灯显示功能及部件显示功能也是按位软元件及字软元件进行分类，精简了设置项目，如图 2-28 所示。

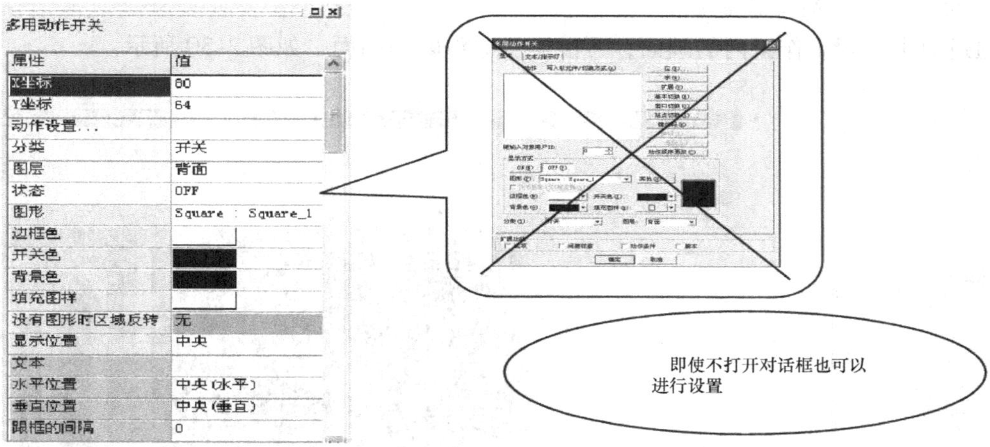

图 2-27　不需要打开对话框的直接设置

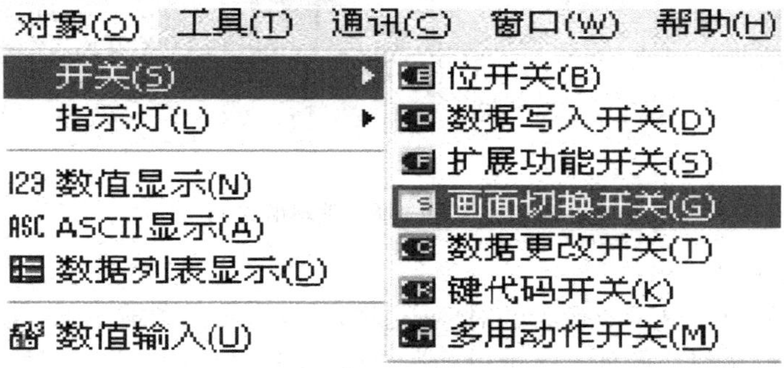

图 2-28　将对象按使用目的进行分类

3. 自定义画面

通过移动工作区及属性表、显示/不显示工具栏等，可以对画面进行自定义设置，在自定义的环境下绘图。对象设置的对话框也可以进行自定义设置，如图 2-29 所示。

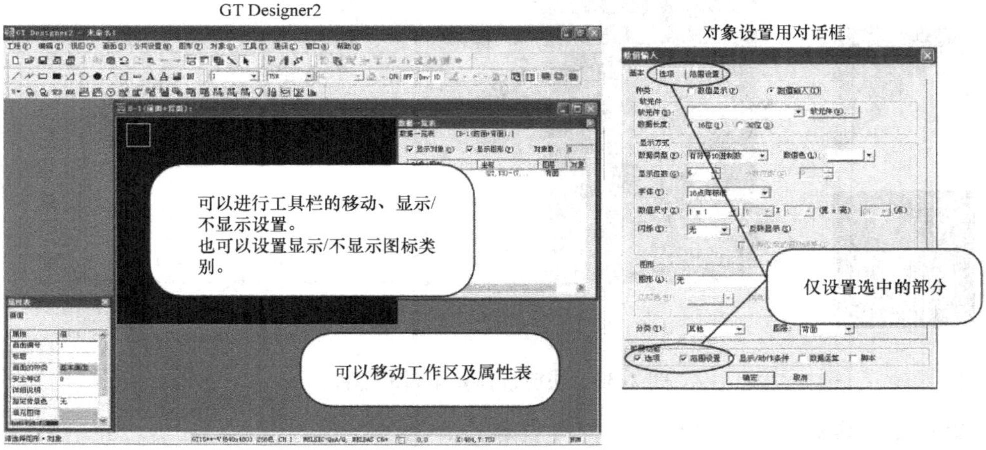

图 2-29　自定义画面

4. 快捷选择要编辑的画面

通过双击工程工作区内的画面，可以显示要编辑的画面，如图 2-30 所示。

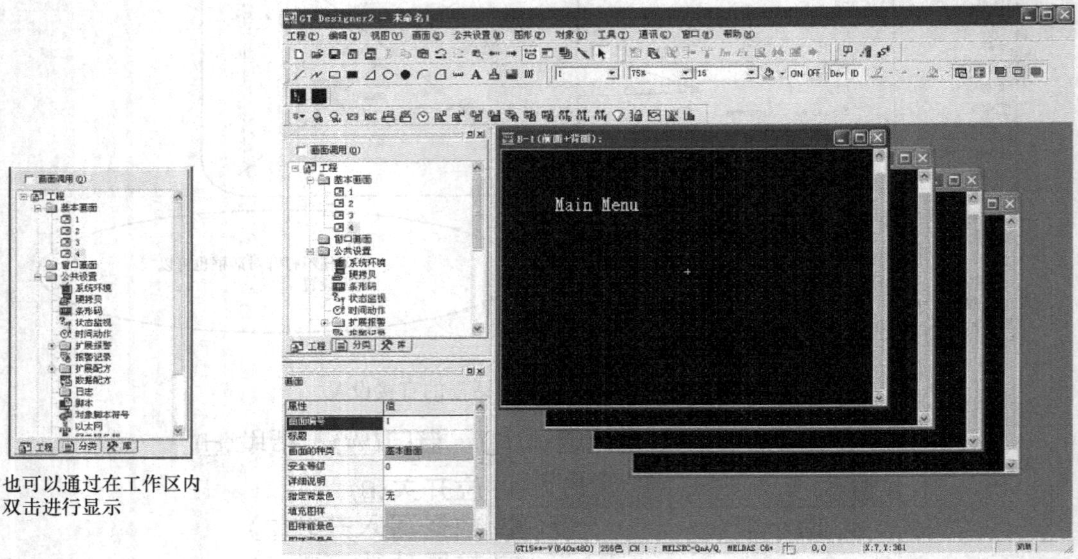

图 2-30　快捷选择要编辑的画面

5. 快捷选择要编辑的部件

可以以一览表的形式显示所设置的对象或图形。当多个对象或图形重叠时，通过数据一览表可以简便地进行选择。此外，还可以确认当前选择的对象或图形，如图 2-31 所示。

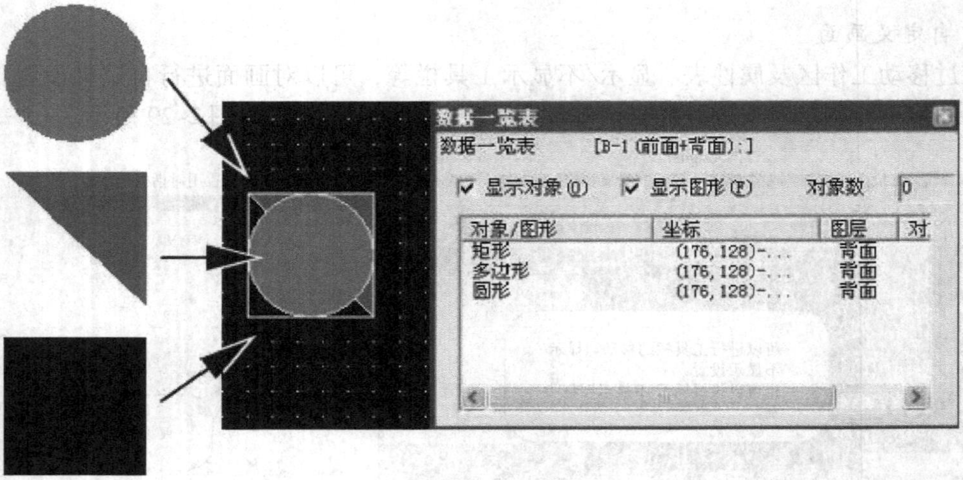

图 2-31　快捷选择要编辑的部件

6. 通过图像实时确认设置内容（直接查看）

属性表及对话框中所设置的内容可以立即反映到画面上显示的图形或对象中。由于可以一边确认画面上的显示，一边进行设置，所以可以流畅地创建画面，如图 2-32 所示。

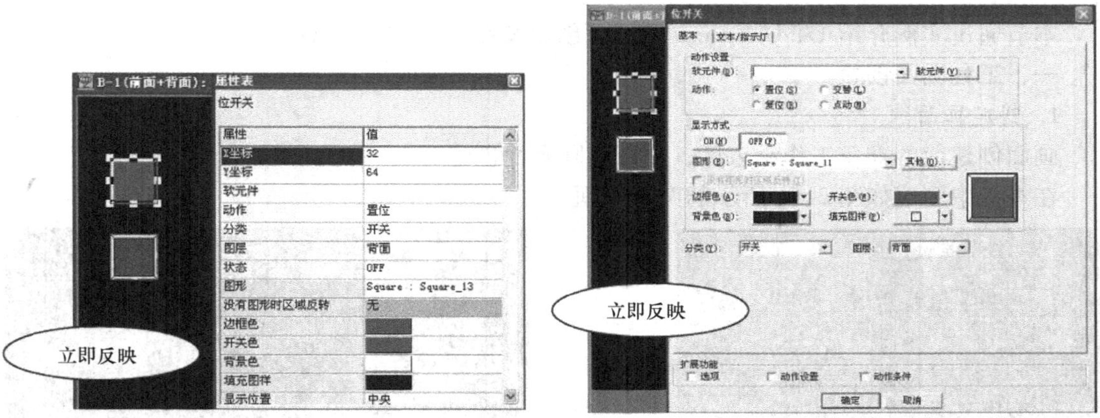

图 2-32　通过图像实时确认设置内容

7. 确认 GOT 中所显示的画面图像（预览）

可以在 GT Designer2 上确认 GOT 中所显示的画面图像。此外，也可以通过窗口显示状态进行确认，如图 2-33 所示。

图 2-33　确认 GOT 中所显示的画面图像（预览）

第三节　GT Designer2 触摸屏编程软件工程数据的创建

本节通过实例介绍 GT Designer2 的画面创建及在 GOT 中的动作。

一、工程画面创建

1. 创建画面

画面创建前的准备工作结束后，进行实际画面创建。

在本例中创建如图 2-34 所示的两个画面。

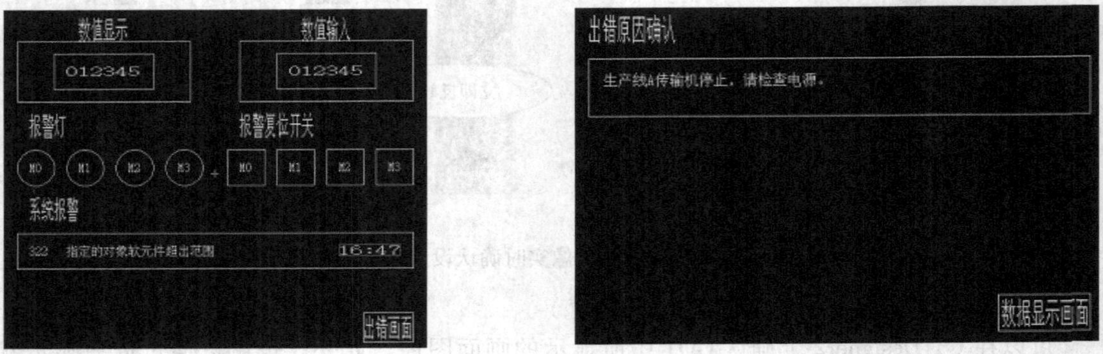

a)　　　b)

图 2-34　创建两个画面

a）基本画面 1　b）基本画面 2

在创建画面之前，先介绍 GT Designer2 的基本画面构成，如图 2-35 所示。

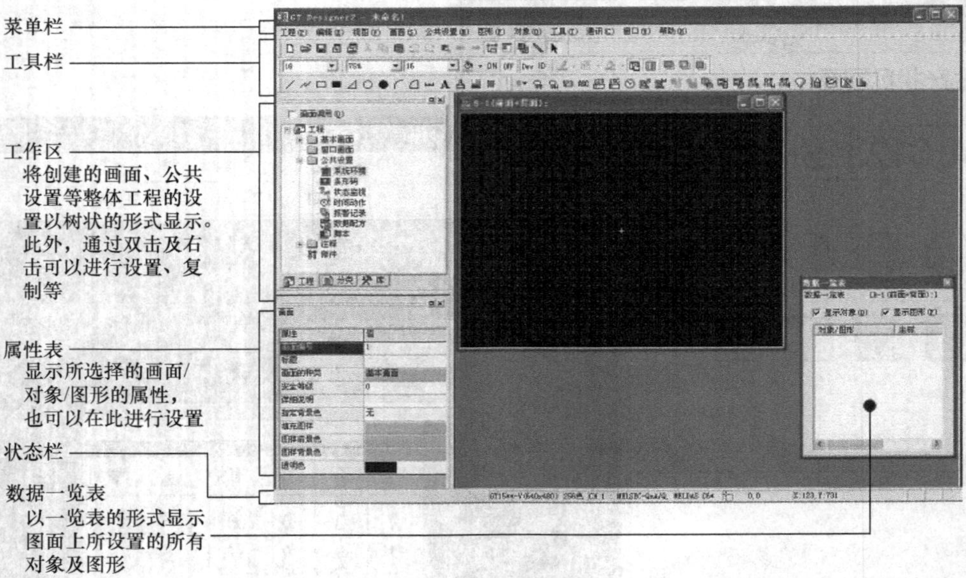

图 2-35　GT Designer2 的基本画面构成

2. 画面创建前的设置

在启动 GT Designer2 软件时，将显示工程选择对话框，如图 2-36 所示，选择是创建新工程，还是打开已有的工程。

如果下次启动时不想出现此界面，可勾选“下次启动时也显示此对话框”选项。如果启动时未显示此界面，可在［工程］/［绘图环境］的操作选项卡中选中“启动时显示工程的选择对话框”，如图2-37所示。

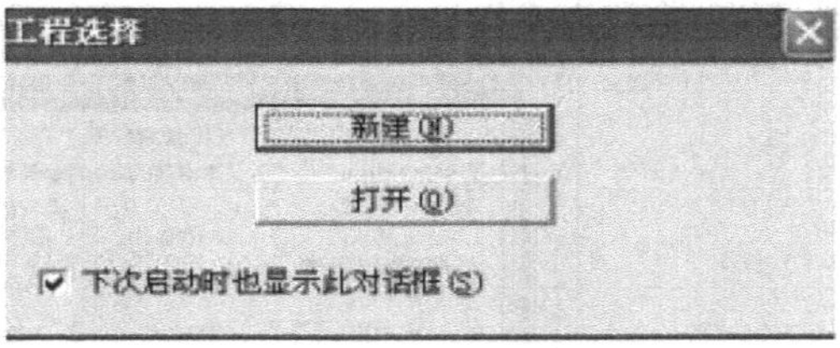

图2-36　工程选择

二、创建新工程

在创建新工程时，可通过使用向导或不使用向导进行设置。

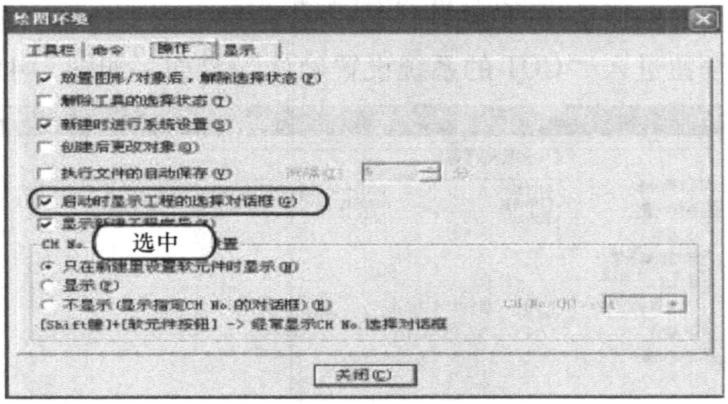

图2-37　绘图环境

1. 使用向导设置创建新工程

其具体步骤如下：

1）启动GT Designer2软件后将显示如图2-38所示画面，由于要创建新的工程，所以只需单击“新建”按钮即可。

2）当单击“新建”后，将显示“新建工程向导”画面，如图2-39所示。

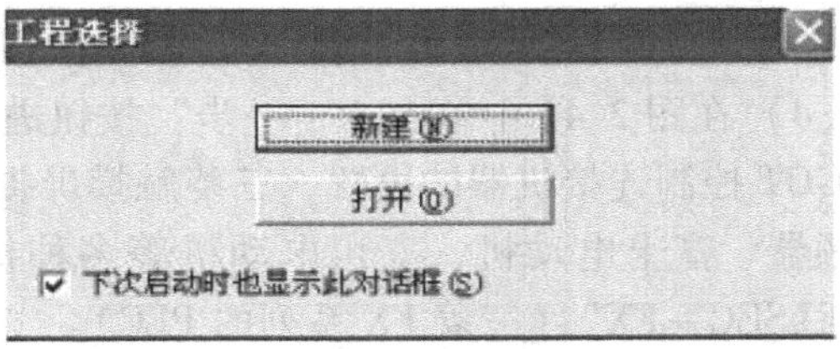

图2-38　工程选择

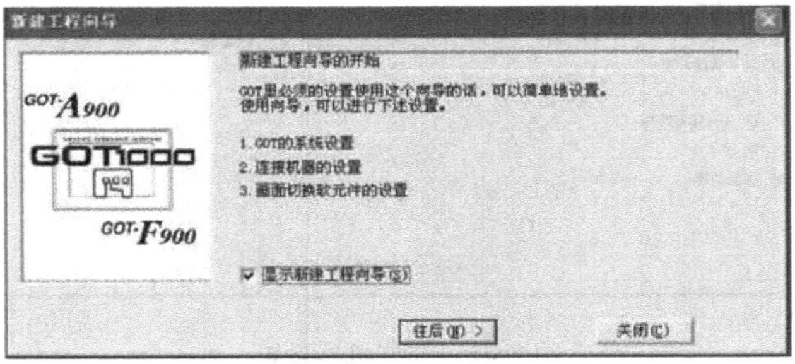

图2-39　新建工程向导

图2-39中，“往后”按钮是根据向导进入下一个设置画面。“关闭”按钮是终止执行向导功能。如果取消“显示新建工程向导”的勾选，从下一次新建起将不执行向导操作。

3）单击“往后”按钮，将进入如图2-40所示界面，选择GOT的类型和颜色。在这里选择 GOT 类型为 GT11 * * - Q - C（320 ×240），触摸屏颜色默认为 256 色。

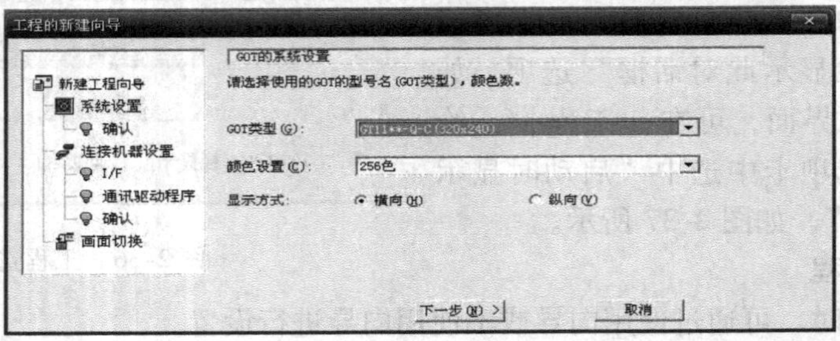

图 2-40　GOT 类型选择

单击“下一步”按钮进入“GOT 的系统设置确认”界面，如图 2-41 所示。

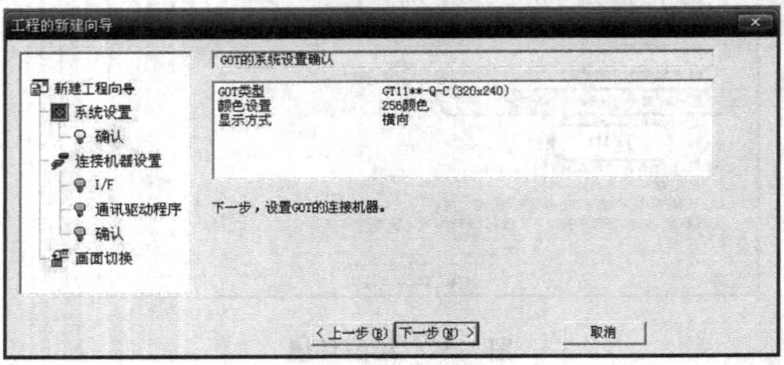

图 2-41　GOT 设置确认

4）在图 2-41 中单击“下一步”按钮进入“连接机器设置”界面，如图 2-42 所示，进行 GOT 控制连接机器的设置，三菱触摸屏提供了多种连接机器，包含三菱的 PLC、三菱的变频器、富士电动机、安川电动机等多种机器连接。可根据需要进行设置，在这里选择“MELSEC - FX”（三菱 FX 系列的 PLC）。

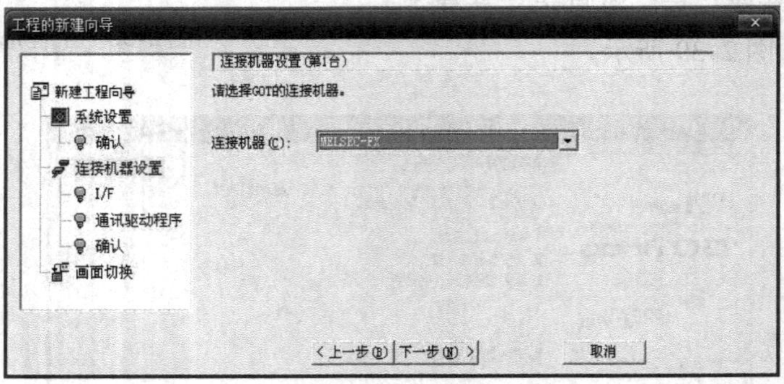

图 2-42　连接机器设置

5）单击“下一步”按钮进入 I/F 选择与连接机器相连接的 GOT 接口，如图 2-43 所示。三菱 GOT 提供 RS232 标准接口和 RS422 标准接口，一般利用 RS232 标准接口与计算机连接进行程序的下载或上传，利用 RS422 标准接口控制连接机器。选用原则是根据连接机器的控制接口来选择 GOT 的接口类型。

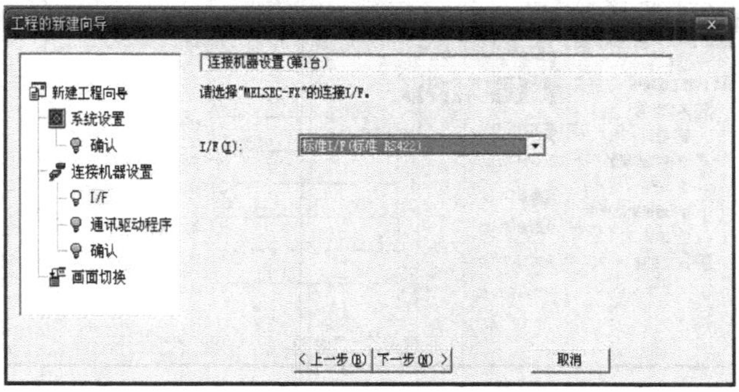

图 2-43　I/F 连接设置

6）单击“下一步”按钮进入通讯驱动程序选择，如图 2-44 所示。

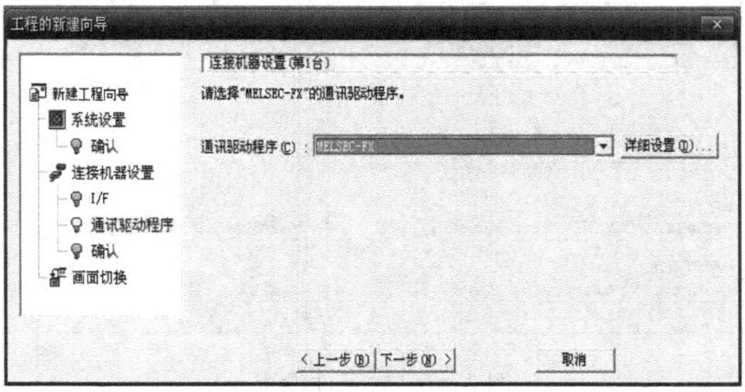

图 2-44　通讯驱动程序设置

一般情况下连接机器设定正确后，所需通讯驱动程序会自动选择。特殊情况，可根据需要自行更改。

7）单击“下一步”按钮进入“连接机器设置的确认”界面，如图 2-45 所示。

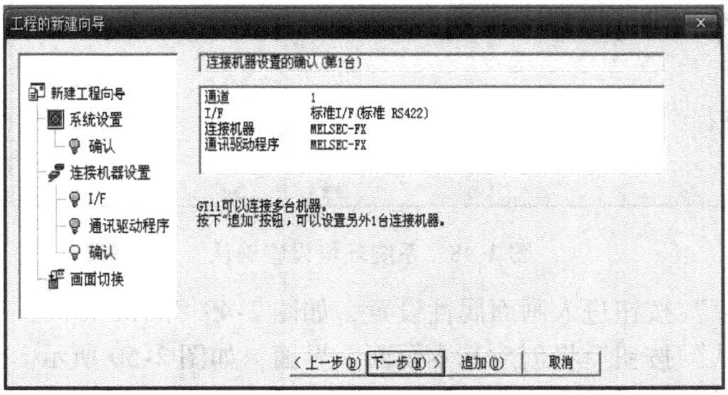

图 2-45　连接机器确认

8）单击“下一步”按钮进入“画面切换软元件的设置”界面，如图 2-46 所示。

此为设置画面切换的软元件，可单击相应“软元件”按钮设置切换软元件，也可根据需要设置重叠窗口的切换软元件、叠加窗口的软元件等。软元件设置如图 2-47 所示。

9）单击“下一步”按钮进入“系统环境的设置确认”界面，如图 2-48 所示。

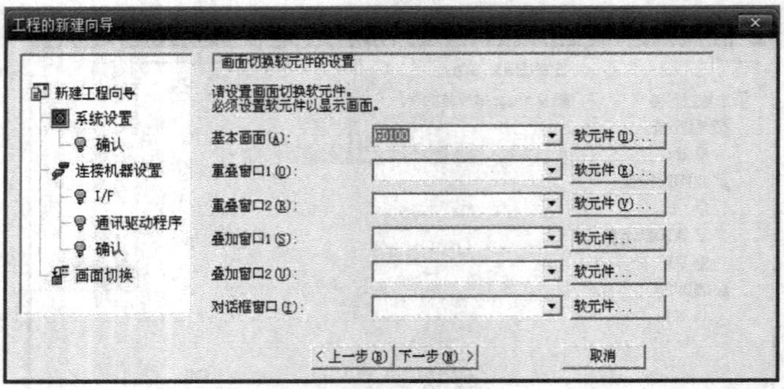

图 2-46　画面切换

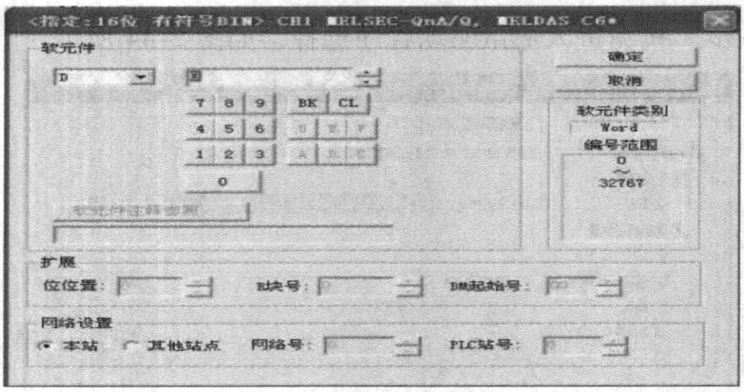

图 2-47　软元件设置

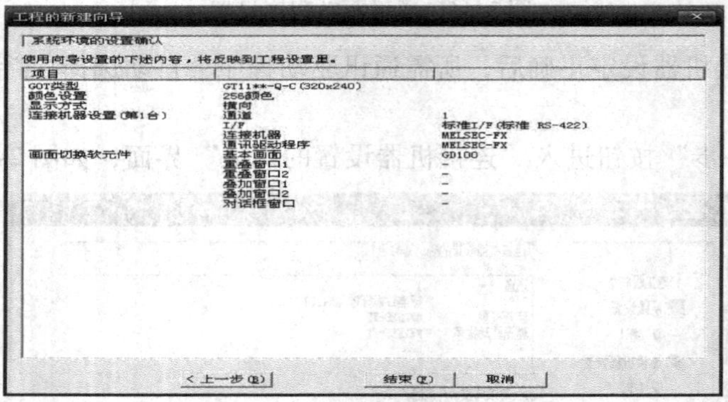

图 2-48　系统环境设置确认

10）单击“结束”按钮进入画面属性设置，如图 2-49 所示。

11）单击“确认”按钮后将创建基本画面 1 界面，如图 2-50 所示。

2. 不使用向导设置创建新工程

具体步骤如下：

1）启动 GT Designer2 软件后，单击□新建按钮或者执行［工程］/［新建］进入系统环境设置界面，如图 2-51 所示。

2）根据相应需求进行各项设置，单击“确定”按钮后进入显示连接目标设置信息，如图 2-52 所示，单击“是”即可完成设定。

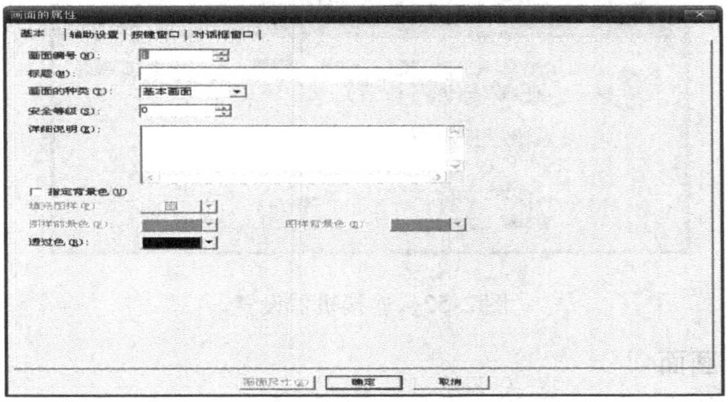

图 2-49　画面属性设置

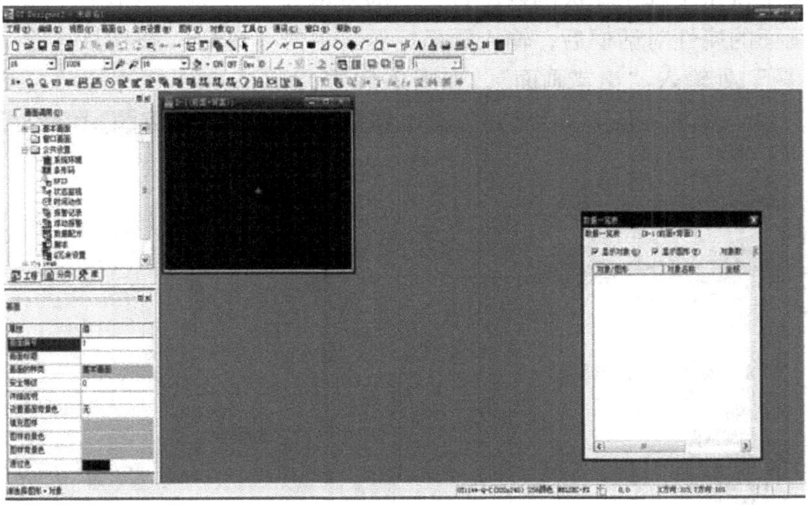

图 2-50　工程创建

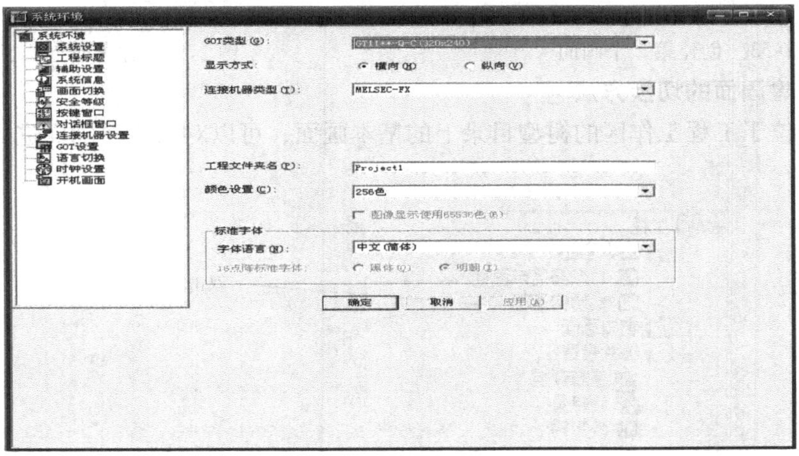

图 2-51　系统环境设置

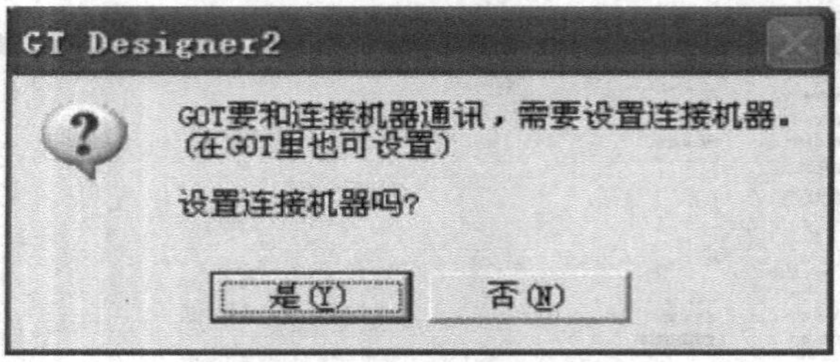

图 2-52　连接机器设置

三、创建第 2 个画面

在画面创建之前的设置中，已经创建了 1 个画面，在本例中要创建 2 个画面，以下开始创建第 2 个画面。

1）右键单击位于工程工作区的树型目录上的基本画面，选择［新建］，如图 2-53 所示。

2）显示画面的属性对话框后，输入画面标题。单击“确定”按钮后，第 2 个画面将被创建。在“标题”处输入“出错画面”，如图 2-54 所示。

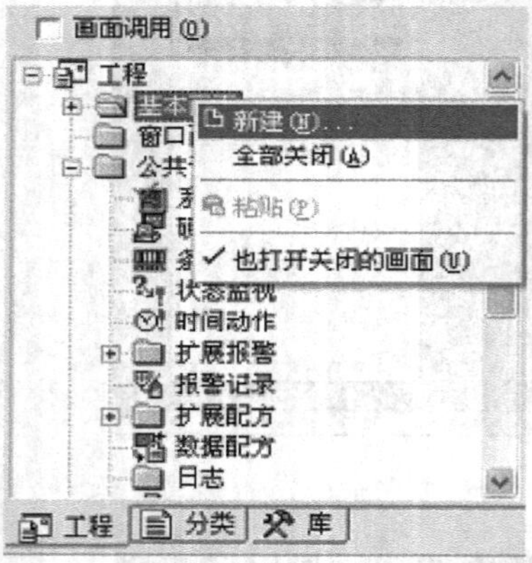

图 2-53　创建第 2 个画面

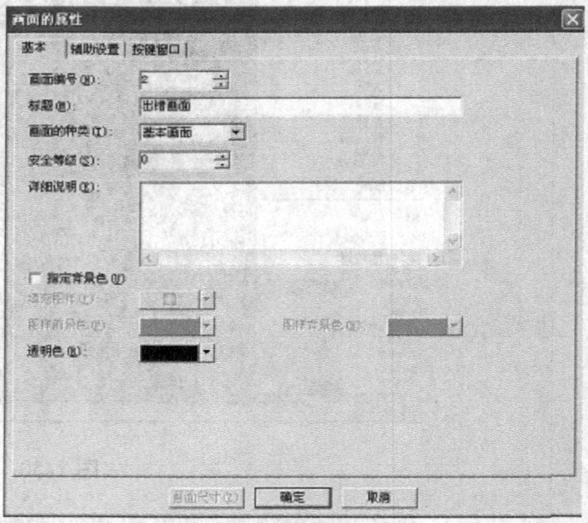

图 2-54　输入画面标题

四、已创建画面的切换方法

通过双击位于工程工作区的树型目录上的基本画面，可以对已创建画面进行切换，如图 2-55 所示。

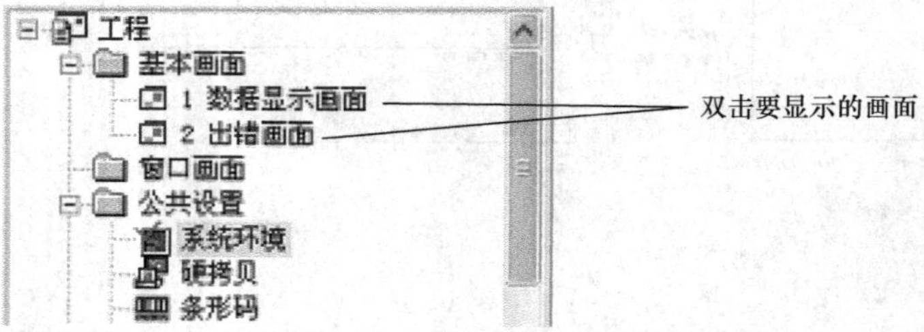

图 2-55　已创建画面的切换方法

五、图形的绘制—文本的输入

在 GOT1000 系列中，一个画面具有前面、背面的概念，可以选择将对象配置在前面或背面。前面、背面被称为图层。在以下的画面中将框线、文本绘制到背面图层上。框线、文本的绘制方法如图 2-56 所示。

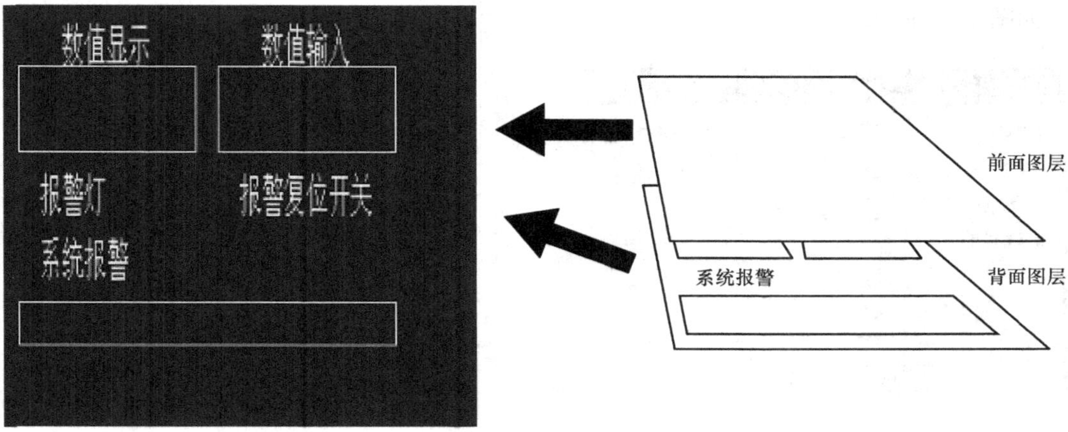

基本画面1

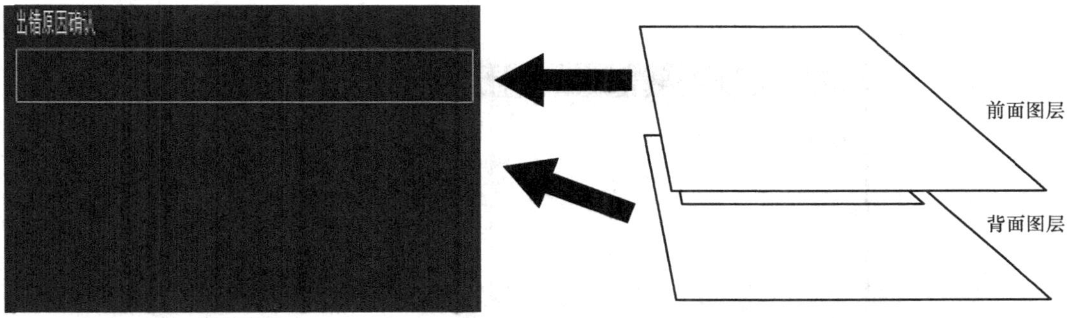

基本画面2

图 2-56　框线、文本的绘制方法

1. 框线的绘制方法

单击图形工具栏的矩形工具，如图 2-57 所示。光标将变为“ + ”，在矩形的绘制起始点处按下左键。通过拖拽将光标移至终点。松开左键后，矩形绘制完毕（配置完毕后，单击右键，解除配置模式），如图 2-58 所示。

图 2-57　图形工具栏（框线）

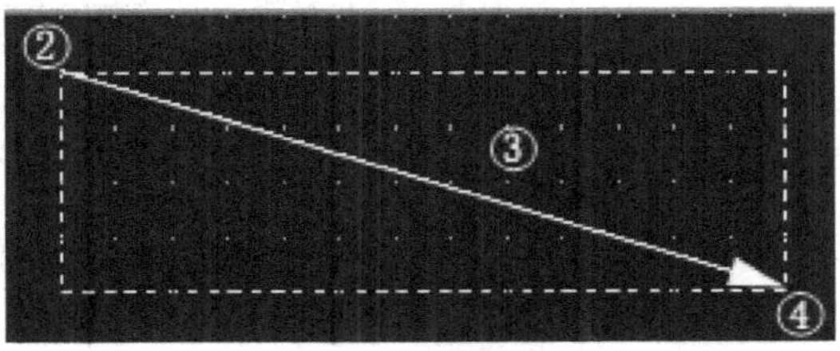

图 2-58　框线的绘制方法

双击所创建的矩形后，将显示设置对话框，在此可以变更线的颜色及粗细。单击“确定”按钮，关闭对话框，如图 2-59 所示。

2. 文本的绘制方法

单击工具栏中字母 A 工具，如图 2-60 所示。光标变为“+”后，单击文本的绘制位置。单击后，将显示文本图形对话框，输入文本。此外，还可以设置显示字体。此处的初始设置是 16 点阵高质量宋体。输入结果将同步反映到画面中。单击“确定”按钮，关闭对话框，如图 2-61 所示。

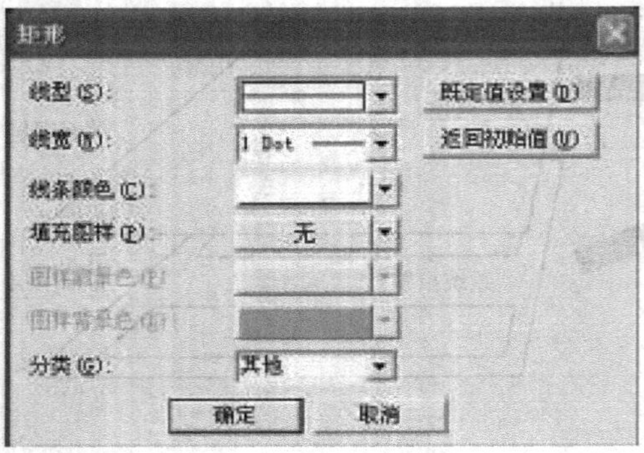

图 2-59　变更线的颜色及粗细

图 2-60　工具栏（文本）

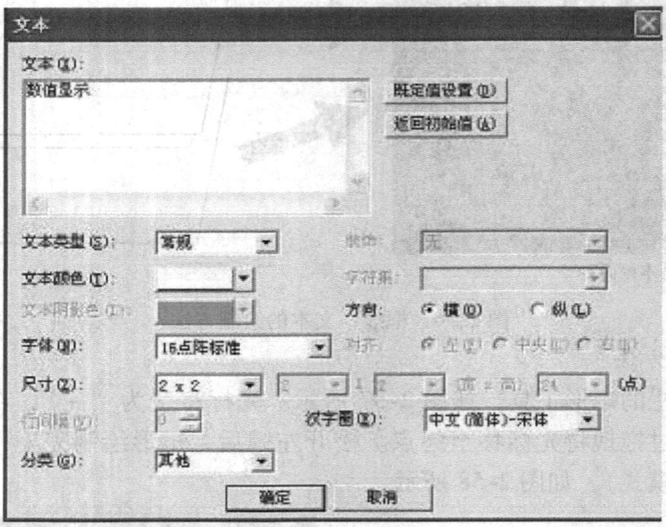

图 2-61　文本的绘制方法

六、设置对象功能

绘制图形及文本后，设置各对象功能。具体界面解析如图 2-62 所示。

1. 数值显示/数值输入的设置方法

单击对象工具栏“123”（数值显示），如图 2-63 所示。光标变为“+”后，单击需要配置的位置，进行配置（配置结束后，右键单击鼠标，解除配置模式），如图 2-64 所示。

双击所配置的数值显示/数值输入按钮，显示对话框后进行各设置，如图 2-65 所示。

1）设置内容（数值显示时）。

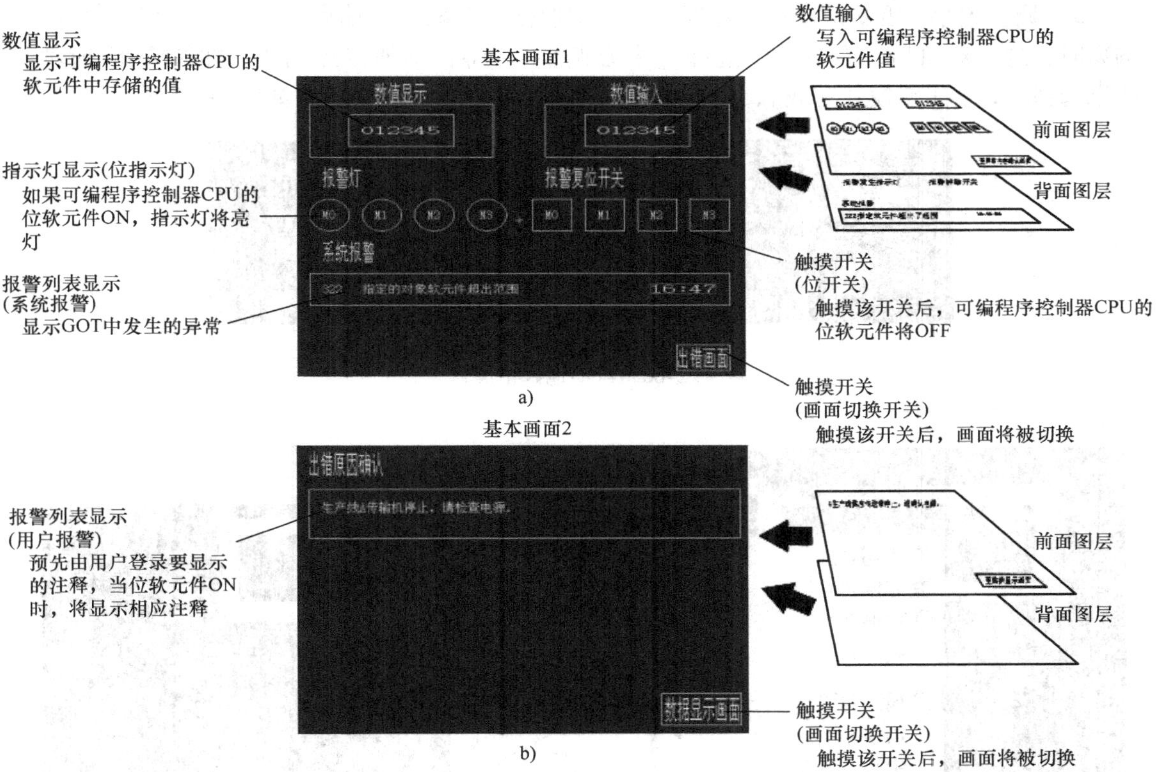

图 2-62　设置对象功能

图 2-63　对象工具栏数值显示/数值输入

图 2-64　数值显示/数值输入的设置方法

种类：数值显示。

软元件：D10。

图形：Frame：Frame_ 1。

字体：16 点阵标准。

图层：前面。

2）设置内容（数值输入时）。

种类：数值输入。

软元件：D11。

图形：Frame：Frame_ 1。

字体：16 点阵标准。

图层：前面。

设置结束后，单击“确定”按钮。

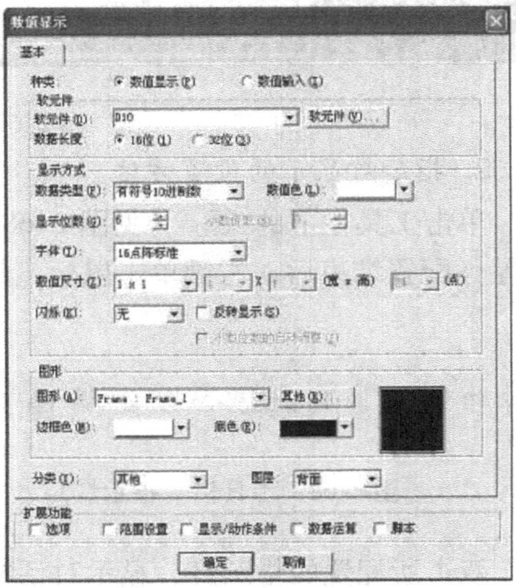

图 2-65　数值显示/数值输入设置

3）调整大小。变更对象的大小时，有时图形框与对象发生偏离。当图形框与对象发生偏离时，选择对象后，右键单击选择［中心调整］。将自动地修正偏离，如图 2-66 所示。如果选择［2 重焦点模式有效］，用户将可以分别移动图形框及对象，如图 2-67 所示。

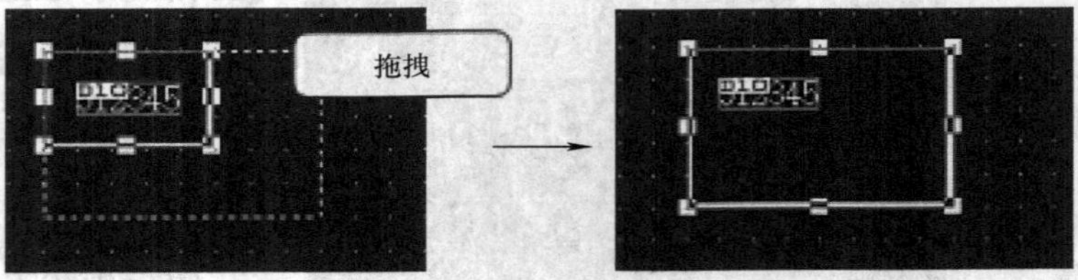

图 2-66　自动地修正偏离

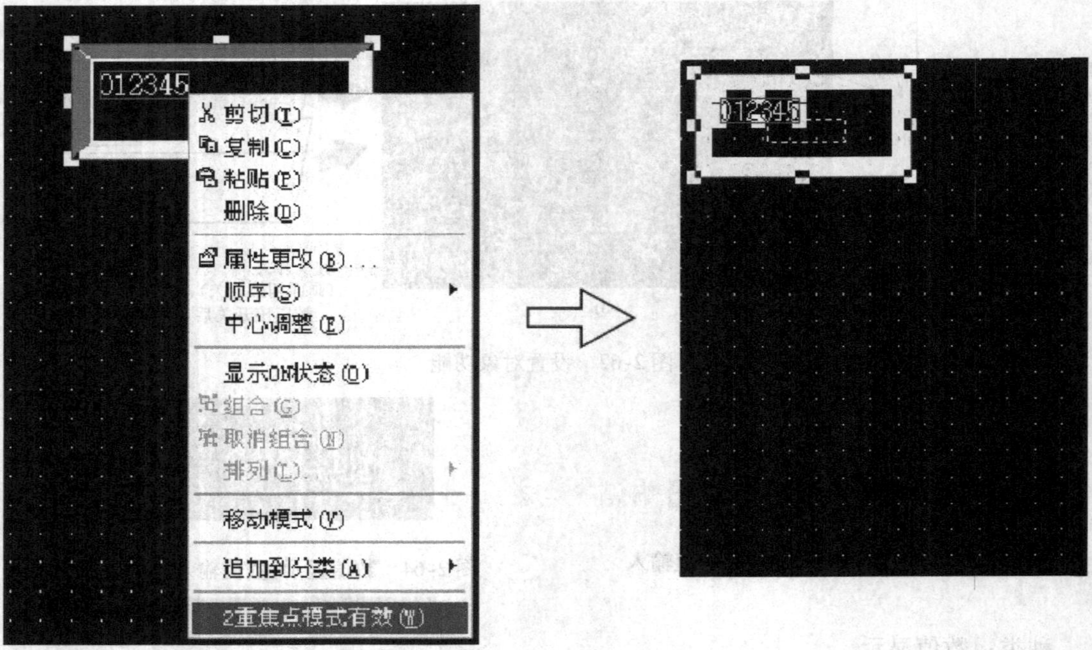

图 2-67　分别移动图形框及对象

2. 指示灯显示的设置方法

单击工具栏上的（见图 2-68），光标变为“＋”后，单击需要配置的位置，进行配置（配置结束后，右键单击鼠标，解除配置模式），如图 2-69 所示。

图 2-68　工具栏（指示灯）

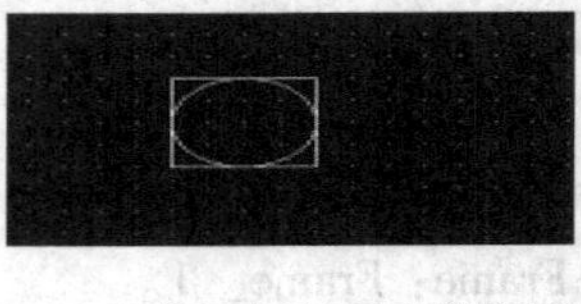

图 2-69　指示灯显示的设置方法

双击所配置的指示灯，显示对话框后，进行设置。设置“基本”选项卡：软元件设置为 M0；图层设置为前面，如图 2-70 所示。

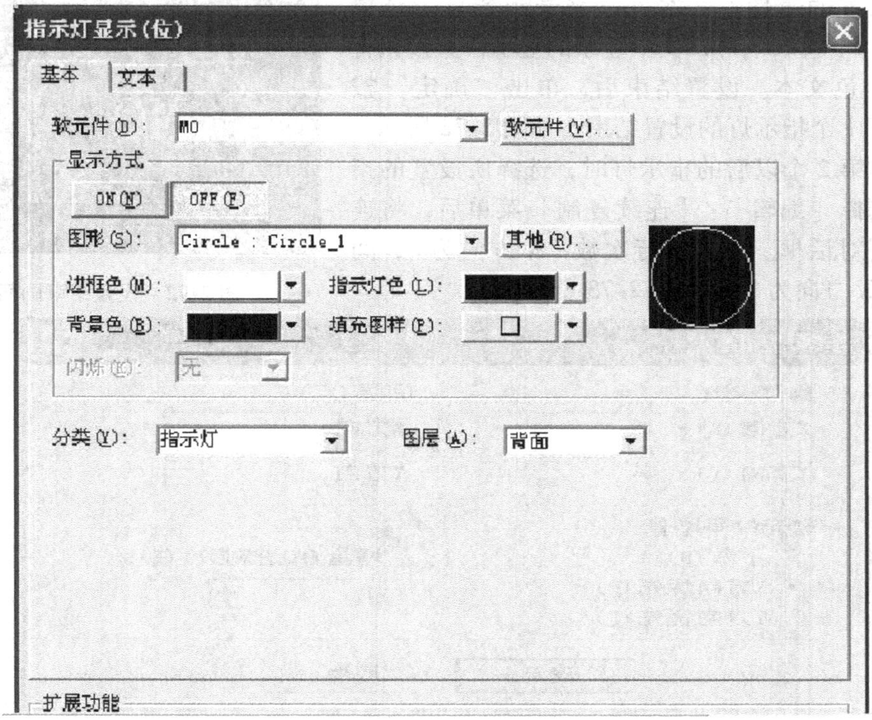

图 2-70　指示灯的设置

设置“文本”选项卡：文本设置为 M0；字体设置为 16 点阵标准，如图 2-71 所示。

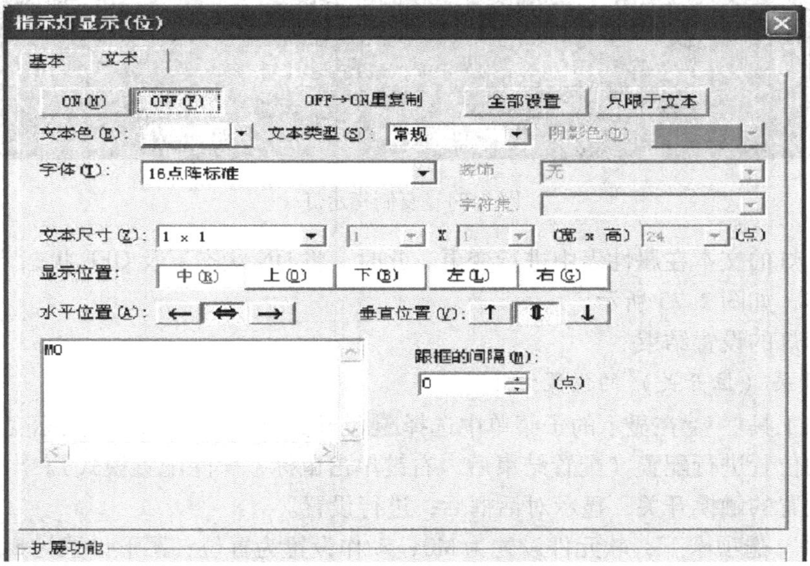

图 2-71　16 点阵标准

“文本”选项卡设置完毕后，单击［OFF ON 里复制］的“全部设置”按钮（OFF 状态下设置的“文本”选项卡的内容将被映射到 ON 状态下）。如果单击“ON”按钮，可以确认 ON 状态下的属性。文本可以登录到各显示位置（中、上、下、左、右），文本登录的显示位置按钮将被显示为紫色文本。设置结束后，单击“确定”按钮。至此第 1 个指示灯的设置结束，如图 2-72 所示。

图 2-72　设置结束画面

在创建第 2 个以后的指示灯时，选择所设置的指示灯后，选择［编辑］/［连续复制］菜单后，将连续显示复制对话框。设置执行次数：X 方向为 4；间隔（点），X 方向为 16，如图 2-73 所示。

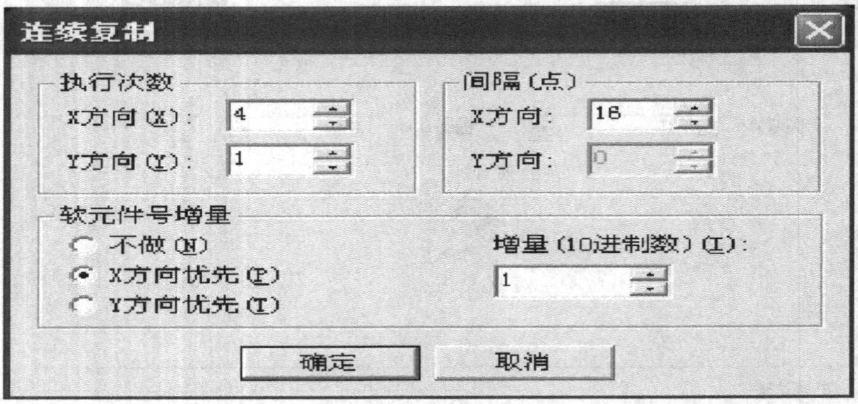

图 2-73　连续显示复制对话框

单击“确定”后显示如图 2-74 所示界面时，说明指示灯复制成功。

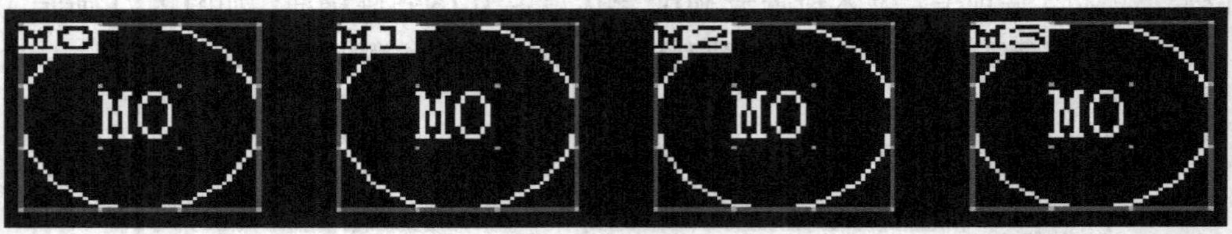

图 2-74　复制指示灯

将各指示灯的文本在属性表中进行变更。此时，将 ON 状态下及 OFF 状态下的文本变更为相同的文本，如图 2-75 所示。

至此指示灯的设置结束。

3. 触摸开关（位开关）的设置方法

单击对象工具栏在显示的子菜单中选择位开关（见图 2-76）。光标变为 + 后，单击需要配置的位置进行配置（配置结束后，右键单击鼠标，解除配置模式）。

双击所配置的触摸开关，显示对话框后，进行设置。

在“基本”选项卡下，软元件设置为 M0；动作设置为置位；图形设置为 Square：Square_1；图层设置为前面，如图 2-77 所示。

在“文本/指示灯”选项卡下，文本设置为 M0；字体设置为 16 点阵标准。

“文本/指示灯”选项卡设置后，单击［OFF ON 里复制］“全部设置”按钮（OFF 状态下设置的“文本/指示灯”选项卡的内容将被映射到 ON 状态下）。

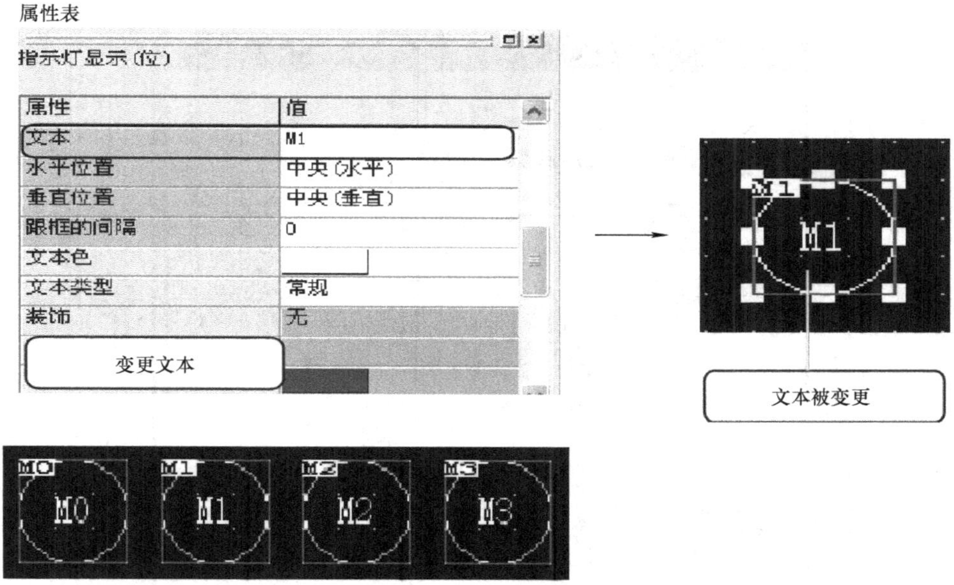

图 2-75　文本变更

如果单击“ON”按钮，可以确认 ON 状态下的属性。文本可以登录到各显示位置（中、上、下、左、右）。文本登录的显示位置按钮将被显示为紫色文本，如图 2-78 所示。

设置结束后，单击“确定”按钮。至此第 1 个指示灯的设置结束。

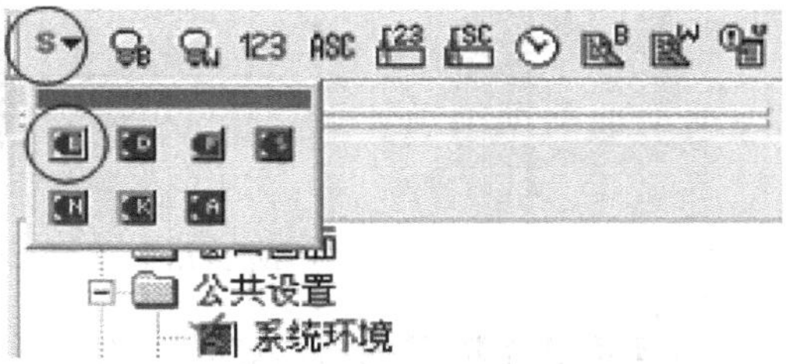

图 2-76　对象工具栏（触摸开关）

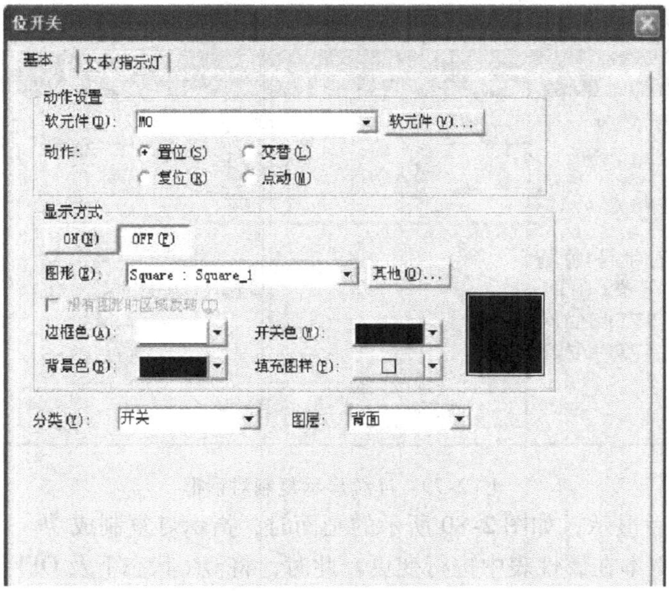

图 2-77　置位图形

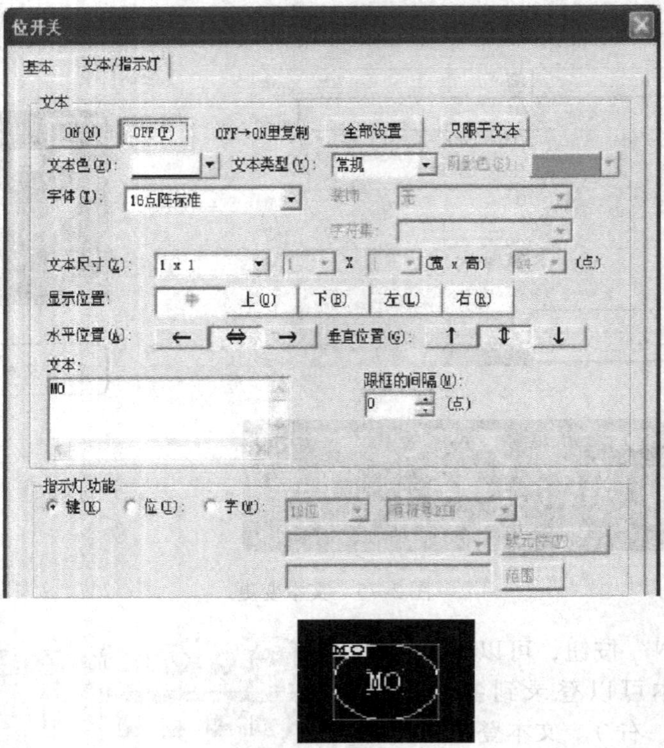

图 2-78　“文本/指示灯”选项卡设置

在创建第 2 个以后的指示灯时，选择所设置的指示灯后，选择［编辑］/［连续复制］菜单，将连续显示复制对话框。设置执行次数：X 方向设置为 4；间隔（点），X 方向设置为 16，如图 2-79 所示。

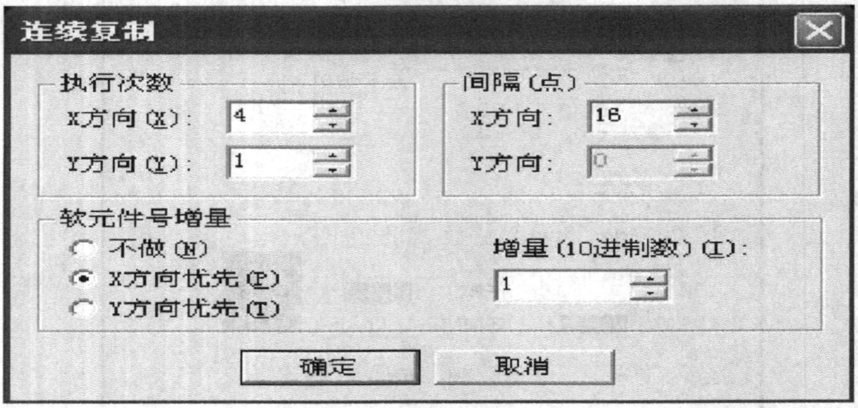

图 2-79　连续显示复制对话框

单击“确定”后显示，如图 2-80 所示的画面时，指示灯复制成功。

将各指示灯的文本在属性表中进行变更。此时，将 ON 状态下及 OFF 状态下的文本变更为相同的文本，如图 2-81 所示。至此指示灯的设置结束，结果如图 2-82 所示。

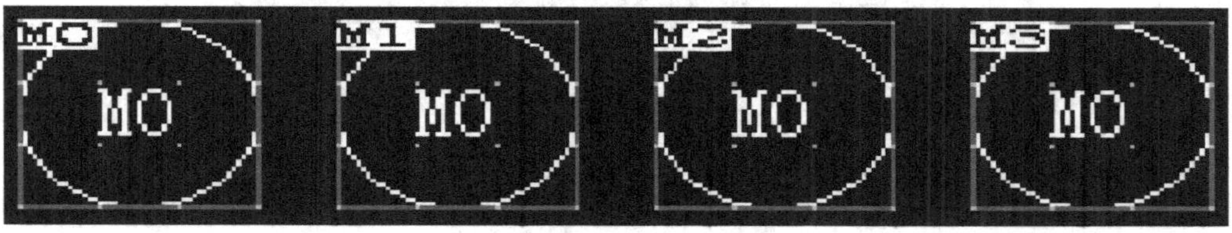

图 2-80　复制指示灯

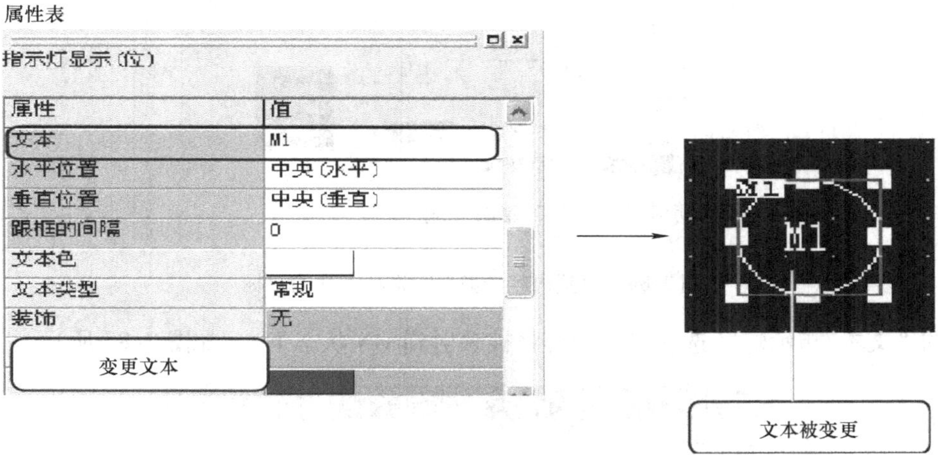

图 2-81　文本变更

4. 触摸开关（画面切换开关）的设置方法

单击对象工具栏的（见图 2-83），从显示的子菜单中选择（ 画面切换开关 ）。光标变为“ + ”后，单击需要配置的位置进行配置（配置结束后，右键单击解除配置模式）。双击所配置的触摸开关，显示对话框后，进行参数设置。

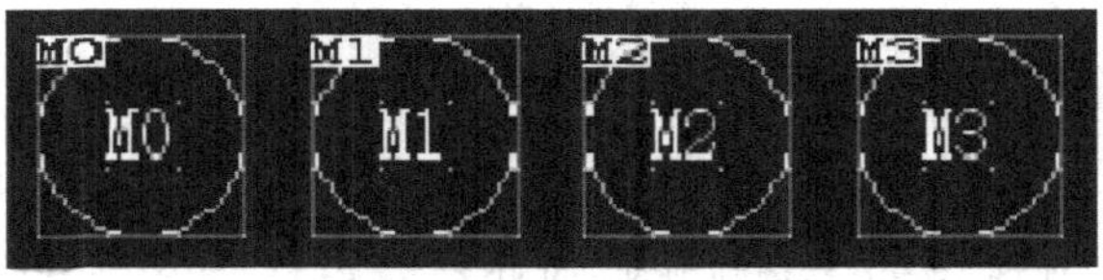

图 2-82　指示灯设置结束

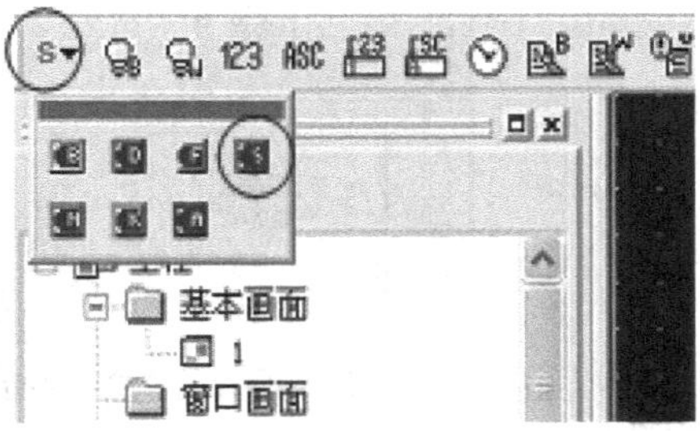

图 2-83　工具栏（触摸开关）

“基本”选项卡：切换目标设置为固定画面；图形设置为 Square：Square_ 1；图层设置为前面，如图 2-84 所示。

“文本/指示灯”选项卡：文本设置为异常内容；字体设置为 16 点阵标准。

设置“文本/指示灯”选项卡后，单击［OFF ON 里复制］“全部设置”按钮（OFF 状态

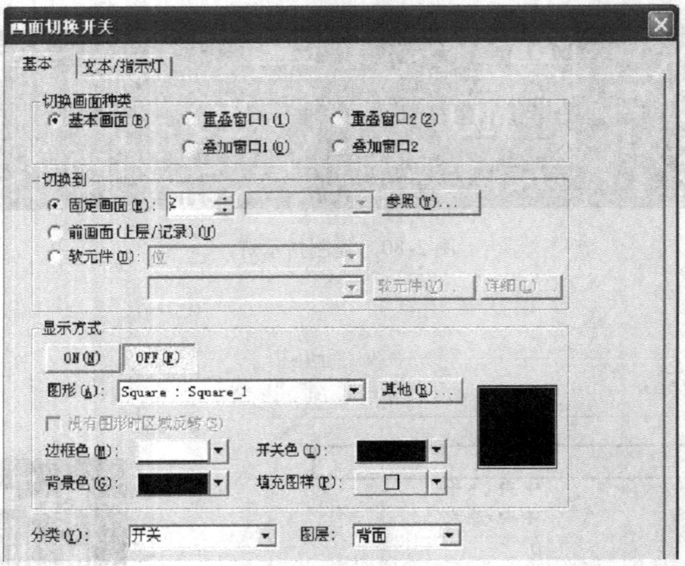

图 2-84　设置内容“基本”选项卡切换目标

下设置的“文本/指示灯”选项卡的内容将被映射到 ON 状态下)，如图 2-85 所示。

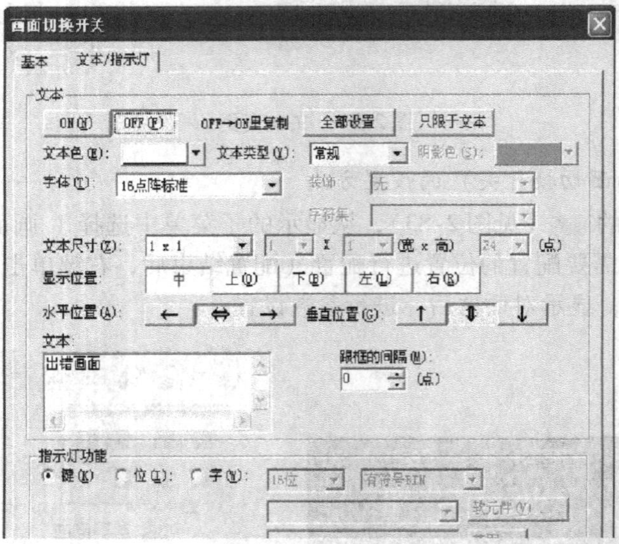

图 2-85　设置的“文本/指示灯”选项卡的内容被映射到 ON 状态

如果单击“ON”按钮，可以确认 ON 状态的属性。文本可以登录到各显示位置（中、上、下、左、右）。文本登录的显示位置按钮将被显示为紫色文本。

设置结束后，单击“确定”按钮。调整大小。至此，基本画面 1 的触摸开关的设置结束。设置后，在选择触摸开关的状态下按 Ctrl 键 + C 键（快捷方式：复制）。双击位于工作区的树型目录上的基本画面 2（出错画面），显示基本画面 2，如图 2-86 所示。

在基本画面 2 上按 Ctrl 键 + V 键，粘贴所复制的触摸开关（快捷方式：粘贴）。如果右

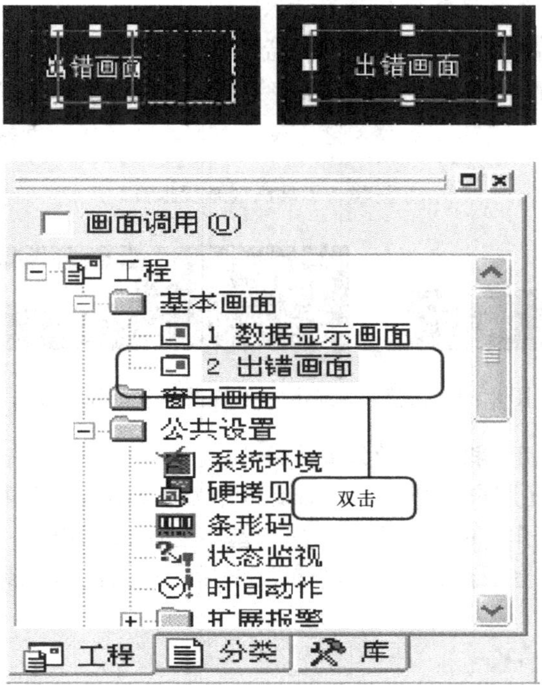

图 2-86　显示基本画面 2

键单击，触摸开关将被粘贴。选择所粘贴的开关后，在属性表中变更设置内容。

画面编号设置为 2；文本设置为异常内容；数据显示确认画面。

注意，对属性表的文本即使输入了多行的字符串，也只显示第 1 行的文本。

至此，画面切换开关的设置结束，如图 2-87 所示。

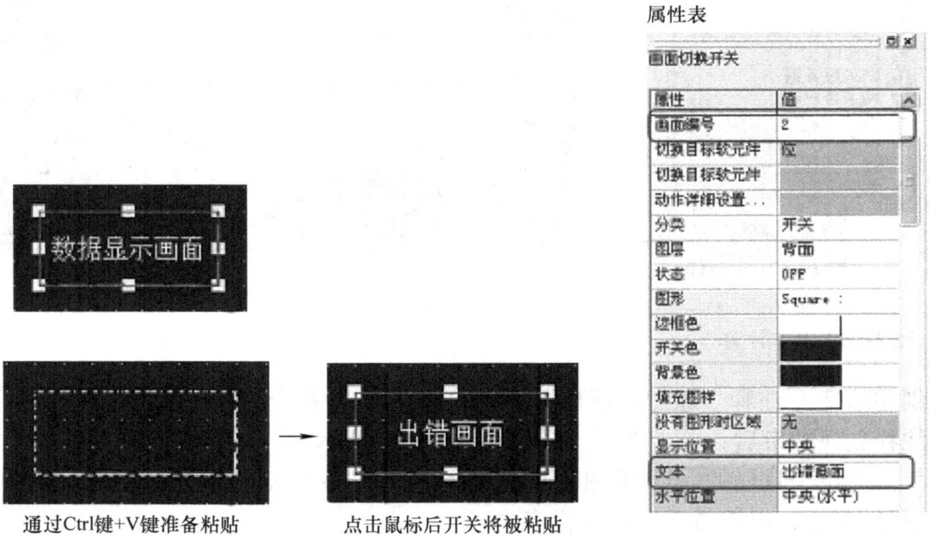

图 2-87　画面切换开关的设置结束

5. 报警列表显示（系统报警）的设置方法

单击对象工具栏的▤。光标变为“+”后，单击需要配置的位置进行配置。

调整大小，至此报警列表显示（系统报警）的设置结束，如图2-89所示。

图2-88　工具栏（系统报警）

图2-89　报警列表显示（系统报警）的设置方法

6. 报警列表显示（用户报警）的设置方法

使用报警列表显示（用户报警）时，需要将作为报警显示的注释预先登录。

1）双击位于工程工作区的树型目录上的“基本注释”，如图2-90所示。

2）显示对话框后，登录注释。注释登录完毕后，单击注释工具栏（新建注释），如图2-91所示。

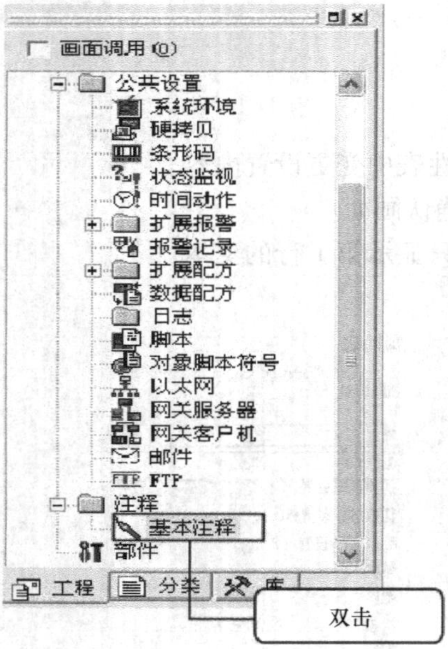

图2-90　基本注释

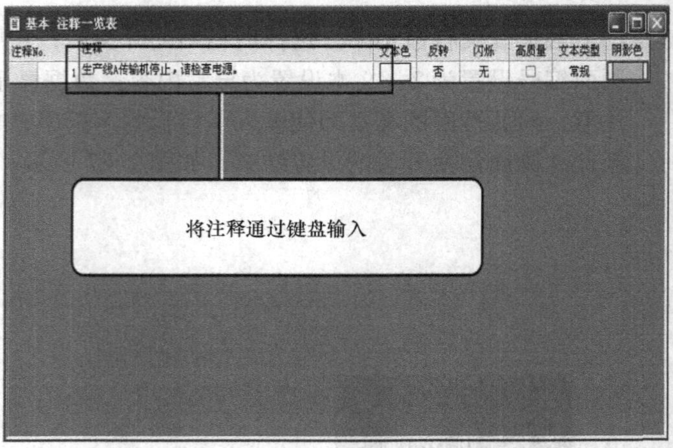

图2-91　登录注释

3）创建第2个注释。通过以下相同步骤，登录第3～4个注释，如图2-92所示。

4）注释创建结束后，单击“X”按钮，如图2-93所示。

5）单击对象工具栏的▤（见图2-94）光标变为“+”后，单击需要配置的位置进行配置（配置结束后，右键单击解除配置模式）。

双击所配置的报警列表显示，显示对话框后，进行各设置。报警点数设置为4；图层设置为前面；软元件编号设置为连续报警；软元件设置为M0，如图2-95所示。

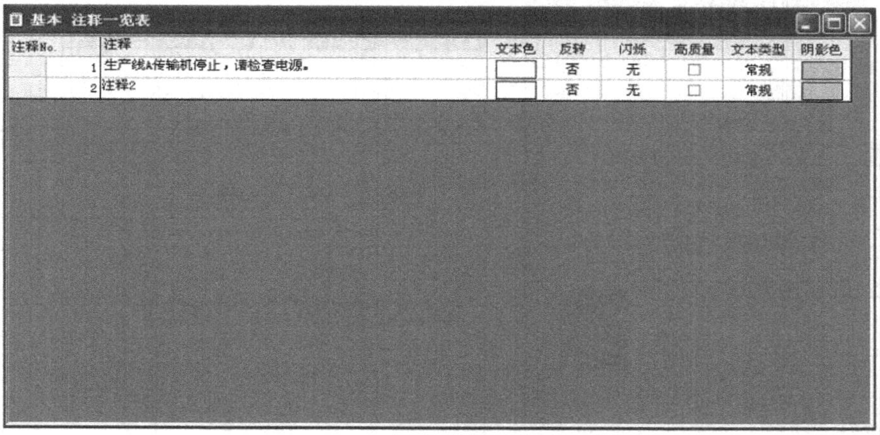

图 2-92　创建第 2 个注释

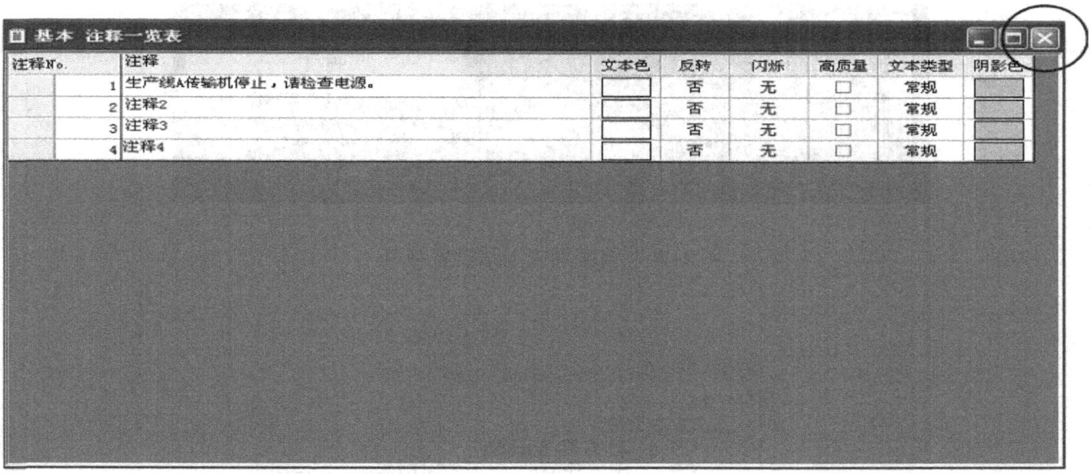

图 2-93　单击“X”按钮

6）设置结束后，单击“确定”按钮，调整大小。至此报警列表显示（用户报警）的设置结束，如图 2-96 所示。

图 2-94　对象工具栏

7. 设置连接目标

总线连接时，必须设置 GOT 的标准 I/F（CH No. /IF/驱动程序）和扩展 I/F（CH No. /IF/驱动程序/增设段数/插槽号）。设置情况如下：

1）双击工作区的［公共设置］/［系统环境］，如图 2-97 所示。

2）显示系统环境画面后，双击“连接机器设置”，如图 2-98 所示。

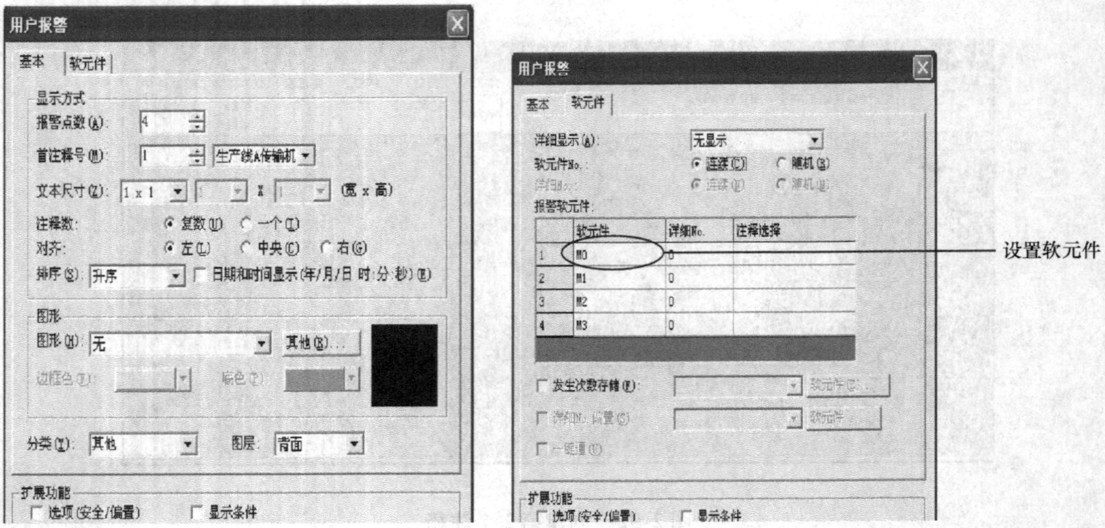

图 2-95　报警列表显示

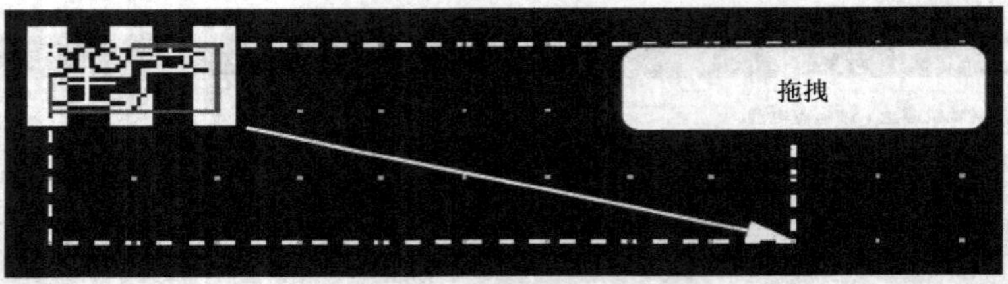

图 2-96　报警列表显示设置结束

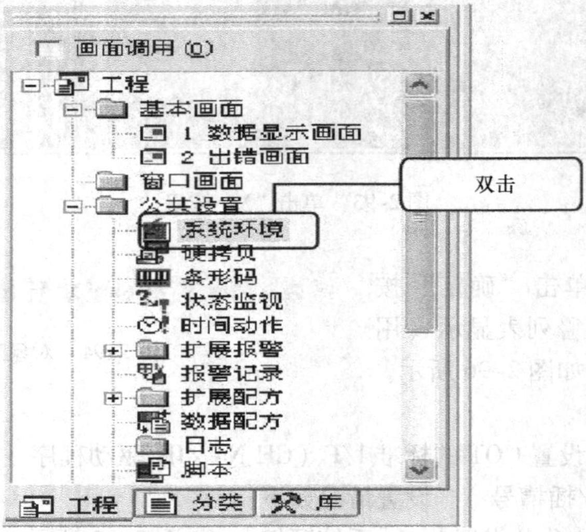

图 2-97　双击工作区的［公共设置］/［系统环境］菜单

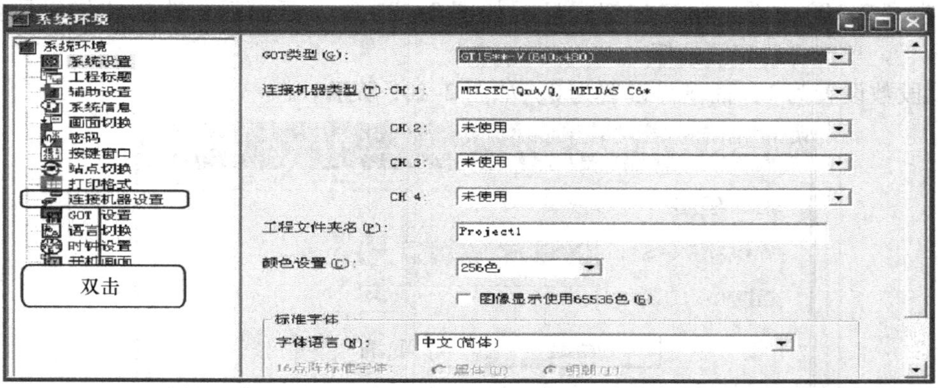

图 2-98　双击“连接机器设置”

3）勾选“连接机器设置有效”选择框，如图 2-99 所示。

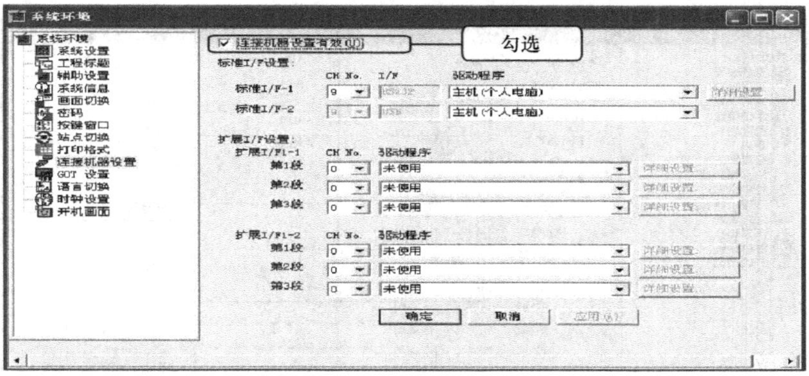

图 2-99　勾选“连接机器设置有效”的选择框

4）设置扩展 I/F。对第 1 段扩展 I/F1－1 进行如下设置：CH No. 设置为 1；驱动程序设置为总线连接 Q，如图 2-100 所示。

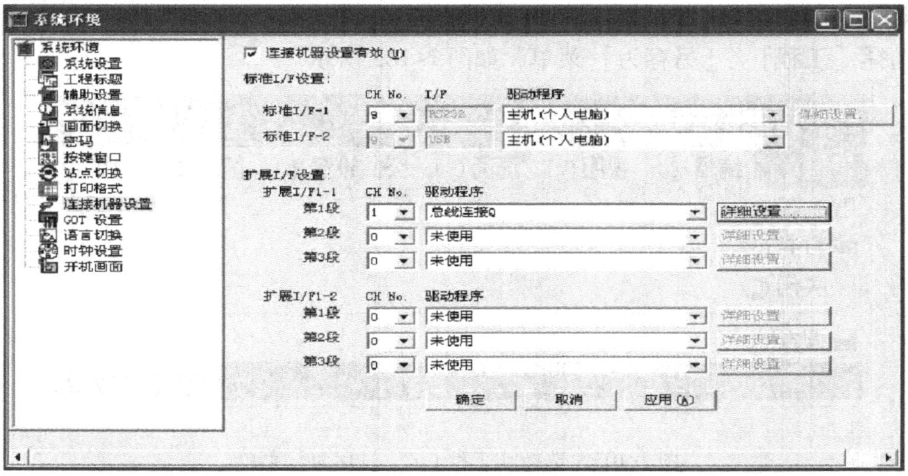

图 2-100　设置扩展 I/F

5）在图 2-100 中单击确定按钮，显示如图 2-101 所示画面后，选择“增设段数”及“插槽 No.”，单击“确定”按钮。

增设段数设置为 1；插槽号设置为 0，如图 2-101 所示。

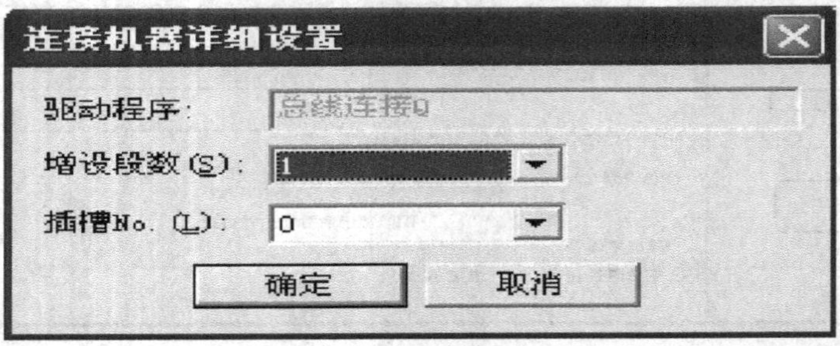

图 2-101　选择增设段数及插槽号

6）单击“确定”按钮，如图 2-102 所示。

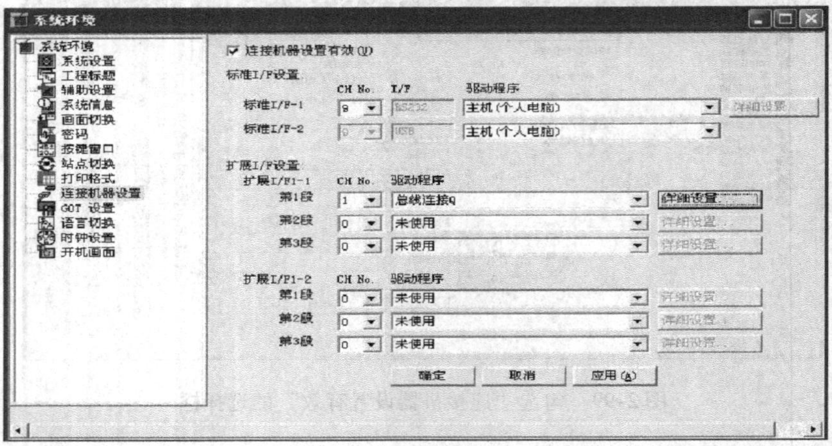

图 2-102　单击“确定”按钮

8. 保存创建的工程数据

1）选择［工程］/［另存为］菜单，如图 2-103 所示。

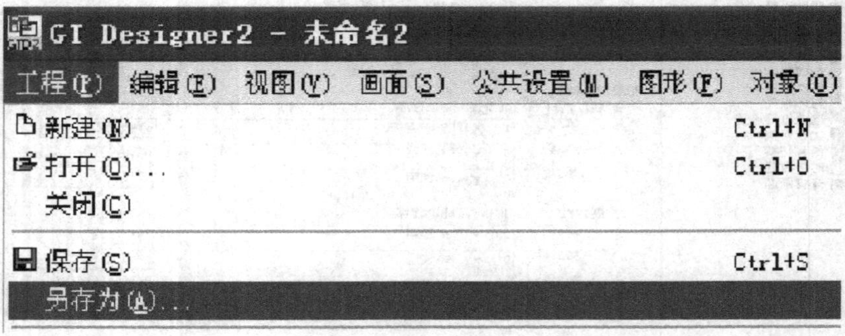

图 2-103　选择［工程］/［另存为］菜单

2）显示对话框后，选择保存位置，设置文件名。单击“保存”按钮，保存工程数据，如图 2-104 所示。

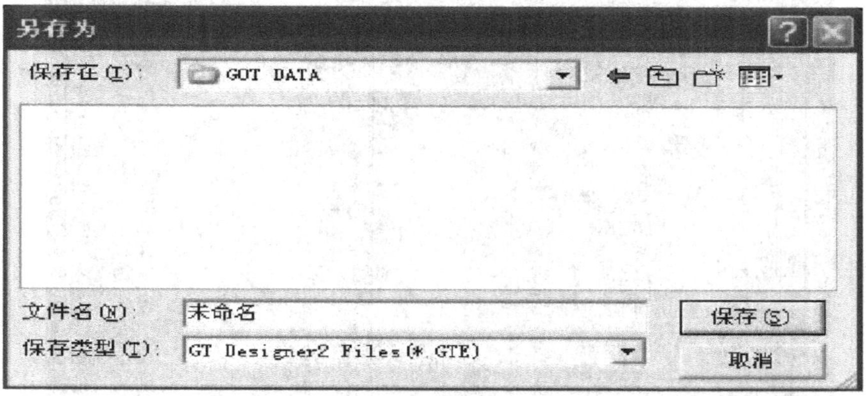

图 2-104　保存文件

9. 预览所创建的工程数据

1）选择［视图］/［预览］菜单，如图 2-105 所示。

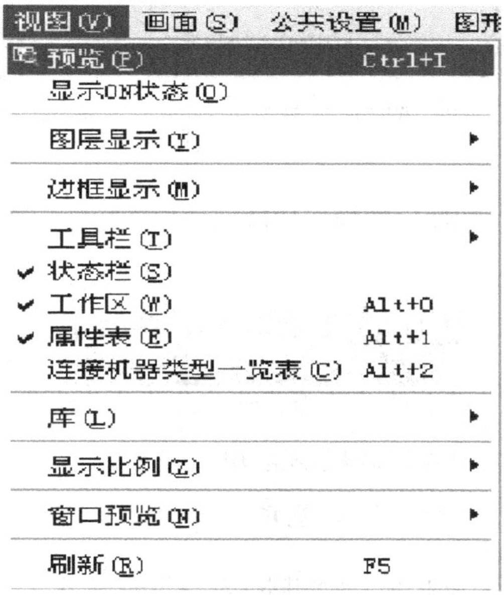

图 2-105　选择［视图］/［预览］菜单

2）GOT 中显示的画面图像将显示在画面预览窗口中，如图 2-106 所示。

七、通过 GOT 执行监视

1. 将个人计算机与 GOT 相连接（见图 2-107）

2. 安装基本 OS、通讯驱动程序（见图 2-108）

选择［通讯］/［跟 GOT 的通讯］菜单。

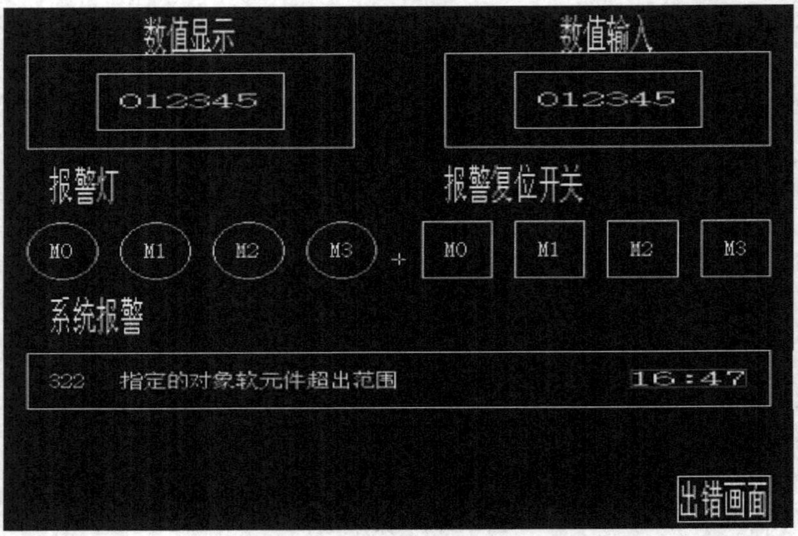

图 2-106　显示画面预览窗口

图 2-107　将个人计算机与 GOT 相连接

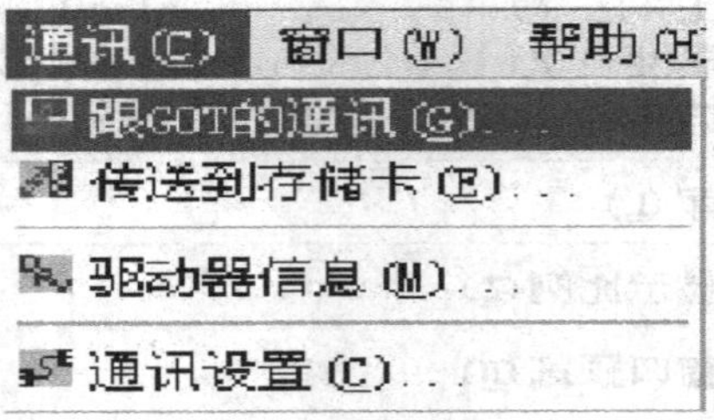

图 2-108　安装基本 OS、通讯驱动程序

显示对话框后，选择通讯设置选项卡。在通讯设置选项卡中，确认所使用的个人计算机的通讯设置后再进行设置。选择 RS232 或 USB。在变更设置内容时，单击“更新”按钮。设置后，选择 OS 安装 GOT 选项卡，如图 2-109 所示。

在 OS 安装 GOT 选项卡中，选择 GOT 中要安装的基本功能（基本 OS、字体）、通讯驱动程序、扩展功能和选项功能。

在本书中，选择以下的 OS。

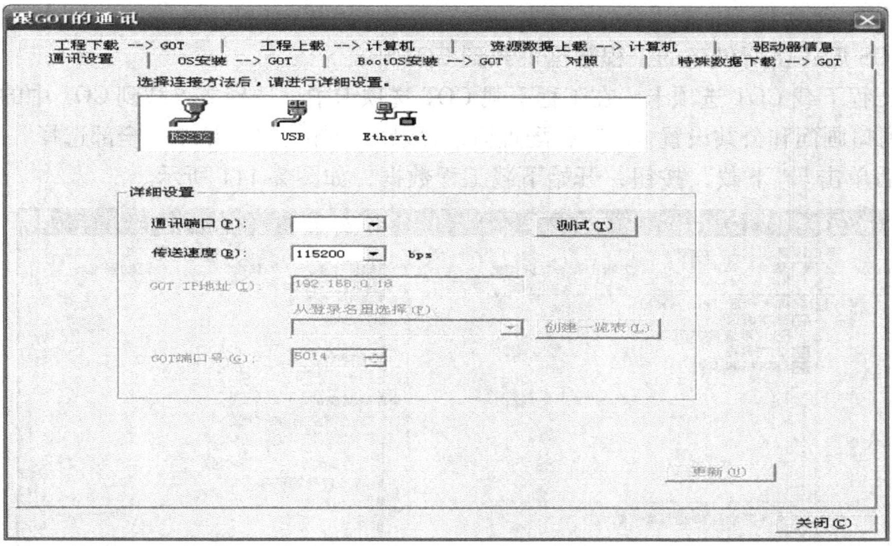

图 2-109　选择通讯设置选项卡

① GOT 类型：GT15 ＊ ＊ －V（640 ×480）。

② 基本功能：除 16 点阵标准宋体以外的全部。

③ 通讯驱动程序：总线连接 Q。

④ 扩展功能：不安装。

⑤ 选项功能：不安装。

选择结束后，单击“安装”按钮，开始安装 OS 和通讯驱动程序。

OS 安装结束后，重新启动 GOT，如图 2-110 所示。

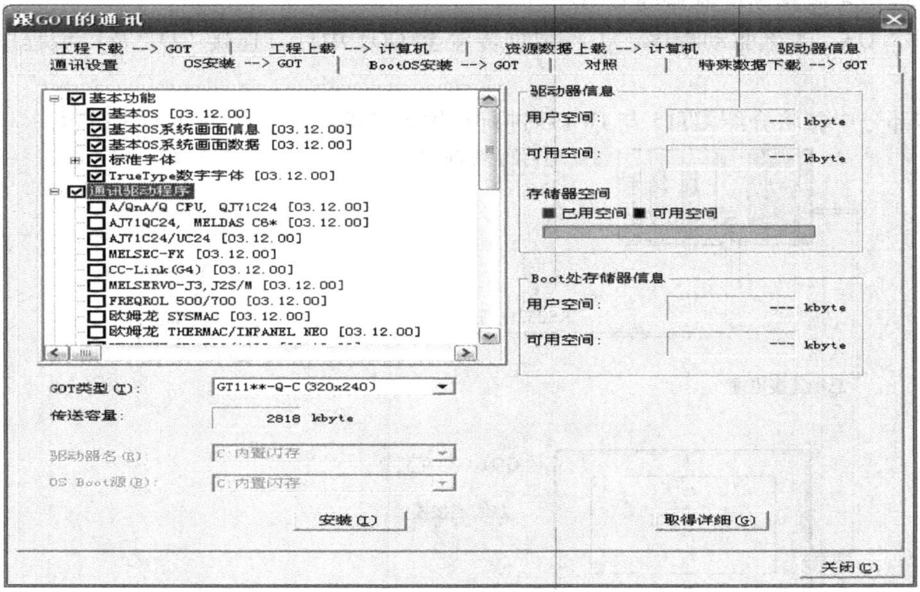

图 2-110　重新启动 GOT

3. 下载工程数据

安装 OS 后，将所创建的工程数据下载到 GOT 中。

选择工程下载 GOT 选项卡。在工程下载 GOT 选项卡中，选择要下载到 GOT 中的数据（基本画面、窗口画面和公共设置）。工程配置树型目录应全部勾选（单击“全部选择”按钮）。

选择后单击。“下载”按钮，开始下载工程数据，如图 2-111 所示。

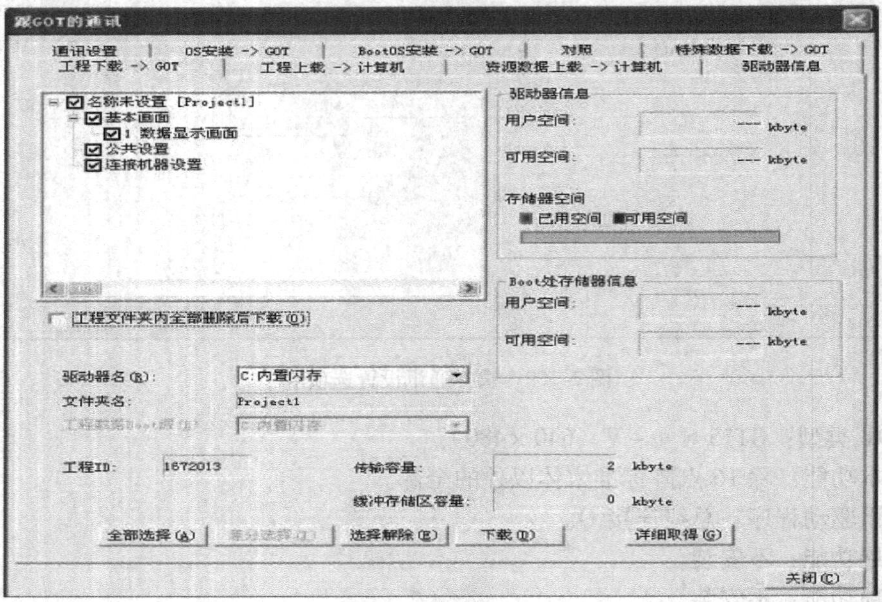

图 2-111 下载工程数据

八、连接可编程序控制器的 CPU

将基本 OS、通讯驱动程序、工程数据传输至 GOT 中后，连接 GOT 及可编程序控制器的 CPU。

在本部分中，将介绍 GT15 与 QCPU 进行总线连接的示例，如图 2-112 所示。

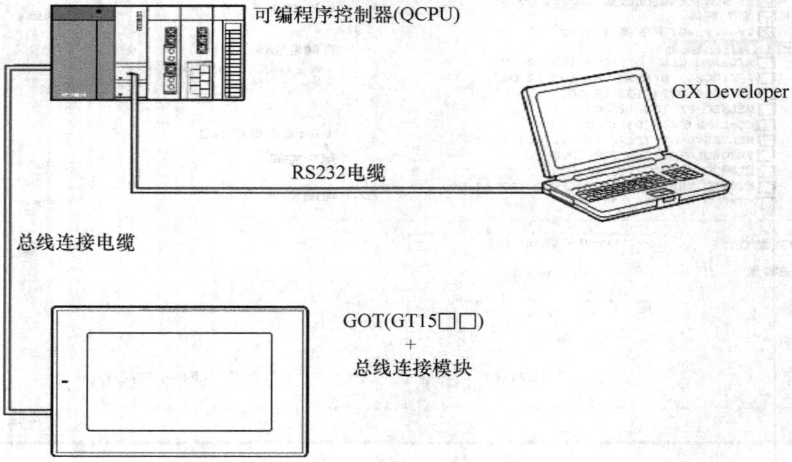

图 2-112 系统配置实例

1）将通讯模块安装到 GOT 中，如图 2-113 所示。

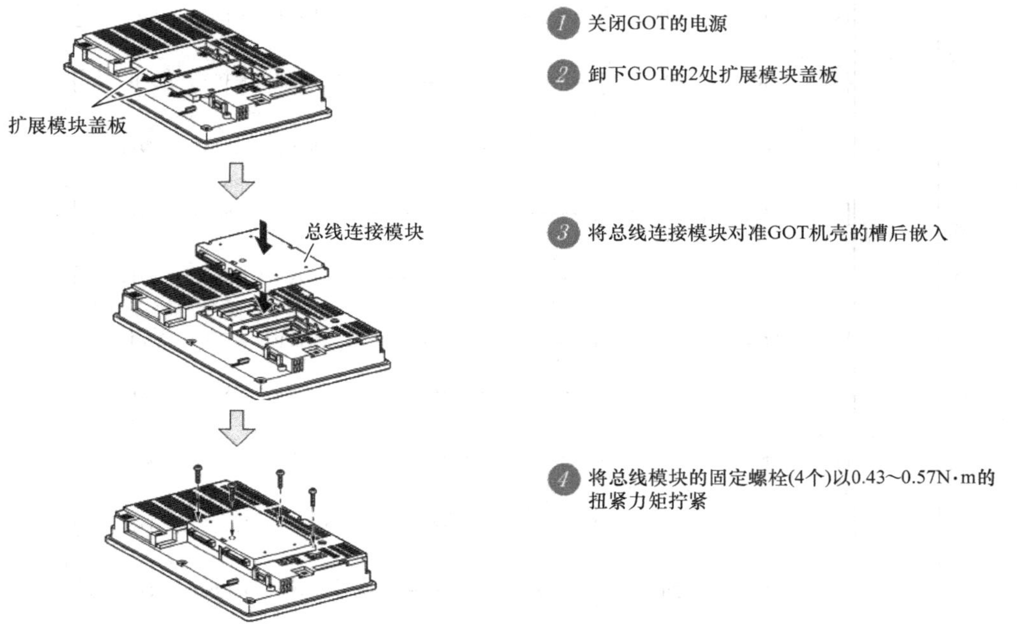

图 2-113　将通讯模块安装到 GOT 中

2）连接可编程序控制器 CPU。将 GOT 与可编程序控制器 CPU 通过总线进行连接。在连接可编程序控制器 CPU 时，必须将系统所有的电源关闭后再进行操作，如图 2-114 所示。

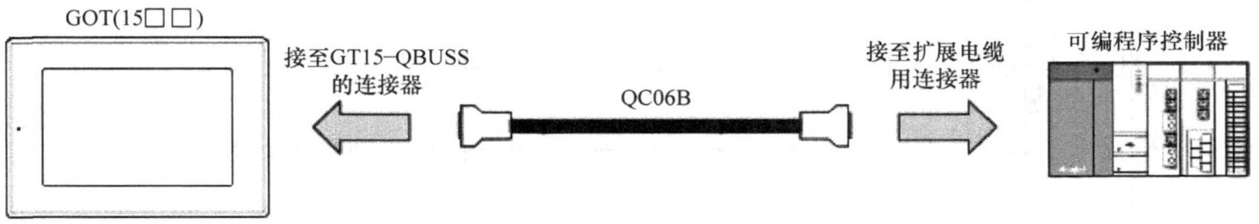

图 2-114　连接可编程序控制器 CPU

3）所使用的顺控程序，如图 2-115 所示。

4）GOT 中的动作画面如图 2-116 所示。

5）上传。对下载到 GOT 中的工程数据进行备份或修正时，将工程数据上传到个人计算机中。选择［通讯］/［跟 GOT 的通讯］菜单，如图 2-117 所示。

显示对话框后，选择工程上传→计算机选项卡。上传到 GT Designer2，如图 2-118 所示。

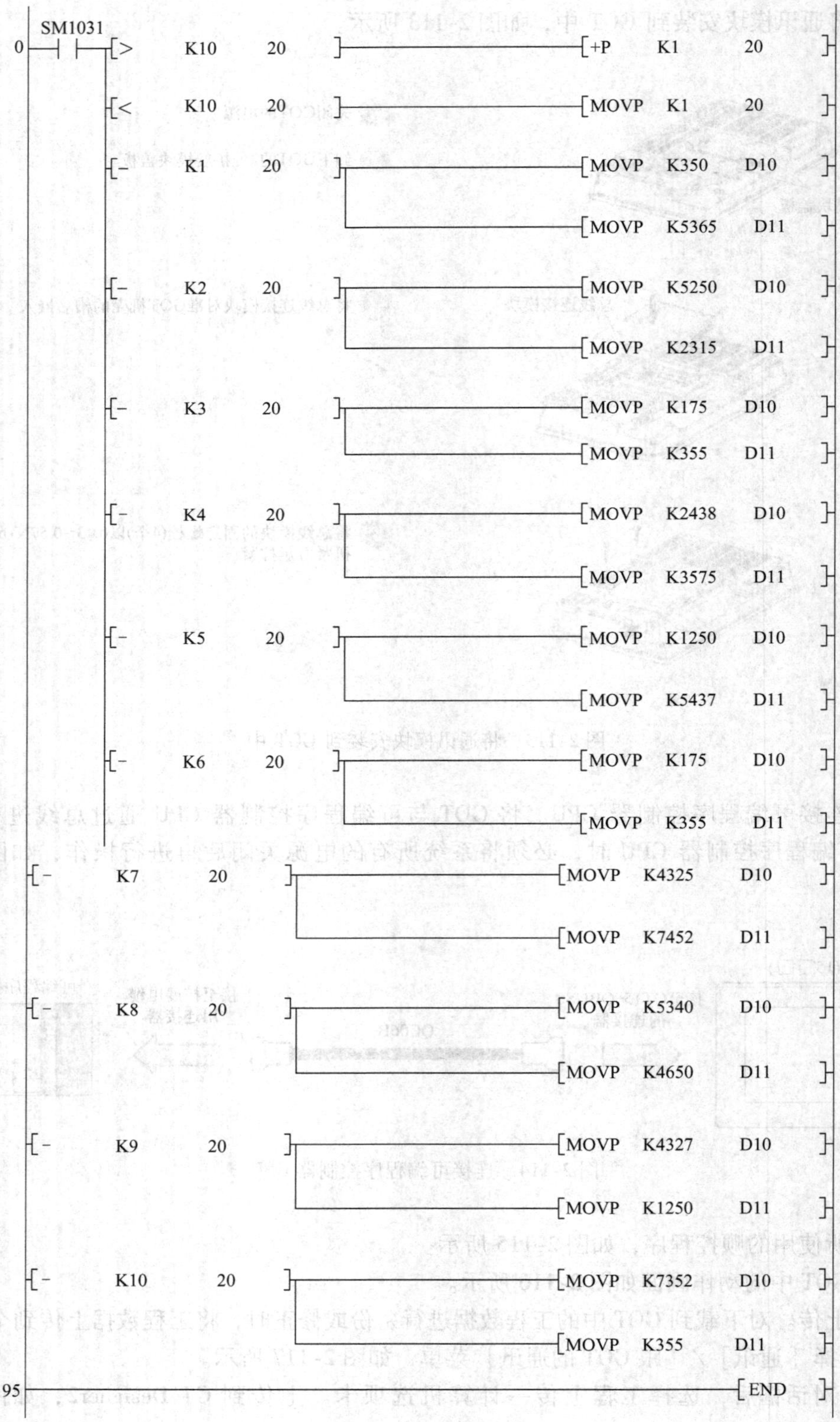
SM1031
0
[> K10 20]
[+P K1 20]
[< K10 20]
[MOVP K1 20]
[= K1 20]
[MOVP K350 D10]
[MOVP K5365 D11]
[= K2 20]
[MOVP K5250 D10]
[MOVP K2315 D11]
[= K3 20]
[MOVP K175 D10]
[MOVP K355 D11]
[= K4 20]
[MOVP K2438 D10]
[MOVP K3575 D11]
[= K5 20]
[MOVP K1250 D10]
[MOVP K5437 D11]
[= K6 20]
[MOVP K175 D10]
[MOVP K355 D11]
[= K7 20]
[MOVP K4325 D10]
[MOVP K7452 D11]
[= K8 20]
[MOVP K5340 D10]
[MOVP K4650 D11]
[= K9 20]
[MOVP K4327 D10]
[MOVP K1250 D11]
[= K10 20]
[MOVP K7352 D10]
[MOVP K355 D11]
95
[END]

图 2-115　顺控程序

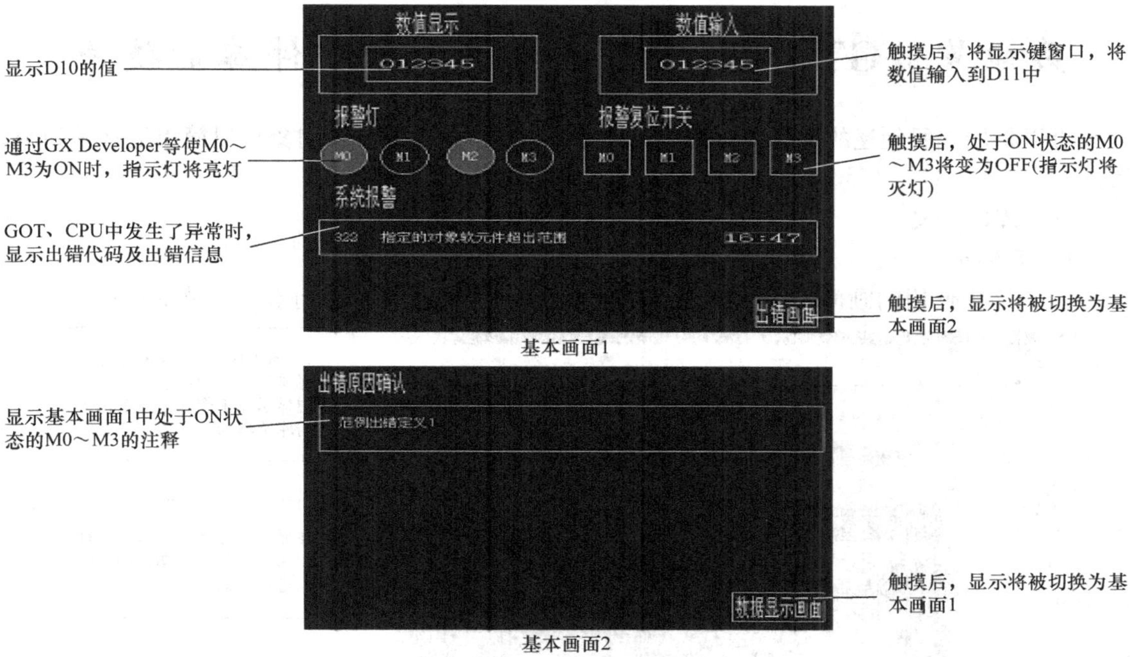

图 2-116　GOT 中的动作画面

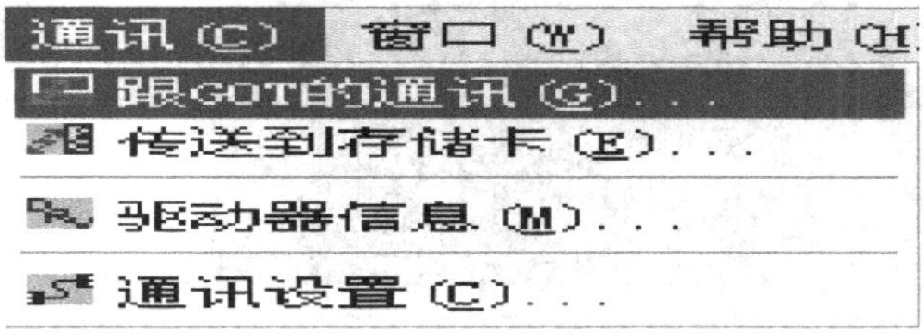

图 2-117　选择［通讯］/［跟 GOT 的通讯］菜单

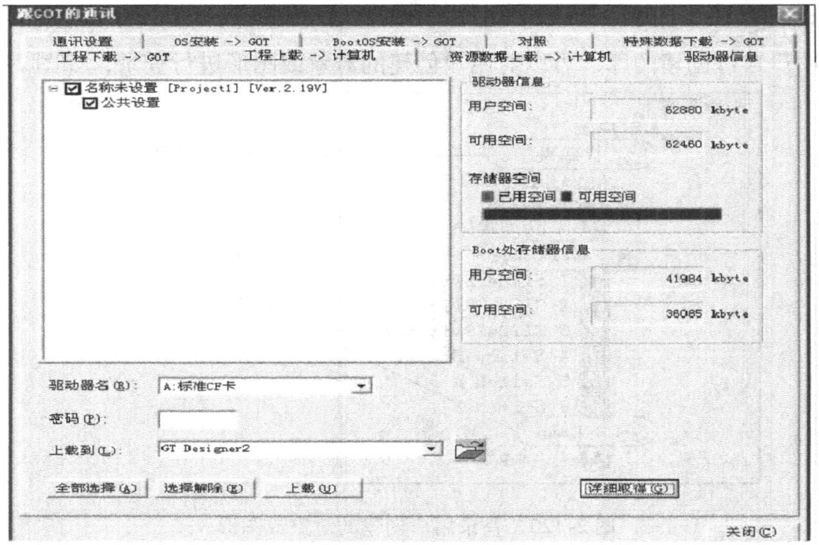

图 2-118　上传到 GT Designer2

第四节　GT Designer2 触摸屏编程软件库的使用

可以将用户所创建的图形或对象登录到库中，所登录的图形或对象可以简单地粘贴到画面上。

一、库的含义

1. 预备知识

（1）库中使用的画面　在库中，通过如图 2-119 所示的画面进行登录－读取操作。

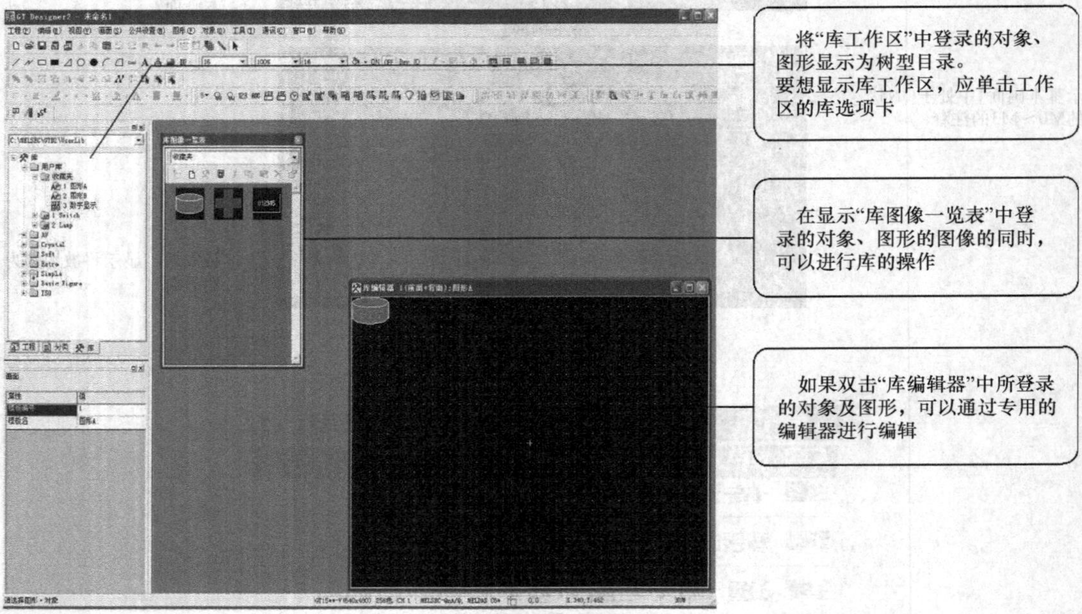

图 2-119　进行登录－读取操作

（2）库的种类

1）可由用户自行创建的库，可以对用户创建的对象或图形进行登录，如图 2-120 所示。

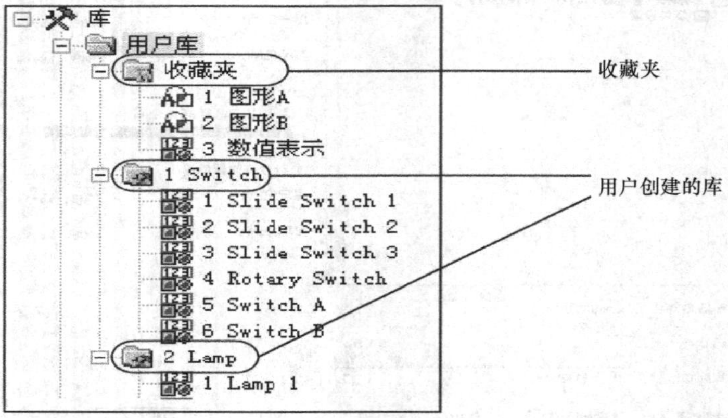

图 2-120　登录用户创建的对象或图形

2）系统库。GT Designer2 所提供的库（不能由用户进行更改）。通过读取预先准备的模板并将其配置到画面中，可以方便地进行指示灯及开关的设置。不能对系统库中所包含的库/模板进行登录、删除及属性更改，如图 2-121 所示。

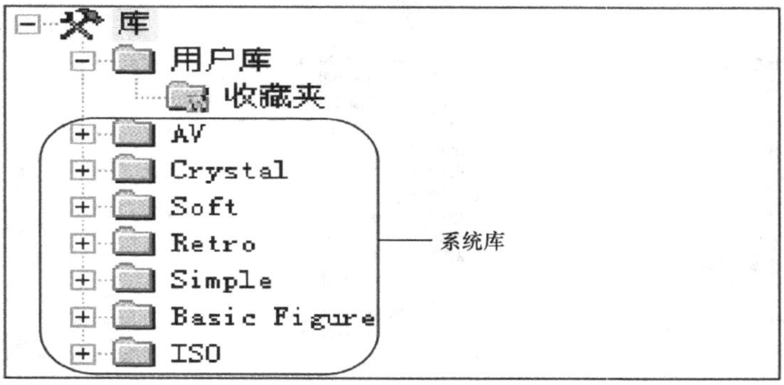

图 2-121　GT Designer2 所提供的系统库

（3）可登录的模板数　除收藏夹以外，用户最多可创建 250 个库，1 个库中最多可登录 200 个模板。

（4）库文件的配置　将包括“收藏夹”在内的各“用户库”分别以“×××. lbe”的名称存储到“User Lib”文件夹中，如图 2-122 所示。

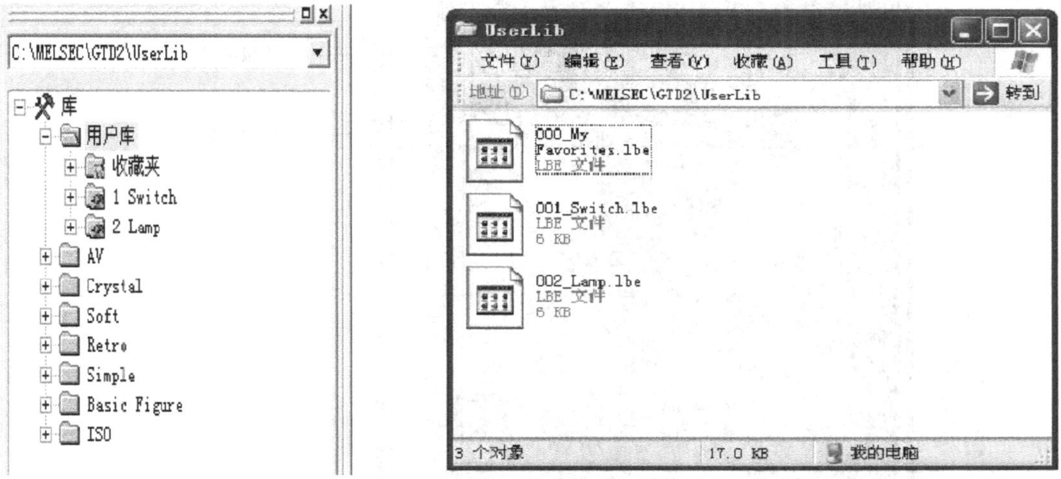

图 2-122　库文件的配置

2. 库的基本操作

1）库工作区的基本操作。选择操作对象后，右键单击鼠标选择设置项目。根据所选择的对象的不同，所显示的项目也有所不同，如图 2-123 所示。

2）库图像一览表对话框的基本操作。

选择［视图］/［库］/［用户库］/［系统库］菜单后，将出现库图像一览表。库图像一览表中所显示的模板图像根据画面 ON/OFF 状态的显示设置而发生变化，如图 2-124 所示。

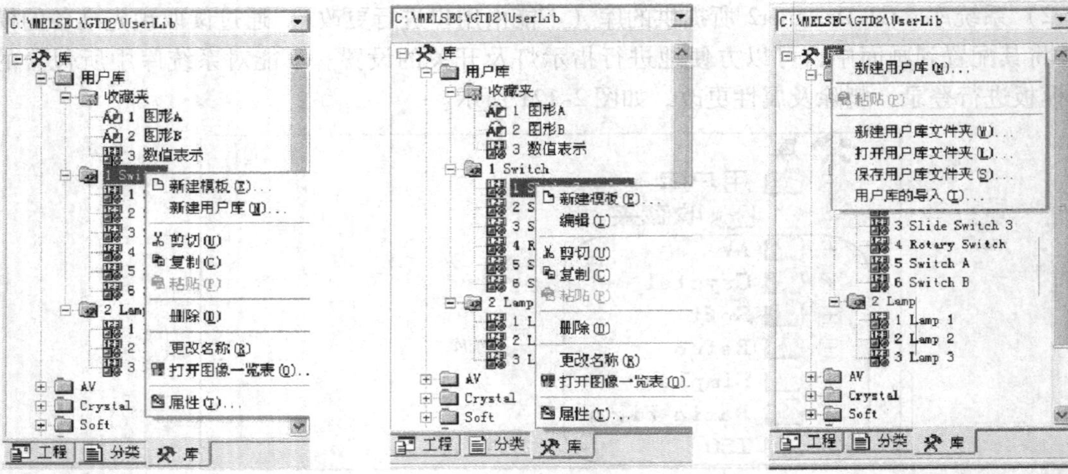

图 2-123　选择设置项目

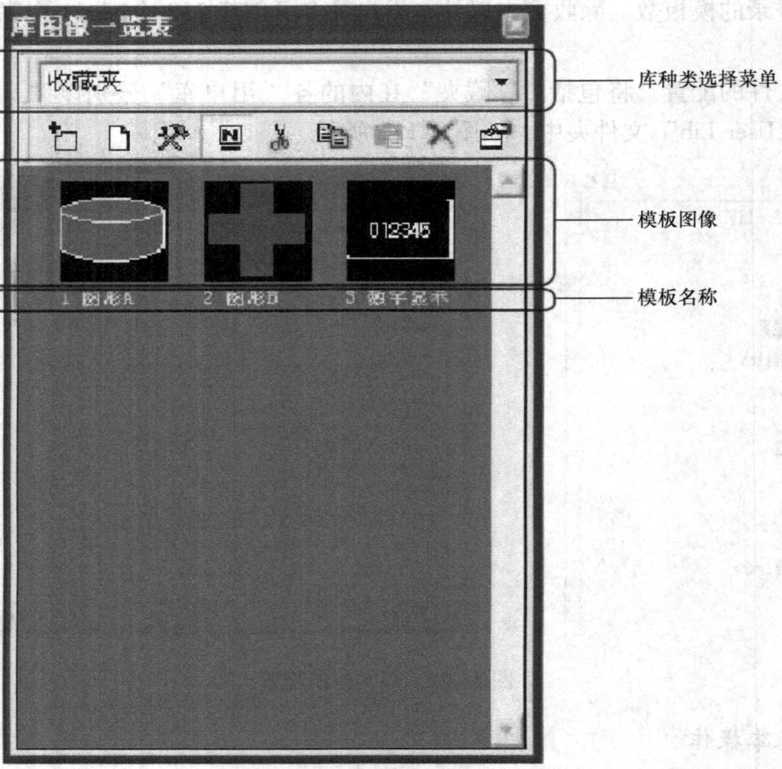

图 2-124　库图像一览表对话框的基本操作

3. 创建原始库

（1）将对象及图形登录到库中　将对象或图形登录到收藏夹及用户创建库中。在登录对象时，其相关功能（开关、指示灯等）也被登录。

1）选择要登录的对象/图形。

2）执行以下操作。

① 使用库工作区时将要登录的对象、图形拖拽到工作区内，如图 2-125 所示。

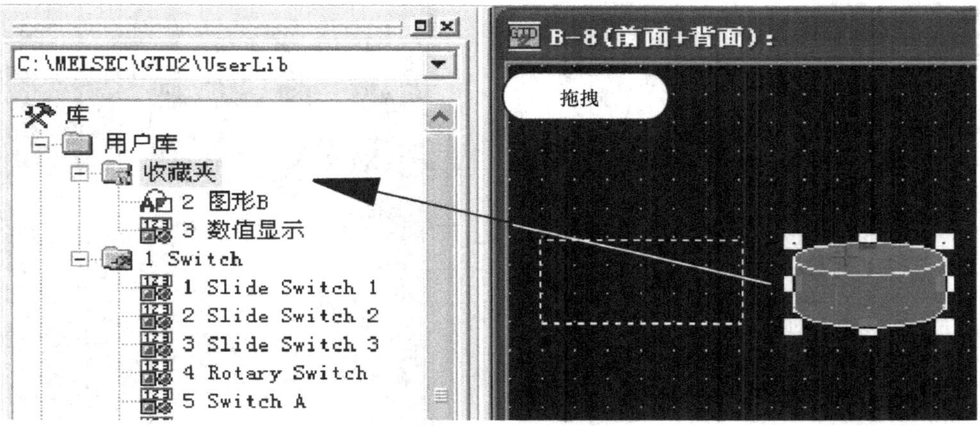

图 2-125　拖拽

② 使用库图像一览表时，单击 （登录）按钮。

③ 显示模板的创建对话框。输入要登录模板的编号及名称后，单击“确定”按钮。如图 2-126 所示。

图 2-126　显示模板的创建对话框

④ 登录结束，如图 2-127 所示。

（2）仅登录对象的图形　仅将已创建对象的图形登录到收藏夹及用户创建库中。

① 选择要登录的对象/图形，如图 2-128 所示。

② 显示对象的设置对话框。单击基本选项卡中 其他(R)... 按钮，如图 2-129 所示。

③ 在图像一览表中选择［库］，如图 2-130 所示。

④ 选择登录目标的用户创建库，单击“往这里复制”按钮。登录目标只能为用户创建库，不能登录到系统库中，如图 2-131 所示。

⑤ 输入模板的编号及名称，单击“确定”按钮，如图 2-132 所示。

⑥ 登录结束。单击“确定”按钮，关闭图像一览表后，继续关闭对象设置对话框，如图 2-133 所示。

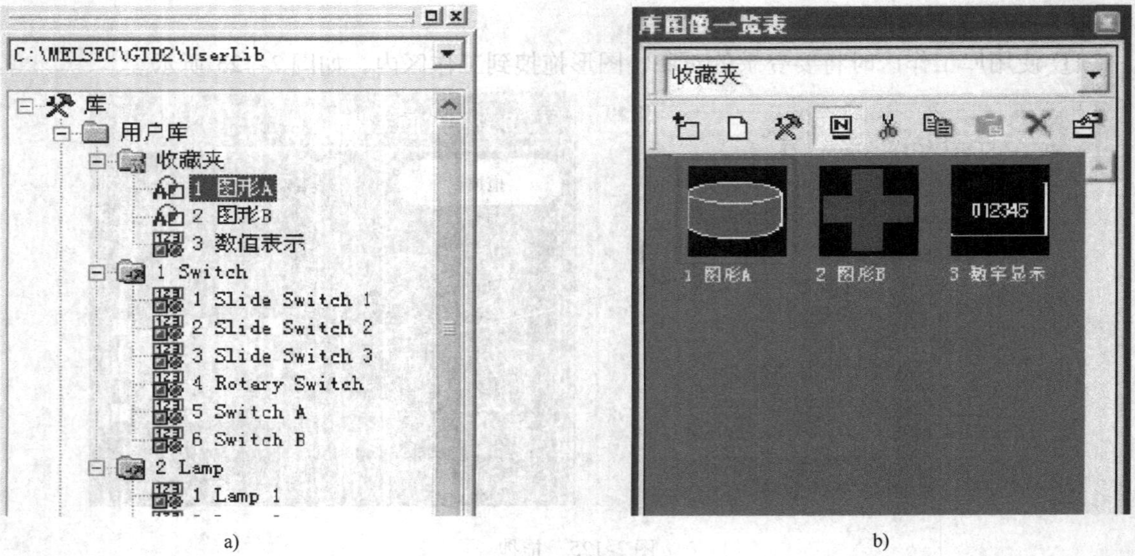

图 2-127　登录结束显示

a）库工作区　b）库图像一览表

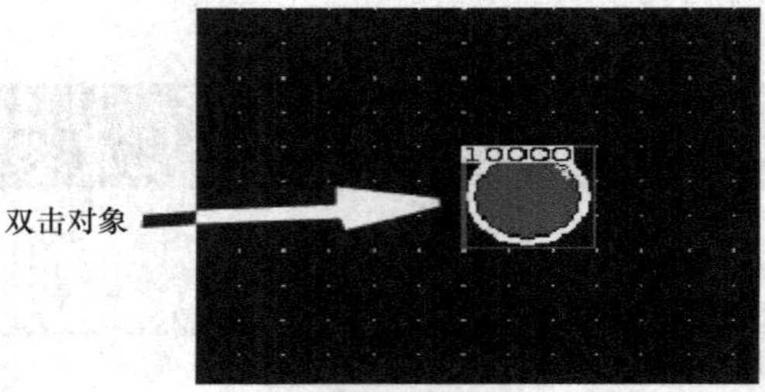

图 2-128　选择要登录的对象/图形

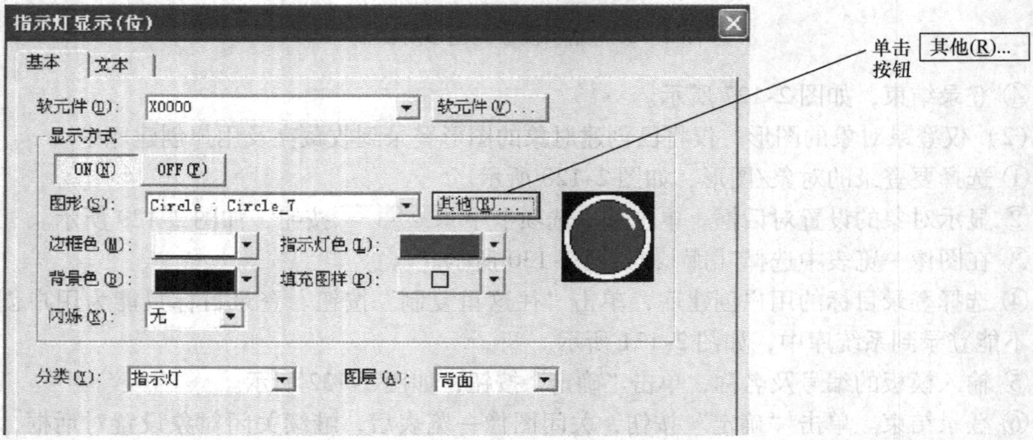

图 2-129　显示对象的设置对话框

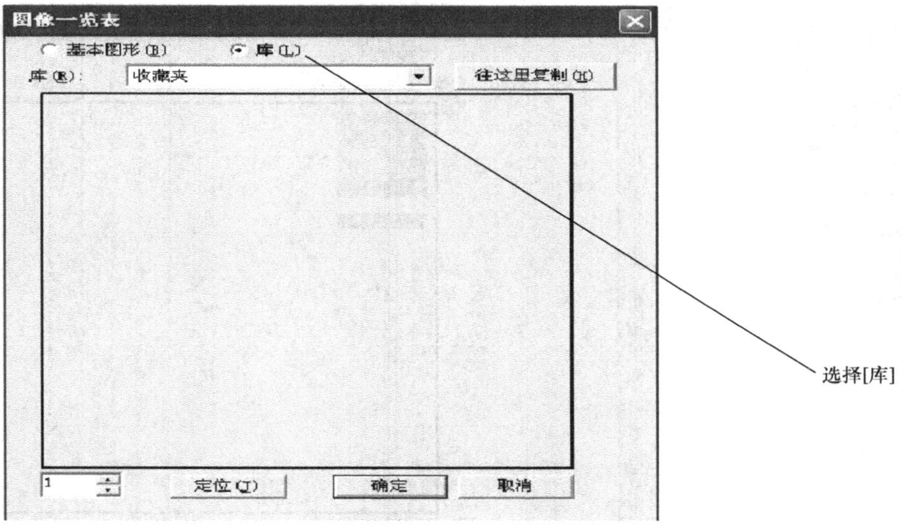

图 2-130　显示图像一览表选择［库］

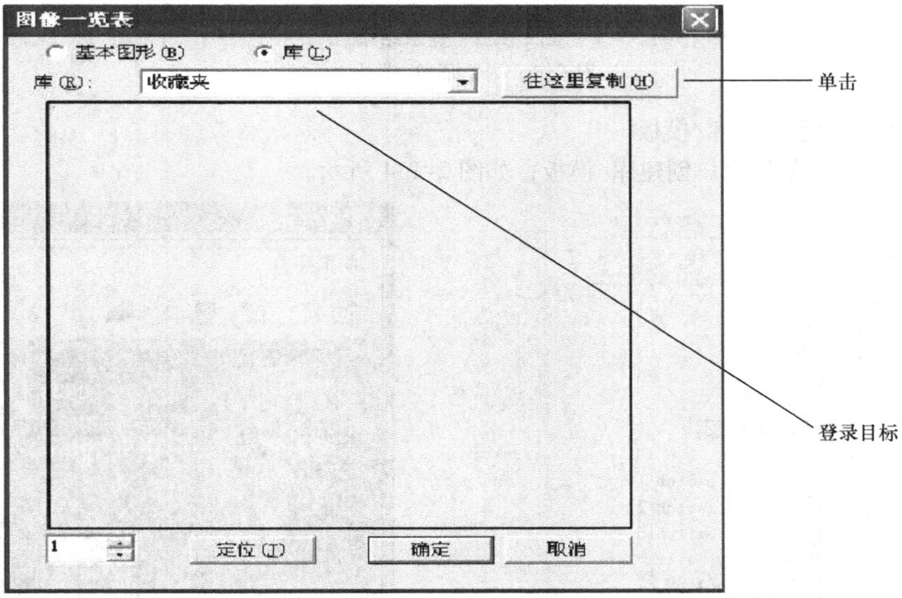

图 2-131　选择登录目标的用户创建库

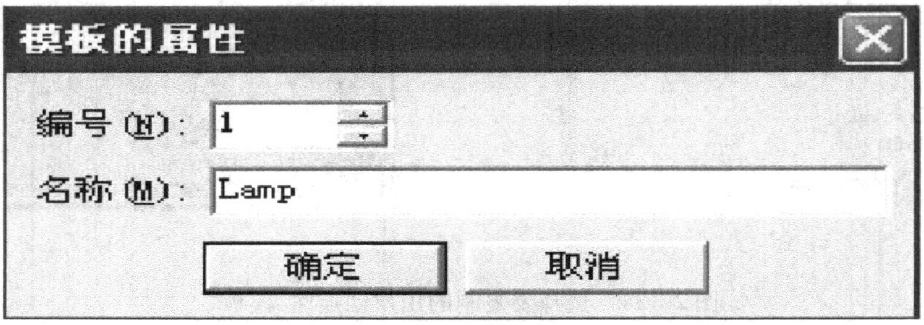

图 2-132　输入模板的编号及名称

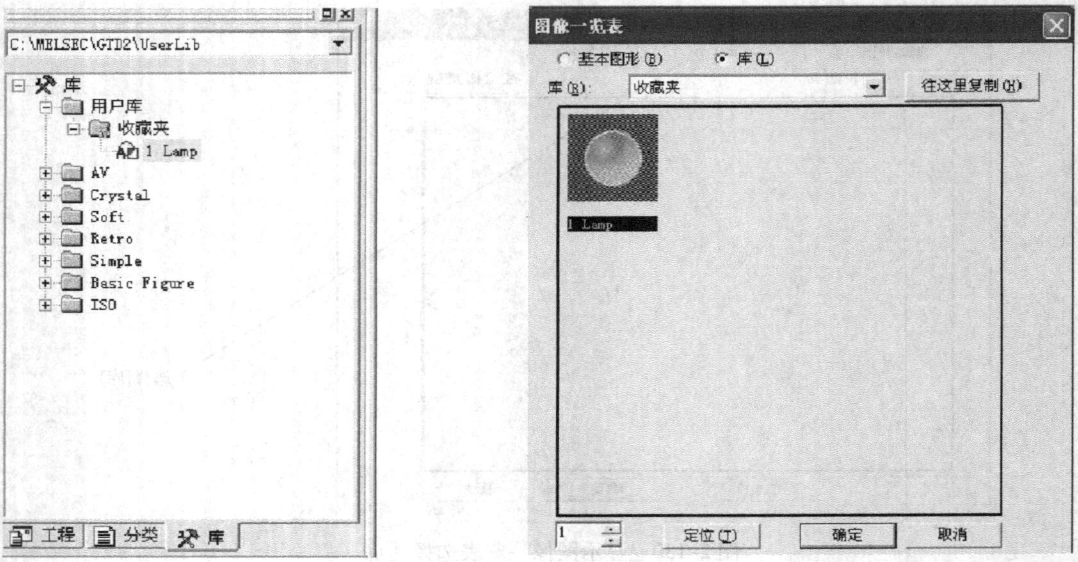

a) b)

图 2-133 登录结束

a）库工作区 b）图像一览表对话框

（3）复制所登录的库/模板

1）选择要复制的用户创建库/模板，如图 2-134 所示。

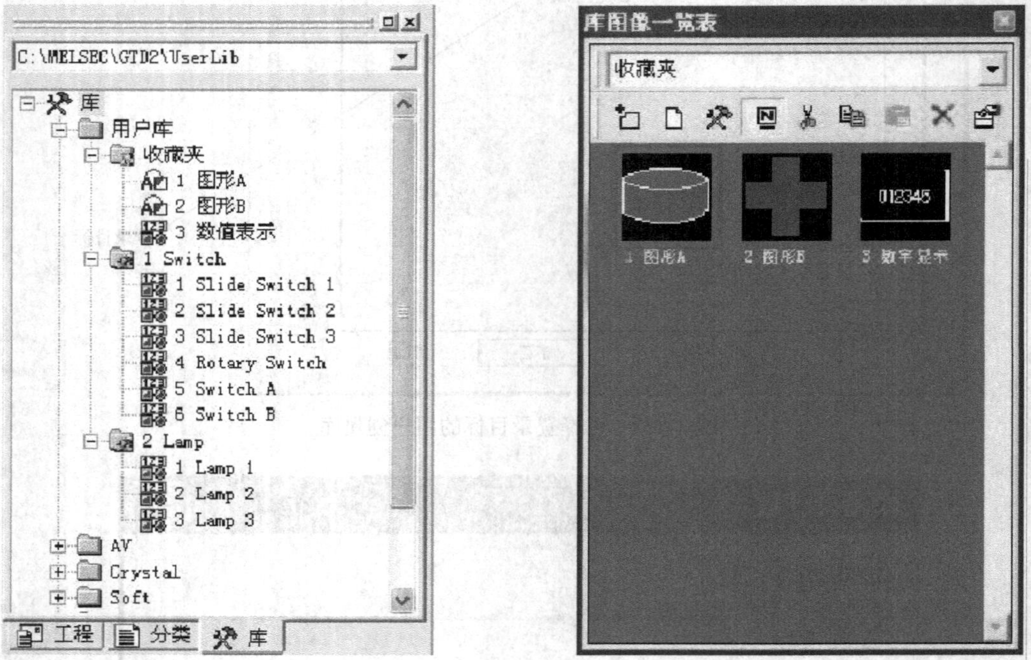

a) b)

图 2-134 选择要复制的用户创建库/模板

a）库工作区 b）库图像一览表

2）执行以下操作：

① 复制用户创建的库。

a. 右键单击库工作区中要复制的库，选择［复制］菜单，如图 2-135 所示。

b. 通过右键单击选择［粘贴］菜单。

② 在库图像一览表中复制模板。

a. 选择要复制的模板（图像）后，单击（复制），如图 2-136 所示。

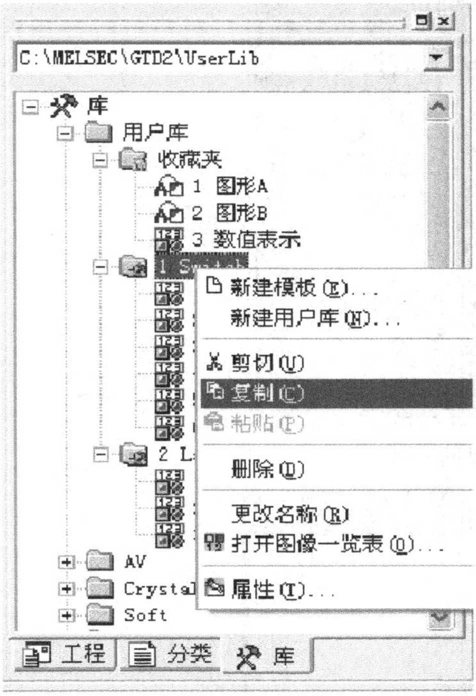

图 2-135　选择［复制］菜单

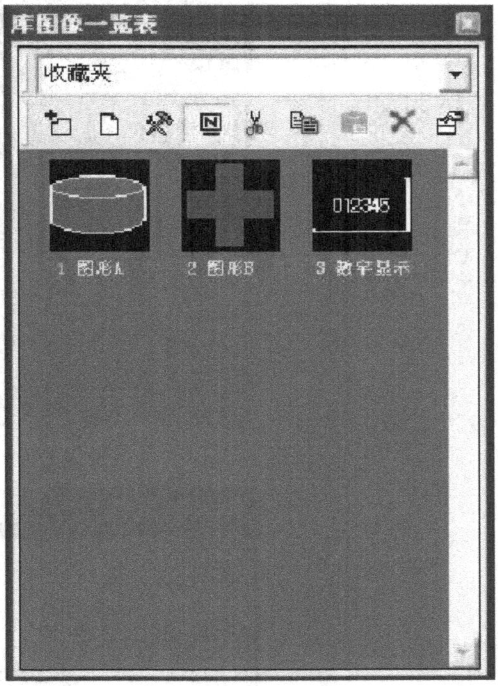

图 2-136　选择要复制的模板

b. 选择要粘贴的库，显示库图像，如图 2-137 所示。

c. 单击（粘贴）。

3）显示画面的创建/模板的创建对话框。设置复制目标的用户创建库/模板编号、库/模板名后，单击“确定”按钮，如图 2-138 所示。

4）复制所选择的用户创建库/模板，如图 2-139 所示。

（4）删除登录的库/模板

1）选择要删除的用户创建库/模板，如图 2-140 所示。

2）执行各操作。

① 通过库工作区删除时，可右键单击选择［删除］菜单，如图 2-141 所示。

② 通过库图像一览表删除时单击“删除”按钮，如图 2-142 所示。

3）显示模板删除确认窗口。单击“是”按钮，如图 2-143 所示。

4）删除所选择的用户创建库/模板，如图 2-144 所示。

（5）编辑所登录的对象、图形

1）选择要编辑的模板，如图 2-145 所示。

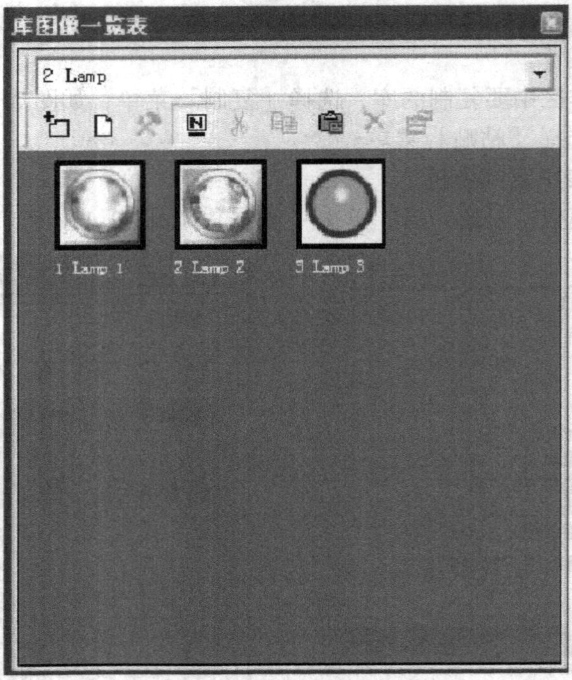

图 2-137　选择要粘贴的库

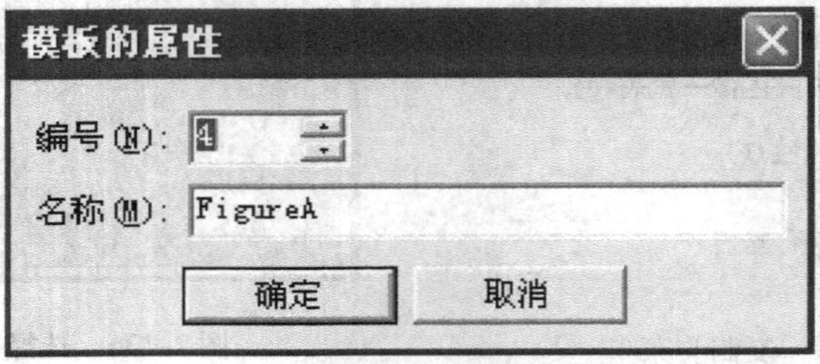

图 2-138　显示画面的创建 /模板的创建对话框

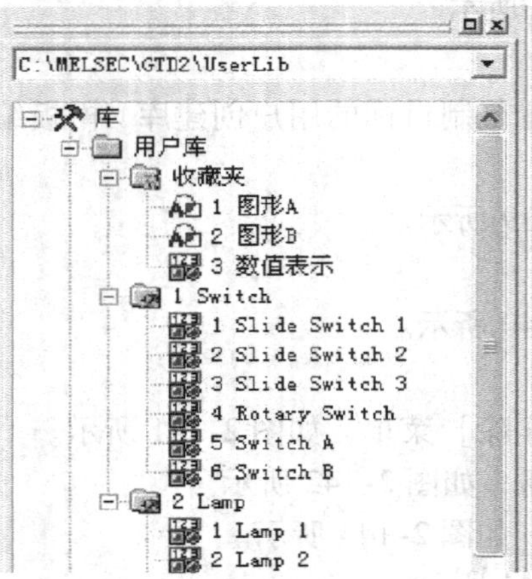

a)

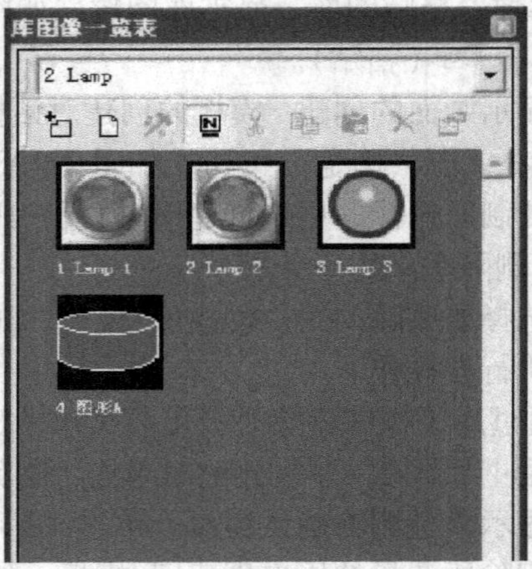

b)

图 2-139　复制所选择的用户创建库/模板

a）库工作区　b）库图像一览表

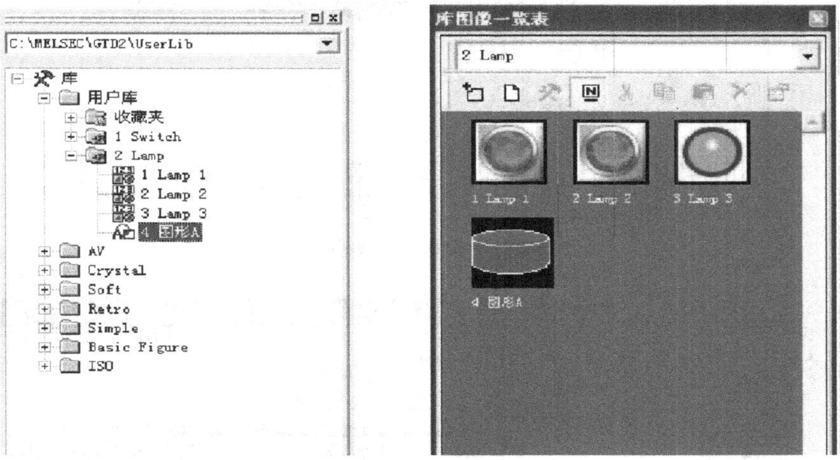

a) b)

图 2-140　选择要删除的用户创建库 / 模板

a）库工作区　b）库图像一览表

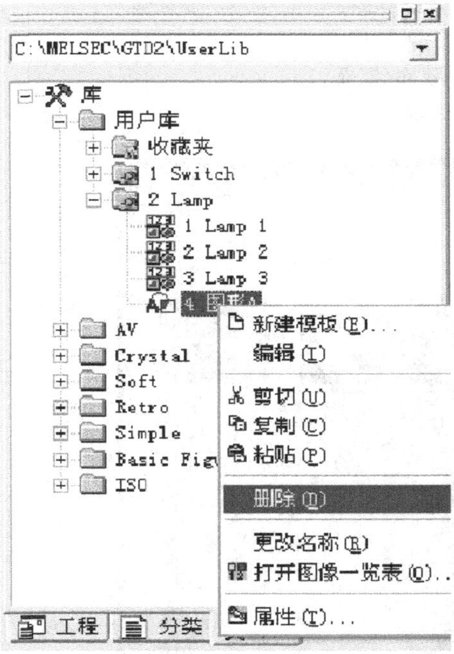

图 2-141　删除菜单

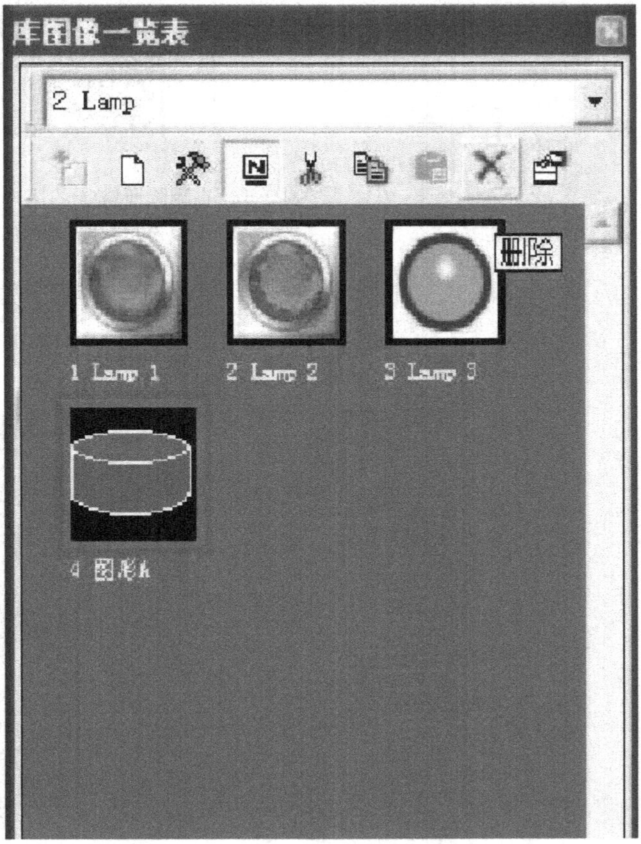

图 2-142　删除按钮

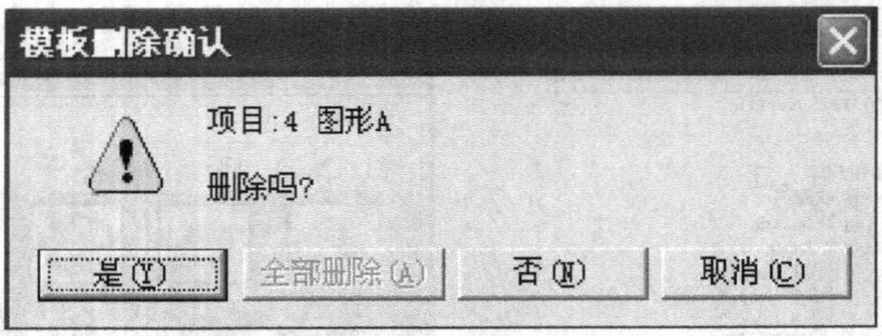

图 2-143　模板删除确认窗口

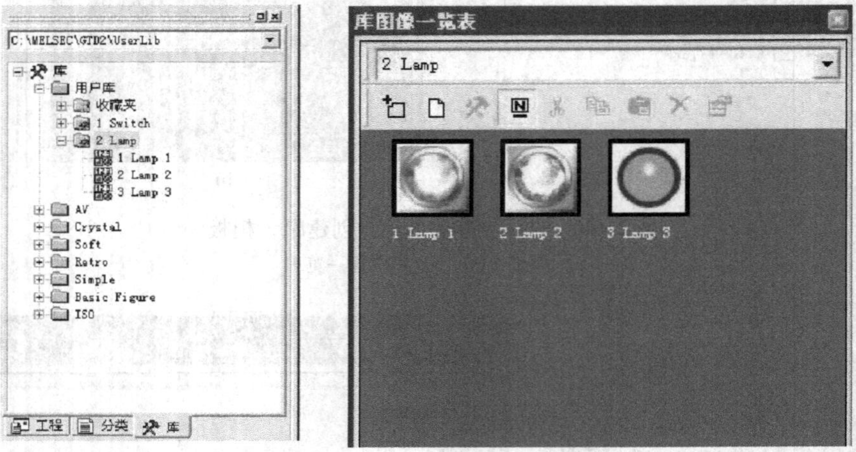

a)　　　　　　　　　　　　　　　b)

图 2-144　删除所选择的用户创建库/模板

a）库工作区　b）库图像一览表

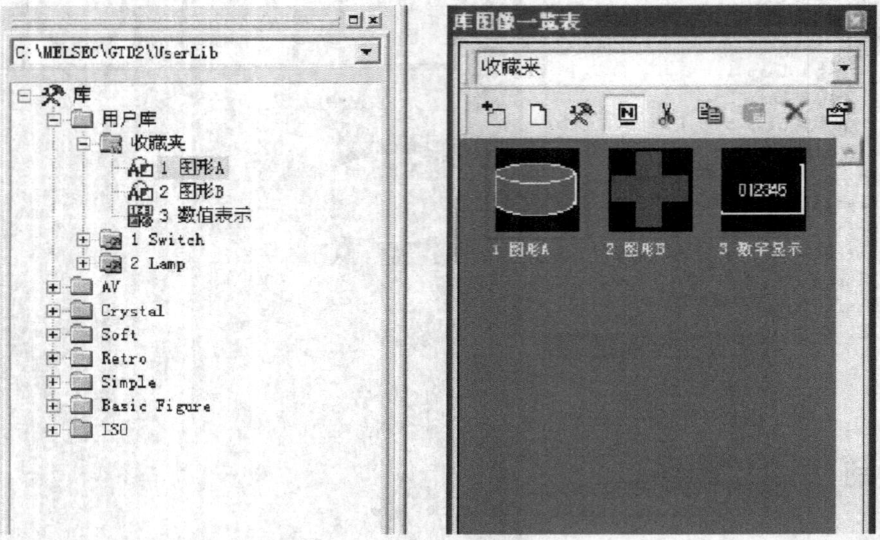

a)　　　　　　　　　　　　　　　b)

图 2-145　选择要编辑的模板

a）库工作区　b）库图像一览表

2）执行以下操作。

① 通过库工作区进行编辑时，右键单击选择［编辑］菜单（也可以双击模板），如图2-146所示。

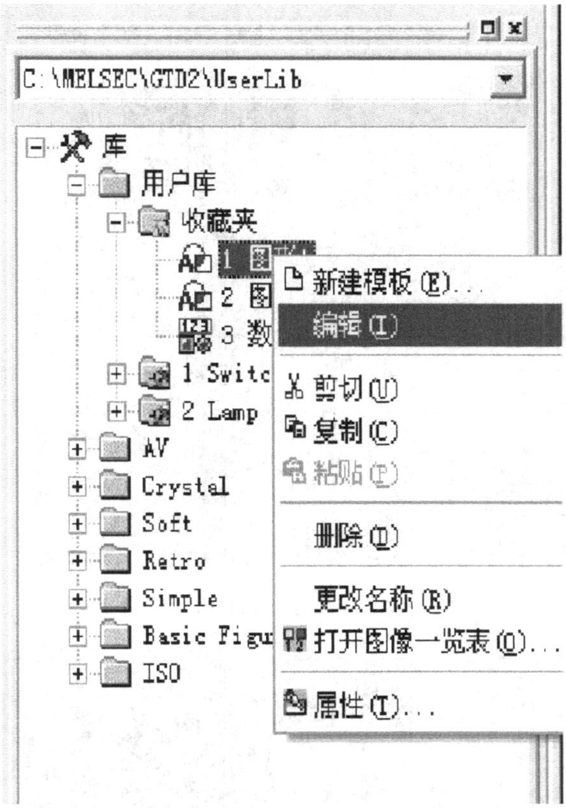

图2-146　选择［编辑］菜单

② 通过库图像一览表进行编辑时，单点（编辑）按钮（也可以双击模板），如图2-147所示。

3）显示库编辑器画面后，对模板进行编辑，如图2-148所示。

4）模板编辑结束后，关闭画面（单击画面右上方的按钮）。

在库编辑器画面中，若要取消所编辑的内容时，在关闭库编辑器画面之前，应取消所编辑的操作。

（6）更改库的属性　更改用户创建库及所登录的模板编号、名称。

① 选择要更改的用户创建库/模板，如图2-149所示。

② 执行以下操作。

a. 通过库工作区进行编辑时，右键单击选择［属性］菜单。

b. 通过库图像一览表进行编辑时单击（属性）按钮。

③ 显示模板的属性对话框。设置要更改的库/模板编号、库/模板名后，单击“确定”按钮，如图2-150所示。

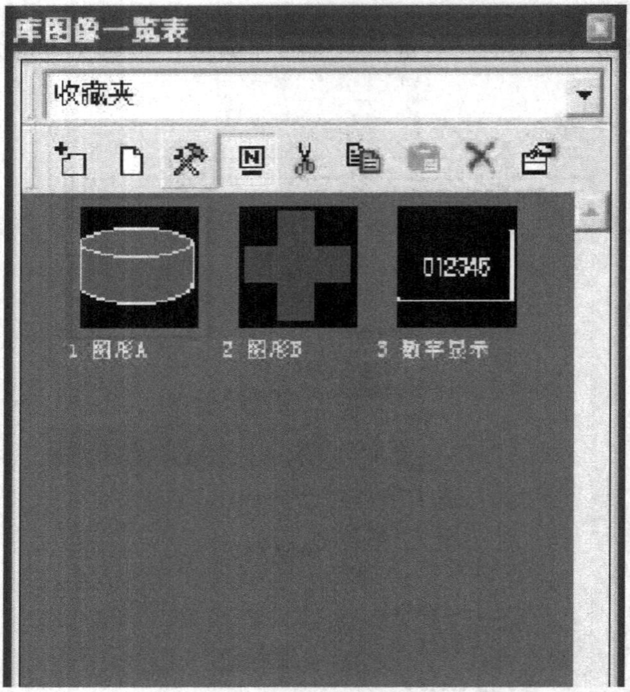

图 2-147　库图像一览表进行编辑

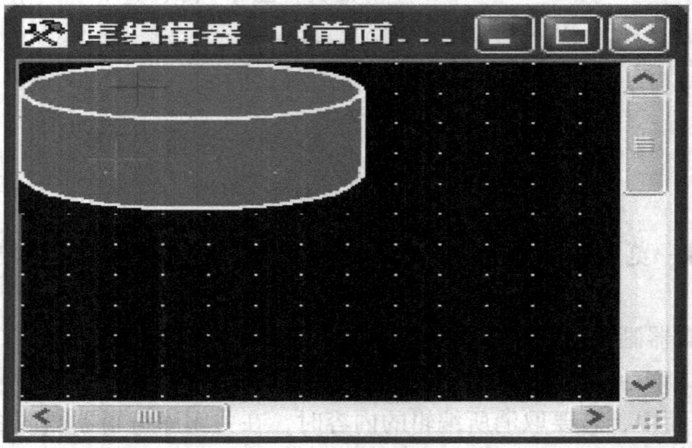

图 2-148　对模板进行编辑

④ 所选择的用户创建库/模板的属性将发生变化，如图 2-151 所示。

（7）库的保存　可以将用户创建的库（收藏夹、用户库）与编辑中的库分别保存在不同的文件夹中。将多个库文件夹保存在个人计算机的硬盘中，绘图时可以分开使用多个库。此外，如果将库保存在软盘中，多台个人计算机可共享此库。

① 保存所创建的库。所创建的库的保存方法如下：

a. 右键单击所选择的“库”，单击［保存用户库文件夹］菜单，如图 2-152 所示。

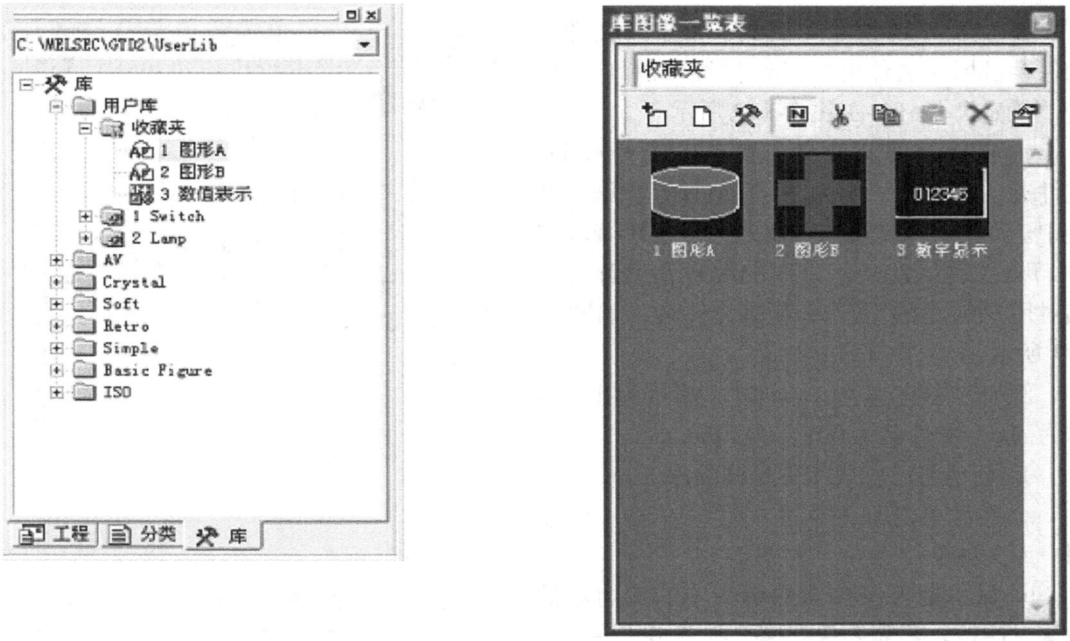

a)　　　　　　　　　　b)

图 2-149　选择要更改的用户创建库/模板

a）库工作区　b）库图像一览表

图 2-150　显示模板的属性对话框

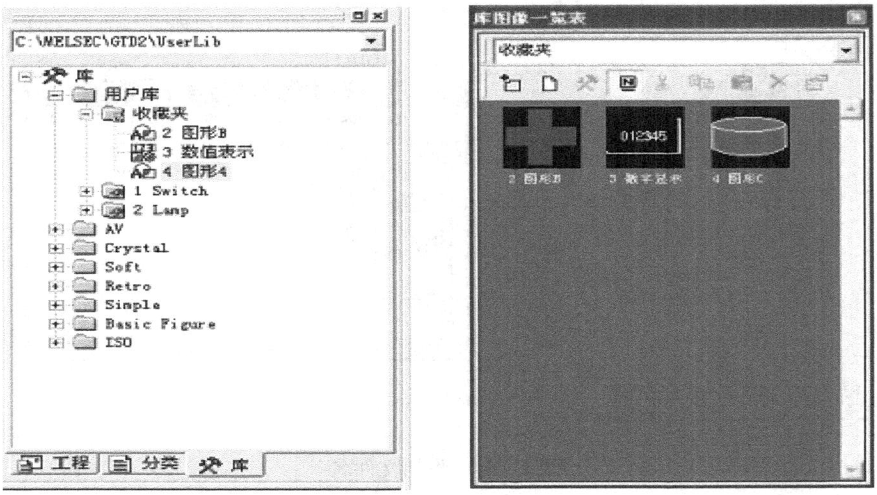

图 2-151　创建库/模板的属性发生变化

b. 显示库的指定对话框，指定库文件夹的保存目标（文件夹）。指定保存目标后，单击“确定”按钮，如图 2-153 所示。

c. 在指定的文件夹中自动生成 User Lib 文件夹，库文件（***. lbe）被保存在该文件夹中。此时，“收藏夹”保存 000_ My Favorites. lbe 文件。此外，以库的编号及名称为基础对用户创建的用户库附加文件名，如图 2-154 所示。

例如，用户库为 1abc 时，编号为 1，名称为 abc，文件名为 001_ abc. lbe。

② 创建与已生成库不相同的库。

a. 右键单击所选择的“库”，单击［新建用户库文件夹］菜单，如图 2-155 所示。

b. 显示是否保存当前编辑中的库内容的确认对话框。若需要保存库，则单击“是”按钮，如图 2-156 所示。

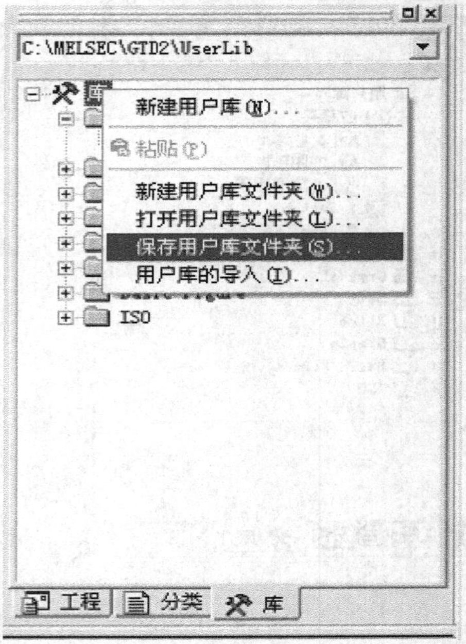

图 2-152　单击［保存用户库文件夹］菜单

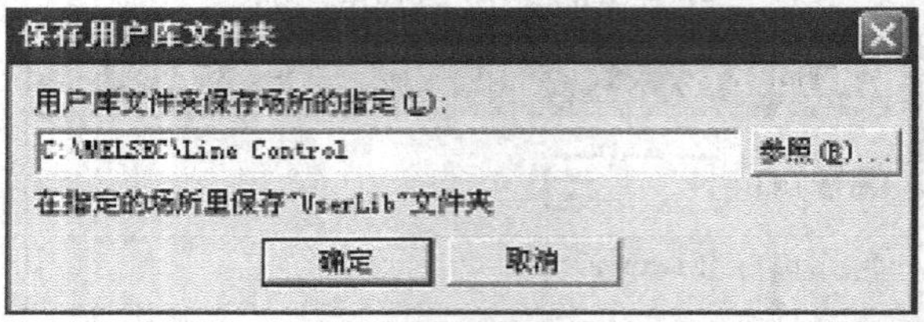

图 2-153　指定库文件夹的保存目标

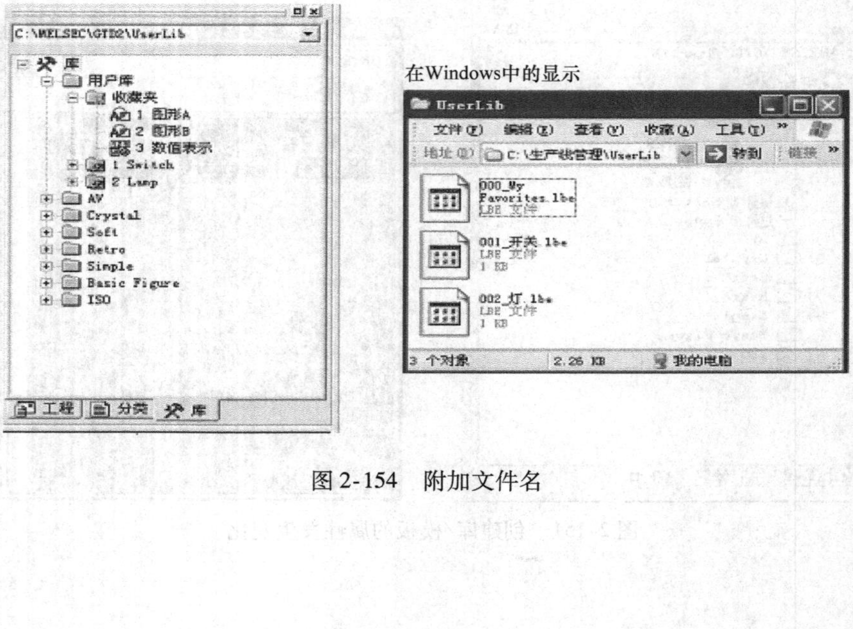

图 2-154　附加文件名

c. 指定新建用户库文件夹的保存目标。指定保存目标后，单击“确定”按钮，如图 2-157 所示。

d. 在指定的文件夹中自动生成 User Lib 文件夹，库文件（***.lbe）被保存（创建）在该文件夹中，如图 2-158 所示。

（8）通过文件夹打开库　可以打开指定的用户库文件夹，更改收藏夹及用户创建库的内容。也可以打开其他的个人计算机中所创建的用户库，将其作为编辑中的工程的库。将其他的工程的库内容读取到编辑中的工程中，如图 2-159 所示。

① 右键单击库工作区的空白之处，单击［打开用户库文件夹］菜单，如图 2-160 所示。

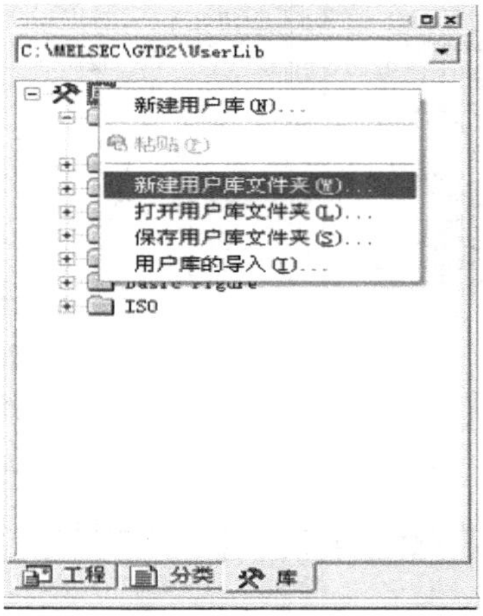

图 2-155　单击［新建用户库文件夹］菜单

图 2-156　显示是否保存当前编辑中的库内容的确认对话框

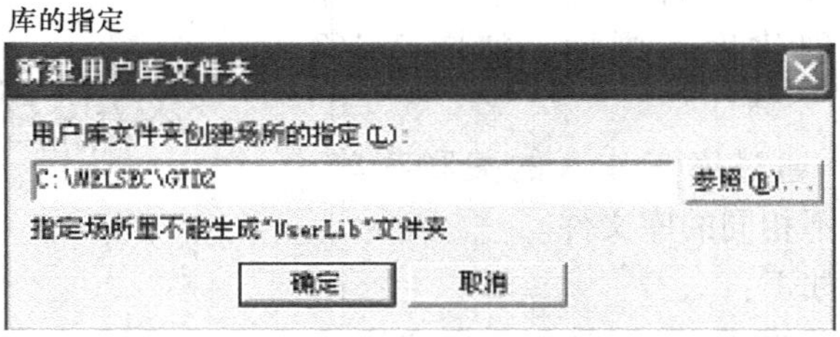

图 2-157　指定新建的库文件夹的保存目标

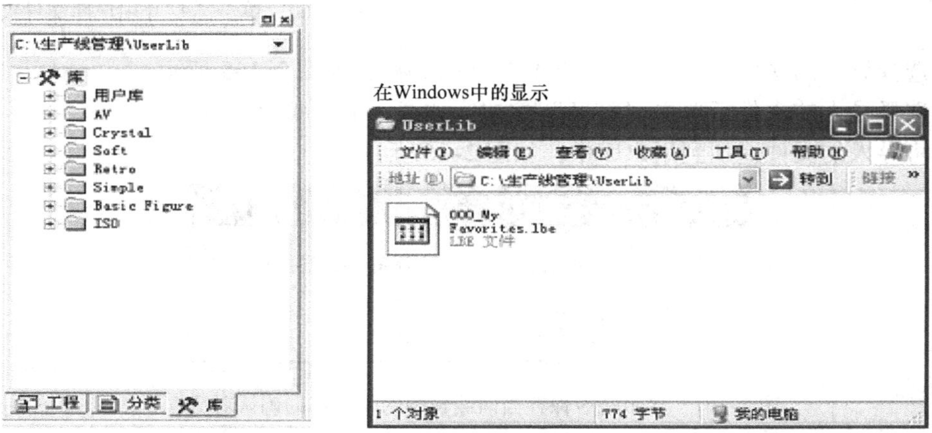

图 2-158　在指定的文件夹中自动生成 User Lib 文件夹

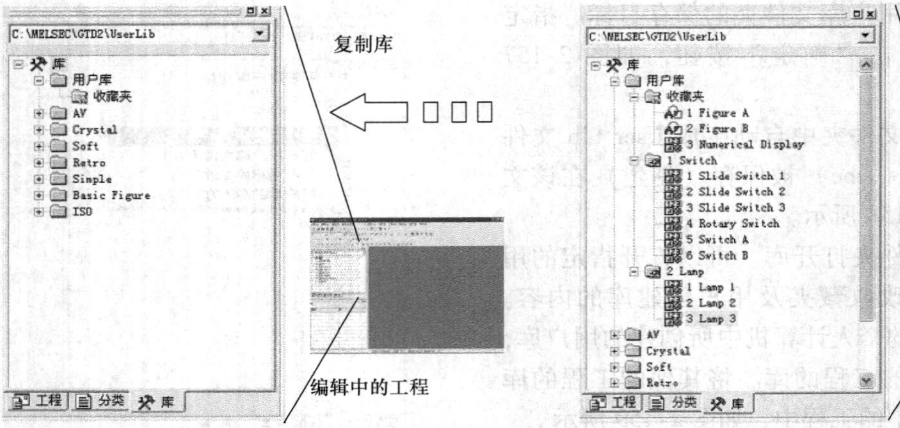

图 2-159　将其他的工程的库内容读取到编辑中的工程中

② 显示是否保存当前编辑中的库内容的确认对话框。若单击“是”按钮则保存当前所编辑内容，如图 2-161 所示。

③ 显示要读取的库的指定对话框。指定要读取的用户库文件夹（User Lib）的保存目标文件夹（上 1 层的文件夹），单击“确定”按钮，如图 2-162 所示。

④ 显示被切换为指定的文件夹内的库文件的库内容（收藏夹、用户创建库）画面，如图 2-163 所示。

（9）导入用户库　通过库工作区的关联菜单，可以导入与编辑中的库不相同的库文件。

用户库的导入方法如下：

1）右键单击所选择的“库”，单击［用户库的导入］菜单，如图 2-164 所示。

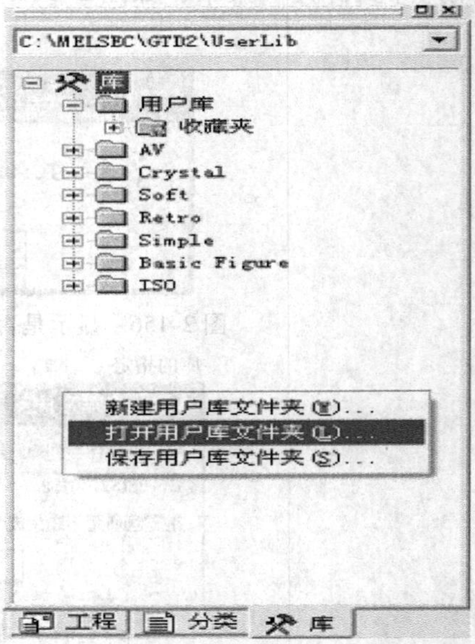

图 2-160　单击［打开用户库文件夹］菜单

2）选择导入的文件类型（GTD2. lbd 或者 *. lbe），如图 2-165 所示。

3）选择导入的文件后单击“打开”按钮，如图 2-166 所示。

4）将导入的文件追加到用户库中，如图 2-167 所示。

图 2-161　显示是否保存当前编辑中的库内容的确认对话框

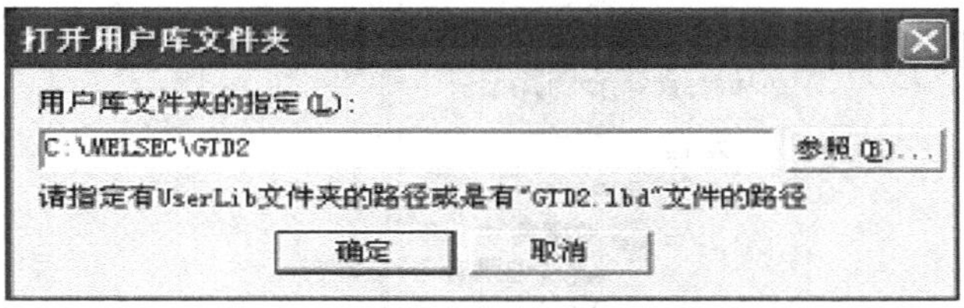

图 2-162　显示要读取的库的指定对话框

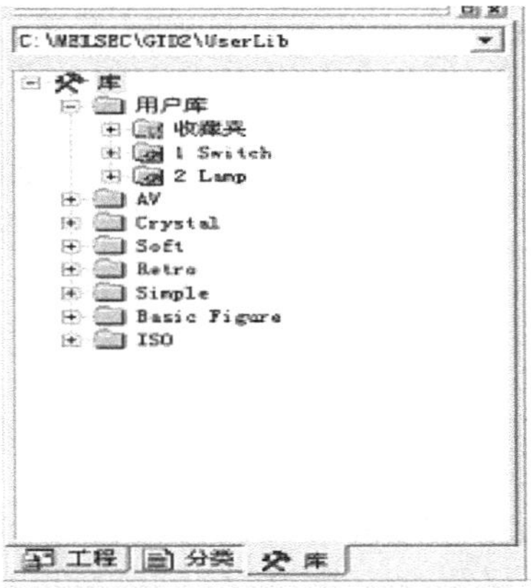

图 2-163　显示被切换为指定的文件夹内的库文件的库内容

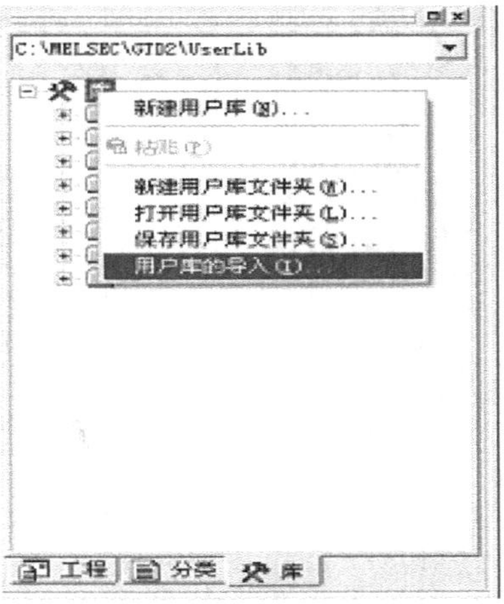

图 2-164　单击［用户库的导入］菜单

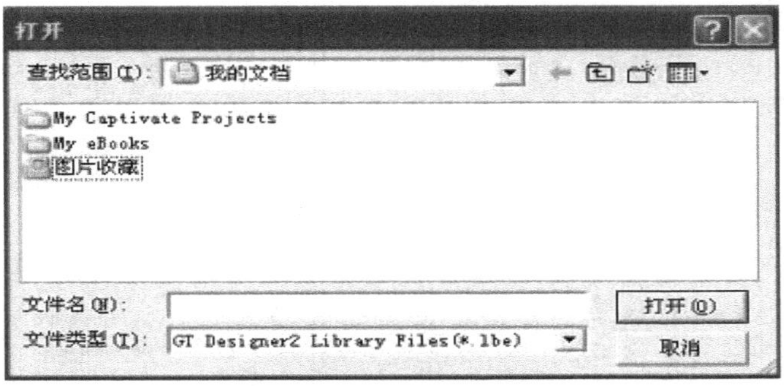

图 2-165　选择导入的文件类型

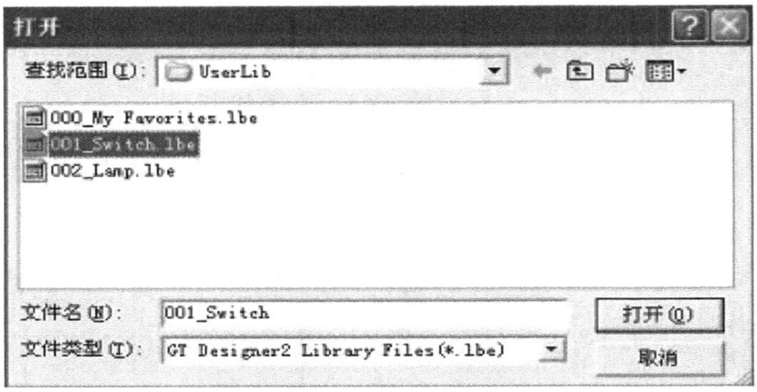

图 2-166　选择导入的文件

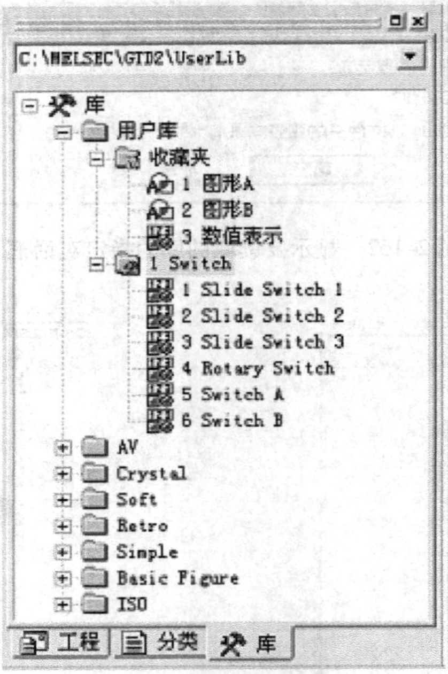

图 2-167　将导入的文件追加到用户库中

第三章 触摸屏的典型应用

第一节 触摸屏控制恒压供水系统

一、恒压供水系统

1. 水泵供水的基本模型与主要参数

（1）基本模型 如图3-1所示为某生活小区供水系统的基本模型，水泵将水池中的水抽出并上扬至所需高度，以便向生活小区供水。

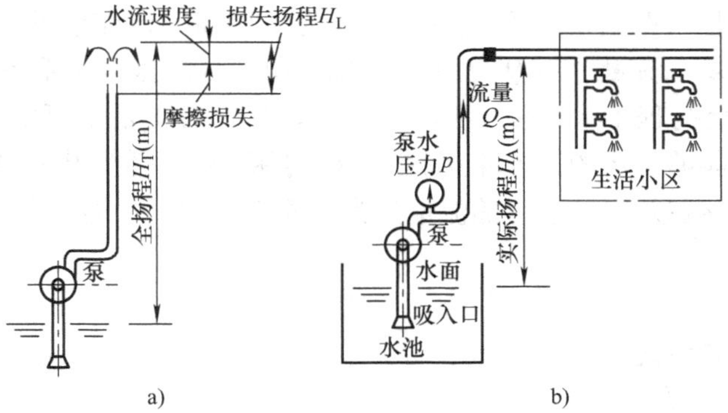

图3-1 供水系统的基本模型

a）全扬程的概念 b）基本模型

（2）供水系统的主要参数

1）流量：流量是泵在单位时间内所抽送水的数量，常用的流量是体积流量，用Q表示，其单位是m^3/h。

2）扬程：是指单位质量的液体通过泵后所获得的能量。扬程主要包括三个方面：提高水位所需的能量，克服水在管路中流动阻力所需的能量，使水流具有一定的流速所需的能量。通常用所抽送水的水柱高度H表示，其单位是m，习惯上常将水从一个位置上扬到另一个位置时水位的变化量（即对应的水位差）来代表扬程。

3）全扬程：全扬程也叫总扬程，是表征水泵泵水能力的物理量，包括把水从水池的水面上扬到最高水位所需的能量，克服管阻所需的能量和保持流速所需的能量，符号是H_T。在数值上等于在没有管阻，也不计流速的情况下，水泵能够上扬水的最大高度。

4）实际扬程：实际扬程是指通过水泵实际提高水位所需的能量，符号是H_A。在不计损失和流速的情况下，其主体部分正比于实际的最高水位与水池水面之间的水位差。

5）损失扬程：全扬程与实际扬程之差，即为损失扬程，符号是 H_L。H_T、H_A、H_L 三者之间的关系是

$$H_T = H_A + H_L \tag{3-1}$$

6）管阻：表示管道系统（包括水管、阀门等）对水流阻力的物理量，符号是 P。其大小在静态时主要取决于管路的结构和所处的位置，而在动态情况下，还与供水流量和用水流量之间的平衡情况有关。

2. 供水系统的特性与工作点

（1）供水系统的特性

1）扬程特性：扬程特性即水泵的特性。在管路中阀门全部打开的情况下，全扬程 H_T 随流量 Q_H 变化的曲线 $H_T = f(Q_H)$，称为扬程特性，如图 3-2 所示，A_1 点是流量较小（等于 Q_1）时的情形，这时全扬程较大的为 H_{T1}，A_2 点是流量较大（等于 Q_2）时的情形，这时全扬程较小为 H_{T2}。这表明用户用水越多（流量越大），管道中的摩擦损失以及保持一定的流速所需的能量也越大，故供水系统的全扬程就越小，流量的大小取决于用户。因此，扬程特性反映了用户的用水需求对全扬程的影响。

2）管阻（路）特性：反映为了维持一定的流量而必须克服管阻所需的能量。它与阀门的开度有关，实际上是表明当阀门开度一定时，为了提高一定流量的水所需要的扬程。因此，这里的流量表示供水流量，用 Q_G 表示，所以管阻特性的函数关系是 $H_T = f(Q_G)$，如图 3-3 所示。显然，当全扬程不大于实际扬程（$H_T < H_A$）时，是不可能供水（$Q_G = 0$）的。因此，实际扬程也是能够供水的“基本扬程”。在实际的供水管路中流量具有连续性，供水流量与用水流量并不存在差别，这里的流量是为了便于说明供水能力和用水需求之间的关系而假设的物理量。

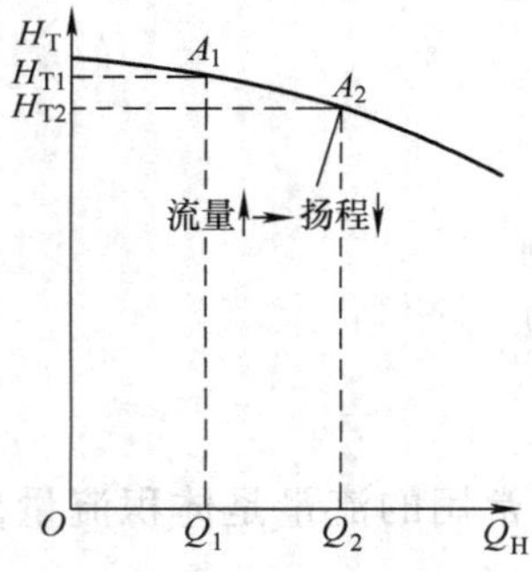

图 3-2　扬程特性

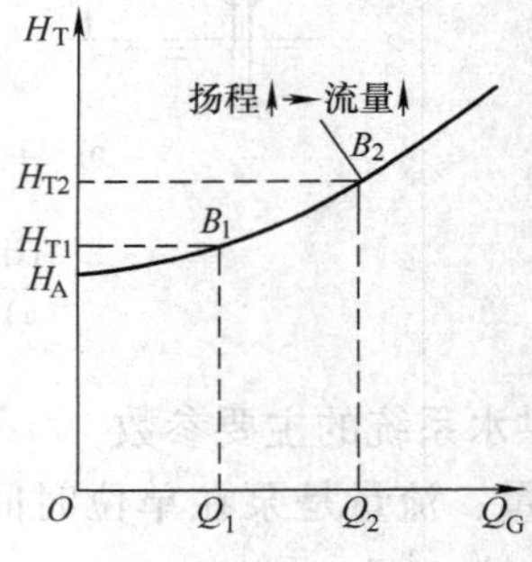

图 3-3　管阻（路）特性

从图 3-3 中可以看出，在供水流量较小（$Q_G = Q_1$）时，所需量程也较小（$H_T = H_{T1}$），如 B_1 点；反之，在供水量较大（$Q_G = Q_2$）时，所需量程也较大（$H_T = H_{T1}$），如 B_2 点。

（2）供水系统的工作点

1）工作点：扬程特性曲线和管阻特性曲线的交点，称为供水系统的工作点，如图 3-4 中的 A 点所示。在这一点，系统既要满足扬程特性曲线①，也要符合管阻特性曲线②，供水系统才处于平衡状态，系统稳定运行。如阀门开度为 100%，转速也为 100%，则系统处于额定状态，这时的工作点成为额定工作点，或称为自然工作点。

2）供水功率：供水系统向用户供水时，电动机所消耗的功率 P_G（kW）称为供水功率，供水功率与流程 Q 和扬程 H_T的乘积成正比。

$$P_G = G_P H_T Q \tag{3-2}$$

式中　G_P——比例常数。

由图 3-5 可以看出，供水系统的额定功率与 $ODAC$ 的面积成正比。

3. 节能原理分析

（1）调节流量的方法　在供水系统中，最根本的控制对象是流量。因此，要研究节能问题必须从如何调节流量入手。最常见的方法有阀门控制法和转速控制法两种。

1）阀门控制法：是指通过改变阀门开度大小来调节流量，即转速保持不变，通常为额定转速。阀门控制法的实质是水泵本身的供水能力不变，通过改变水路中的阻力大小改变供水能力，以适应用户对流量的需求。这时管阻特性将随阀门开度的大小而改变，但扬程特性不变。如图 3-5 所示，设用户所需流量从 Q_A减小到 Q_B，当通过关小阀门来实现时，管阻特性由曲线②变为曲线③，而扬程特性保持曲线①不变，故当供水的工作点由 A 点移至 B 点时，流量减少，但扬程却从 H_{TA}增大到 H_{TB}。由公式（3-2）可知，供水功率 P_G与 $OEBF$ 的面积成正比。

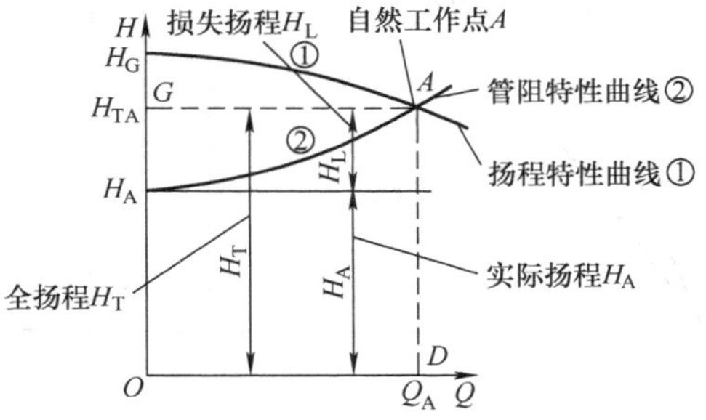

图 3-4　供水系统的工作点

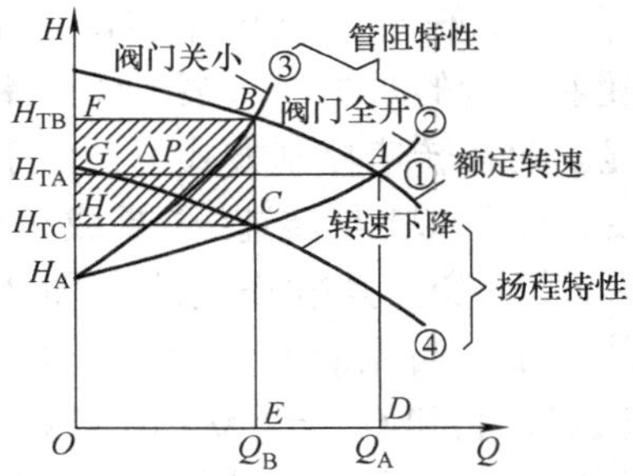

图 3-5　调节流量的方法与比较

2）转速控制法：转速控制法是指通过改变水泵的转速来调节流量，而阀门开度则保持不变（通常为最大开度）。转速控制法的实质是通过改变水泵的全扬程来适应用户对流量的要求。当水泵的转速改变时，扬程特性将随之改变，而管阻特性将不变。仍以用户所需流量 Q_A减为 Q_B为例，当转速下降时，扬程特性下降为曲线④，管阻特性则仍为曲线②，故工作点移至 C 点，可见在流量减小为 Q_B的同时，扬程减小为 H_{TC}，供水功率 P_G与 $OECH$ 的面积成正比。

（2）转速控制法的节能效果

1）供水功率的比较。比较上述两种调节流量的方法，可以看出在所需流量小于额定流量的情况下，转速控制方式所需扬程比阀门控制方式小得多，所以转速控制方式所需的供水功率比阀门控制方式小很多。图 3-5 所示的 $CBFH$ 阴影部分的面积即表示两者供水之差⊿P，也就是转速控制方式节约的供水功率，它与 $CBFH$ 面积成正比，这是采用调速供水系统具有节能效果的最根本原因。

2）从水泵的工作效率看节能效果。

① 工作效率的定义。水泵的供水功率 P_G与轴功率 P_P之比，为水泵的工作效率 η_P，即

$$\eta_P = P_G / P_P \tag{3-3}$$

式中 P_P——水泵的轴功率，是指水泵的输入功率（电动机的输出功率）或是水泵的取用功率；

P_G——水泵的供水功率，是根据实际供水扬程和流量算得的功率，是供水系统的输出功率。

因此，这里所说的水泵工作效率，实际上包含了水泵本身的效率和供水系统的效率。

② 水泵工作效率的近似计算公式。水泵工作效率相对值 η_P^* 的近似计算公式为

$$(\eta_P^* = C_1 (Q^*/n^*) - C_2 (Q^*/n^*)^2 \tag{3-4}$$

式中 η_P^*、Q^*、n^*——效率、流量和转速的相对值（即实际值与额定值之比的百分数）；

C_1、C_2——常数，由制造厂提供。C_1与C_2之间通常遵守的规律为$C_1 - C_2 = 1$。

式（3-4）表明水泵的工作效率主要取决于流量与转速之比。

③ 不同控制方式下的工作效率。由式（3-4）可知，当通过关小阀门来减少流量时，由于转速不变，$n^* = 1$，比值 $Q^*/n^* = Q^*$，其效率曲线如图3-6中的曲线①所示。当流量 $Q^* = 60\%$ 时，其效率将降至 B 点。可见，随着流量的减少，水泵工作效率降低十分明显。而在转速控制方式下，由于阀门开度不变，流量 Q^* 与转速 n^* 是成正比的，比值 Q^*/n^* 不变。其效率曲线如图3-6中的曲线②所示。当流量 $Q^* = 60\%$ 时，效率由 C 点决定，它和 $Q^* = 100\%$ 时的效率（A 点）是相等的。就是说，采用转速控制方式时，水泵的工作效率总是处于最佳状态。所以，转速控制方式与阀门控制方式相比，水泵的工作效率要大得多，这是采用变频调速供水系统具有节能效果的第二个原因。

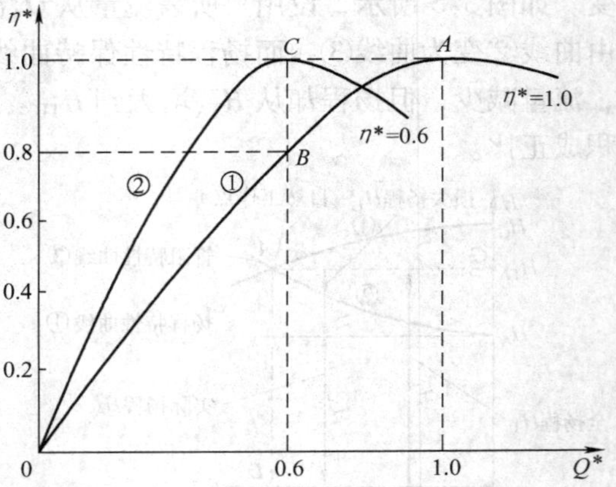

图3-6 水泵的效率曲线

3）从电动机的效率看节能效果。水泵厂在生产水泵时，由于对用户的管路情况无法预测，管阻特性难以准确计算，必须采用对用户的需求留有足够的余量等原因，在决定额定扬程和额定流量时，通常余量也较大，所以在实际运行过程中，即使在用水的高峰期，电动机也常常并不处于满载状态，其功率因数和效率都比较低。

采用了转速控制方式以后，可将排水阀完全打开而适当降低转速，由于电动机在低频运行时，变频器的输出电压也将降低，从而提高电动机的工作效率，所以这是变频调速供水系统具有节能效果的第三个原因。

综合起来，水泵的轴功率与流量间的关系，如图3-7所示，曲线①是调节阀门开度时的功率曲线，当流量 $Q^* = 60\%$ 时，所消耗的功率由 C 点决定。由图3-7可知，与调节阀门开度相比，调节转速时所节约的功率 $\triangle P$ 是相当可观的。

4. 二次方根负载实现调速后如何获得最佳节能效果

如图3-8a所示，曲线1是电动机在 U/f 控制方式下转矩补偿为0（电压调节比 K_u = 频率调节比 K_f）时的有效转矩线，与图3-8b中的曲线1对应。当转速为 n_x 时，由曲线0可

知，负载转矩为 T_{Lx}，由图 3-8a 曲线 1 可知，电动机的有效转矩为 T_{MX}。

很明显，即使转矩补偿为 0，在低频运行时，电动机的转矩与负载转矩相比，仍有较大的余量，这说明该拖动系统还有相当大的节能余量。

为此变频器设置了若干低频 U/f（$K_u<K_f$），如图 3-8b 曲线 01 和曲线 02 所示，与此对应的有效转矩线如图 3-8a 中曲线 01 和曲线 02 所示。但在选择低 U/f（$K_u<K_f$）线时，有时也会产生难启动的问题，如图 3-8a 所示，曲线 01 和曲线 02 相交于 S 点，在 S 点以下，拖动系统显然不能启动，可采取以下对策：

1）U/f 选用图 3-8b 的曲线 01。

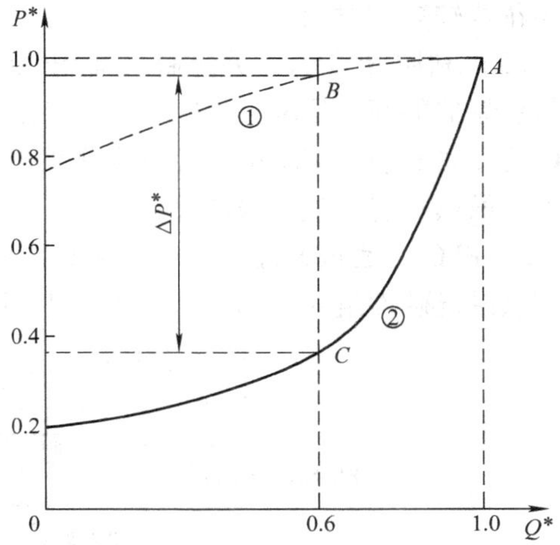

图 3-7　水泵的轴功率曲线

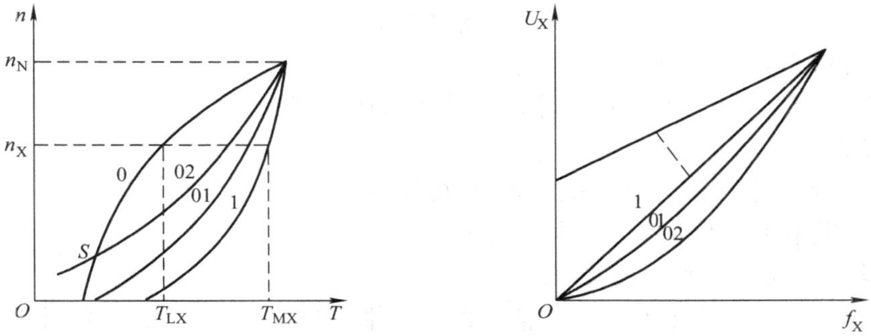

a)　　b)

图 3-8　电动机的有效转矩与低频 U/f 曲线

a）有效转矩与二次方律负载　b）低频 U/f 曲线

2）适当加大启动频率，以避免死点区域。

应当注意的是，几乎所有变频器在出厂时都将 U/f 线设定在具有一定补偿量的情况下（$U/f>1$）。如果用户未经功能预置，直接接上水泵或风机运行，节能效果不明显。特殊情况下，甚至会出现低频运行时因励磁电流过大而跳闸的现象。

二、PLC 与变频器的通信连接

通常 PLC 可以通过以下三种途径来控制变频器：利用 PLC 的模拟量输出模块控制变频器，PLC 通过通信接口控制变频器，利用 PLC 的开关量输入/输出模块控制变频器。

1. PLC 的三种连接方法

（1）利用 PLC 的模拟量输出模块控制变频器　PLC 的模拟量输出模块输出 0～5V 电压或 4～20mA 电流，将其送给变频器的模拟电压或电流输入端，控制变频器的输出频率。这种控制方式的硬件接线简单，但是可编程序控制器的模拟量输出模块价格相当高，有的用户难以接受。

（2）PLC 通过 485 通信接口控制变频器　这种控制方式的硬线接线简单，但需要增加通信用的接口模块，这种模块的价格相对较高，熟悉通信模块的使用方法和设计通信程序可能要花费较多的时间。

（3）利用 PLC 的开关量输入/输出模块控制变频器 PLC 的开关量输入/输出端一般可以与变频器的开关量输入/输出端直接相连。这种控制方式的接线很简单，抗干扰能力强，PLC 的开关量输出模块可以控制变频器的正反转、转速和加减速时间，能实现较复杂的控制要求。虽然只能实现有级调速，但对于大多数系统，这已足够了。

2．PLC 通过 485 通信接口控制变频器

该系统硬件组成如图 3-9 所示，主要由以下组件构成：

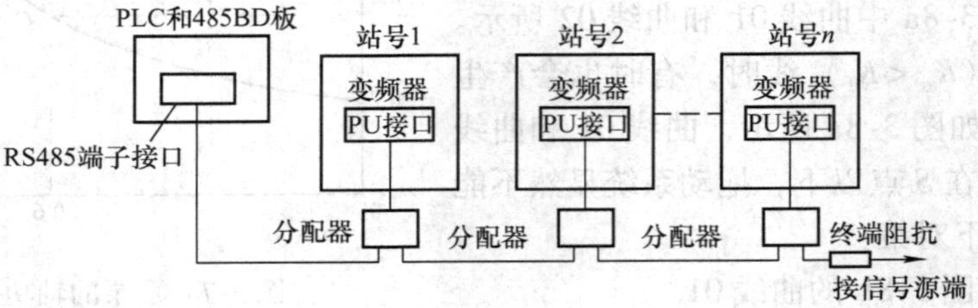

图 3-9 系统硬件组成

1）系统所用 PLC，如 FX2N 系列。

2）FX2N－485－BD 为 FX2N 系列 PLC 的通信适配器，主要用于 PLC 与变频器之间数据的发送和接收。

3）SC09 电缆用于 PLC 与计算机之间的数据传送。

4）通信电缆采用五芯电缆，可自行制作。

3．PLC 与 485 通信接口的连接方式

变频器端的 PU 接口用于 RS485 通信时的接口端子排定义，如图 3-10 所示。五芯电缆线的一端接变频器 FX2N－485BD，另一端用专用接口压接五芯电缆接变频器的 PU 接口，如图 3-11 所示。

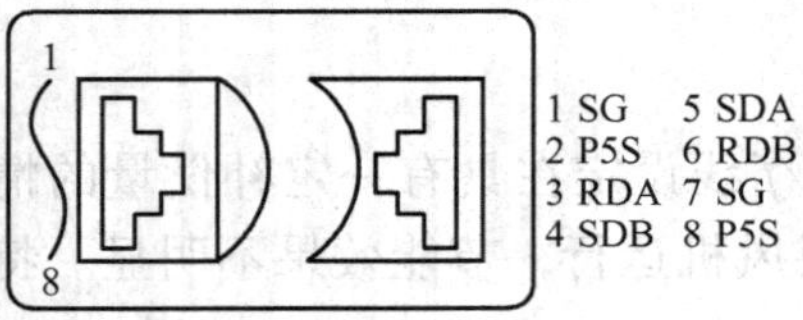

图 3-10 变频器接口端子排定义

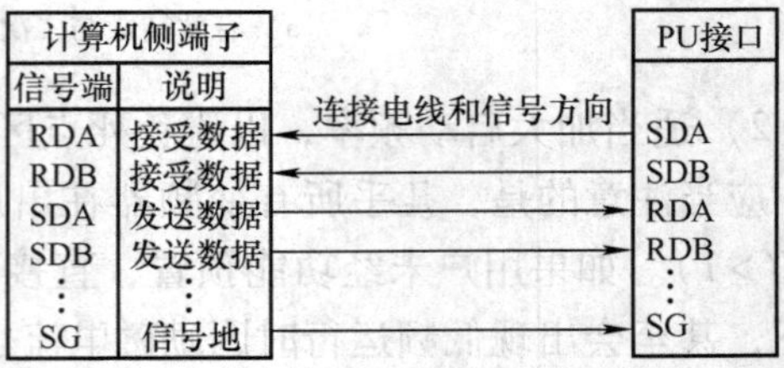

图 3-11 PLC 与变频器的通信连接示意图

4．PLC 和变频器之间的 RS485 通信协议和数据传送形式

（1）PLC 和变频器之间的 RS485 通信协议 PLC 和变频器进行通信，通信规格必须在变频器的初始化设定，如果没有进行设定或有一个错误的定位，数据将不能进行通信；且每次参数设定后，需复位变频器，确保参数的设定生效。设定好参数后将按图 3-12 所示的协议进行数据通信。

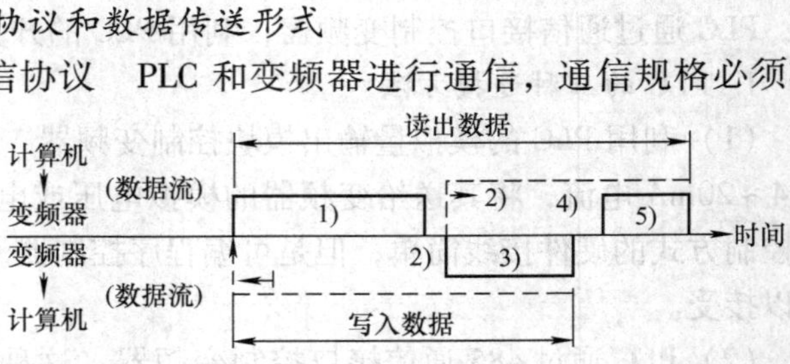

图 3-12 RS485 通信协议

（2）数据传送形式

1）从 PLC 到变频器的通信请求数据。

2）数据写入时从变频器到 PLC 的应答数据。

3）读出数据时从变频器到 PLC 的应答数据。

4）读出数据时从 PLC 到变频器的发送数据。

三、程序设计

本设计是利用 PLC 控制交流接触器组来实现变频—工频的切换。恒压供水系统为闭环控制系统，其工作原理为：供水的压力通过传感器采集给系统，再通过变频器的 A/D 转换模块将模拟量转换成数字量，同时，变频器的 A/D 将压力设定值转换成数字量，两个数据同时经过 PID 控制模块进行比较，PID 根据变频器的参数设置，进行数据处理，并将数据处理的结果以运行频率的形式控制输出。PID 控制模块具有比较和差分的功能，供水的压力低于设定压力，变频器就会将运行频率升高，相反则降低，并且可以根据压力变化的快慢进行差分调节。如果压力在上升接近设定值的过程中，上升速度过快，PID 运算也会自动减少执行量，从而稳定压力，如图 3-13 所示。供水压力经 PID 调节后的输出量，通过交流接触器组进行切换控制水泵的电动机。当水网中的用水量增大时，会出现“变频泵”效率不够的情况，这时就需要其他的水泵以工频的形式参与供水，交流接触器组就负责水泵的切换工作，由 PLC 控制各个接触器，是工频供电或者是变频供电，按需要选择水泵的运行情况。

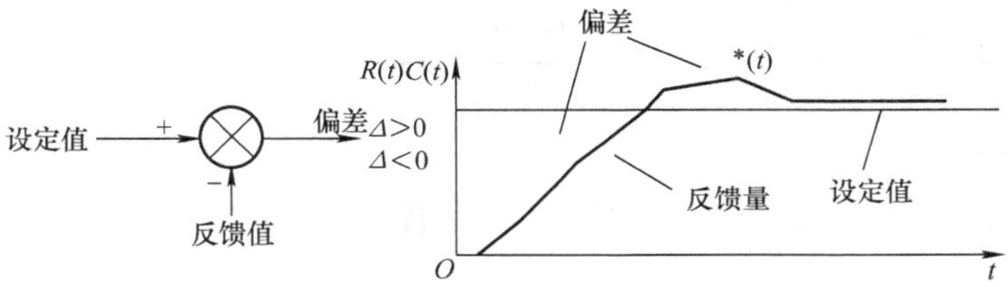

图 3-13　PID 控制原理

1. 变频器的 PID 设定

在 PID 控制下，使用一个标准输出信号为 4 ~ 20mA，量程范围为 0 ~ 0. 5MPa 的传感器作为反馈信号与变频器的给定信号进行比较来调节水泵的供水压力，设定值通过变频器的 2 和 5 端子（0 ~ 5V）给定。变频器的 PID 参数设置流程图如图 3-14 所示。

如需要校准时，用 Pr. 902 ~ Pr. 905 校准传感器的输出。在变频器停止时，在 PU 模式下输入设定值，见表 3-1。

2. PLC 控制

PLC 在这个项目中的作用是控制交流接触器组进行工频—变频的切换和水泵工作数量的调整。由操作步骤中主电路的接线可以看出，交流接触器组中的 KM0 与 KM1 分别控制 1#水泵的变频运行和工频运行，而 KM2 和 KM3 则控制 2#水泵的变频与工频，KM4 与 KM5 控制 3#的变频起动，考虑到操作的安全，没有把 3#水泵的工频运行连接，即没有实现三台水泵同时工频运行。读者可结合实际生产工艺使用的要求，实行三台泵的全工频运行。本项目的运行要求如下：

系统启动时，KM0 闭合，1#水泵以变频方式运行。

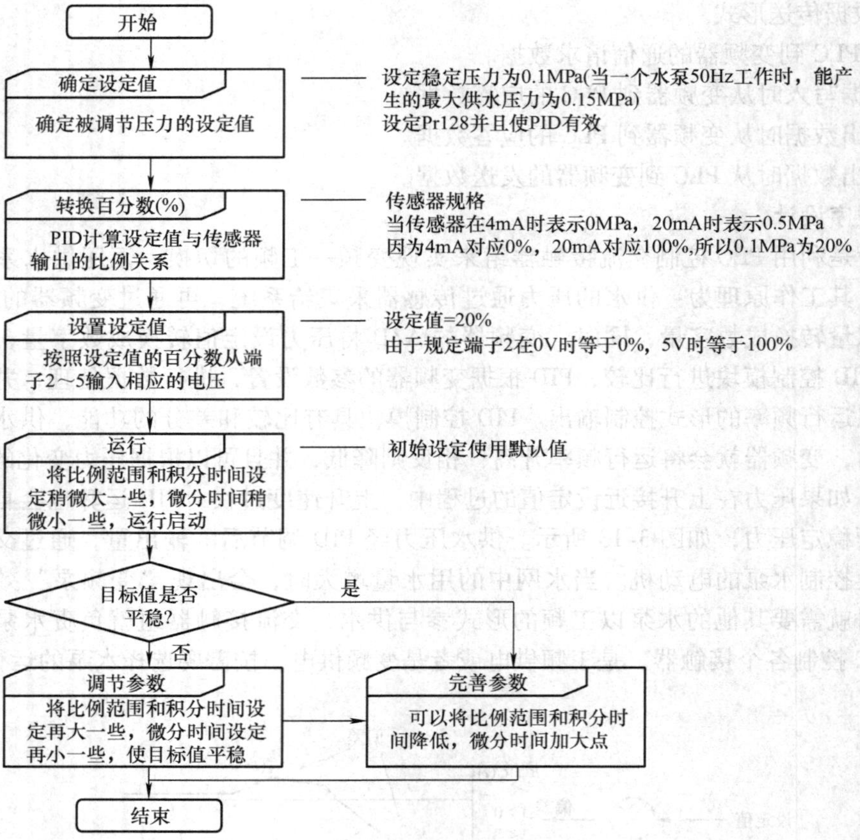

图 3-14　变频器的 PID 参数设置流程图

表 3-1　模拟输入电压、电流、频率的校准参数设定

参数号	功能	设定值	
Pr. 902	设定端子 2 的设定偏置频率	0V	0Hz
Pr. 903	设定端子 2 的频率设定增益	5V	100%
Pr. 904	设定端子 4 的设定偏置频率	4mA	0Hz
Pr. 905	设定端子 4 的频率设定增益	20mA	100%

当变频器的运行频率超出设定值时输出一个上限信号，PLC 通过这个上限信号将 1#水泵由变频运行转为工频运行，KM0 断开 KM1 吸合，同时 KM2 吸合变频起动 2#水泵。

如果再次接收到变频器上限输出信号，则 KM2 断开 KM3 吸合，2#水泵由变频转为工频，同时 KM4 闭合 3#水泵变频运行。如果变频器频率偏低，即压力过高，输出的下限信号使 PLC 关闭 KM4、KM3，开启 KM2，2#水泵变频器启动。

再次收到下限信号就关闭 KM2、KM1，吸合 KM0，只剩 1#水泵变频器工作。

由控制要求可画出本项目 PLC 程序流程图，如图 3-15 所示。

3. 主电路和控制电路的连线及 PLC 程序的编写

根据系统结构进行主电路和控制电路的连线及 PLC 程序的编写

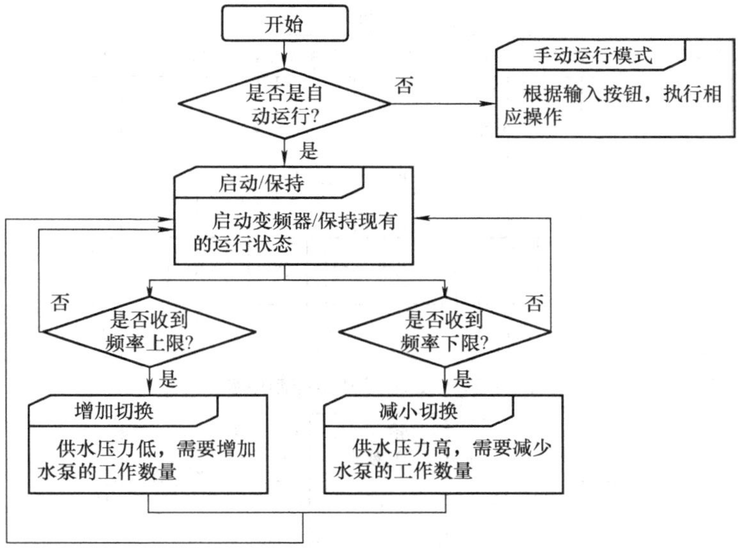

图 3-15　PLC 程序流程图

1）主电路连接如图 3-16 所示。

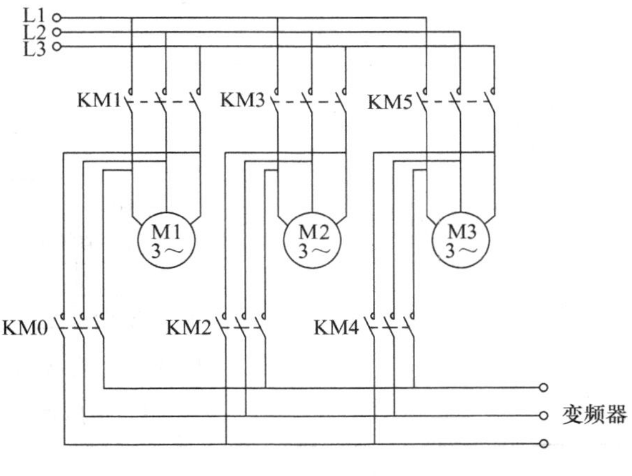

图 3-16　主电路连接

2）交流接触器及 PLC 控制电路部分连接图如图3-17所示。即 Y21 ~ Y26 分别控制接触器 KM0 ~ KM5，KM0 与 KM1、KM2 与 KM3、KM4 与 KM5 之间分别互锁，防止它们同时闭合使变频器输出端接入电源输入端。

3）变频器控制电路连接图如图 3-18 所示，变频器启动运行靠 PLC 的 Y0 控制，频率检测上/下限信号分别通过变频器的输出端子功能 FU、OL 输出至 PLC 的 X4、X5 输入端。PLC 的 X3 输入端为手/自动切换信号输入，变频器 RT 输入端为手/自动切换调整时，PID 控制是否有效，由 PLC 的输出端 Y1 供给信号。故障报警输出连接 PLC 的 X2 与 COM 端，当系统故障发生时，输出触点信号给 PLC，由 PLC 立即控制 Y0 断开，停止输出。PLC 输入端 SB1 为启动按钮，SB2 为停止按钮，SA1 为手/自动切换，由 SA2 ~ SA7 手动控制变频工频的启动和切换。在自动控制时由压力传感器发出的信号（4 ~ 20mA）和被控制信号（给定信号，变频器 2 端也可用 0 ~ 10V 信号发生器供给）进行比较，通过 PID 调节输出一个频率可变的信号以改变供水量的大小，从而改变了压力的高低，实现了恒压供水控制。

4）结合项目内容列出恒压供水 PLC 控制的 I/O 分配表、接线、状态流程图和参考程序。I/O 分配见表 3-2，控制接线如图 3-19 所示，状态流程图如图 3-20 所示，参考程序梯形图如图 3-21 所示。

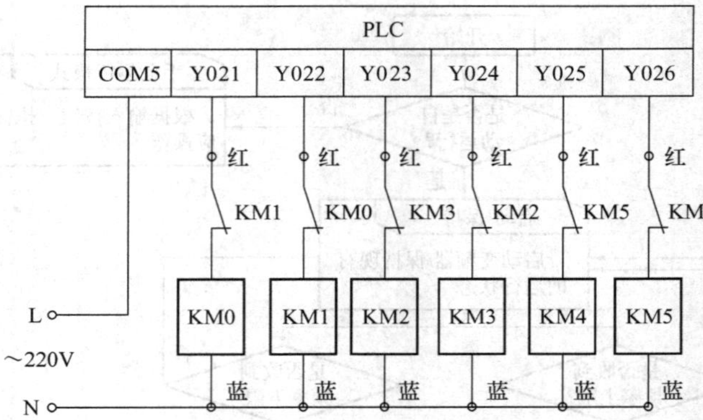

图 3-17　交流接触器控制电路

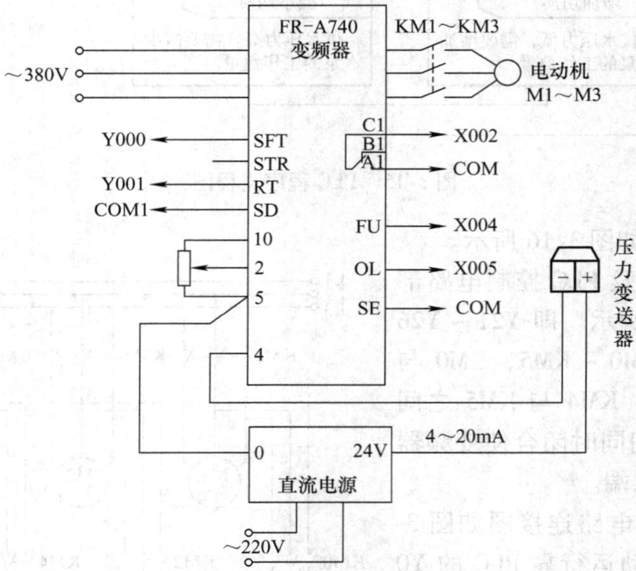

图 3-18　变频器控制电路

表 3-2　恒压供水 I/O 分配

输入信号			输出信号		
名称	代号	输入点编号	名称	代号	输出点编号
启动按钮	SB1	X001	变频运行正转	STF	Y000
停止按钮	SB2	X002	PID 控制有效端	RT	Y001
手/自动切换	SA1	X003	上限指示灯信号	HL1	Y004
上限检测信号	FU	X004	下限指示灯信号	HL2	Y005
下限检测信号	OL	X005	电动机 1 变频控制接触器	KM0	Y021
电动机 1 变频运行（手动）	SA2	X006	电动机 1 工频控制接触器	KM1	Y022
电动机 1 工频运行（手动）	SA3	X007	电动机 2 变频控制接触器	KM2	Y023
电动机 2 变频运行（手动）	SA4	X010	电动机 2 工频控制接触器	KM3	Y024
电动机 2 工频运行（手动）	SA5	X011	电动机 3 变频控制接触器	KM4	Y025
电动机 3 变频运行（手动）	SA6	X012	电动机 3 工频控制接触器	KM5	Y026
电动机 3 工频运行（手动）	SA7	X013			

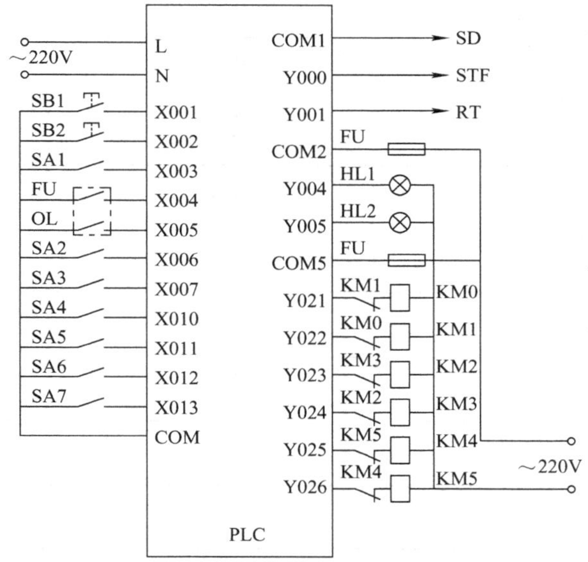

图 3-19　PLC 控制接线

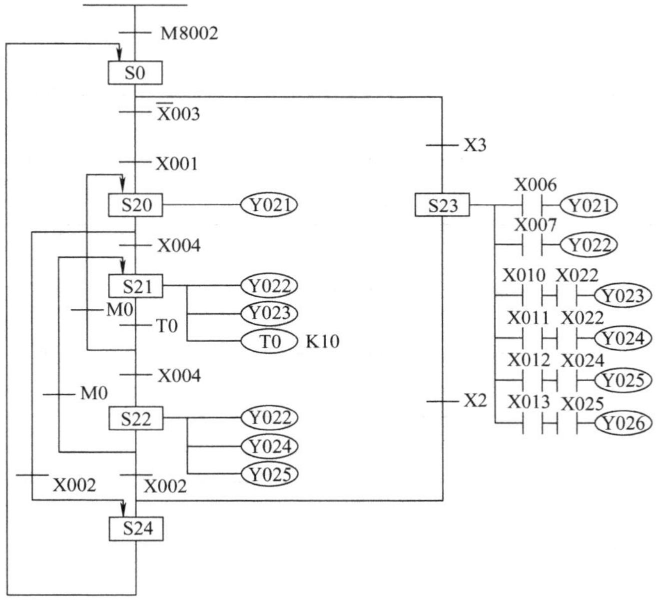

图 3-20　PLC 控制状态流程图

4. 根据系统控制要求进行变频器参数设置

（1）参数设置　按表 3-3 设定相关参数。

（2）部分参数含义详解

1）Pr. 42：此参数为设定输出频率的动作（检测）值。当输出频率超过设定的动作值时，由端子 OL 输出 ON 信号。此参数的设定与 Pr. 193 相对应，为下限标志频率，设定范围为 0 ~ 400Hz。

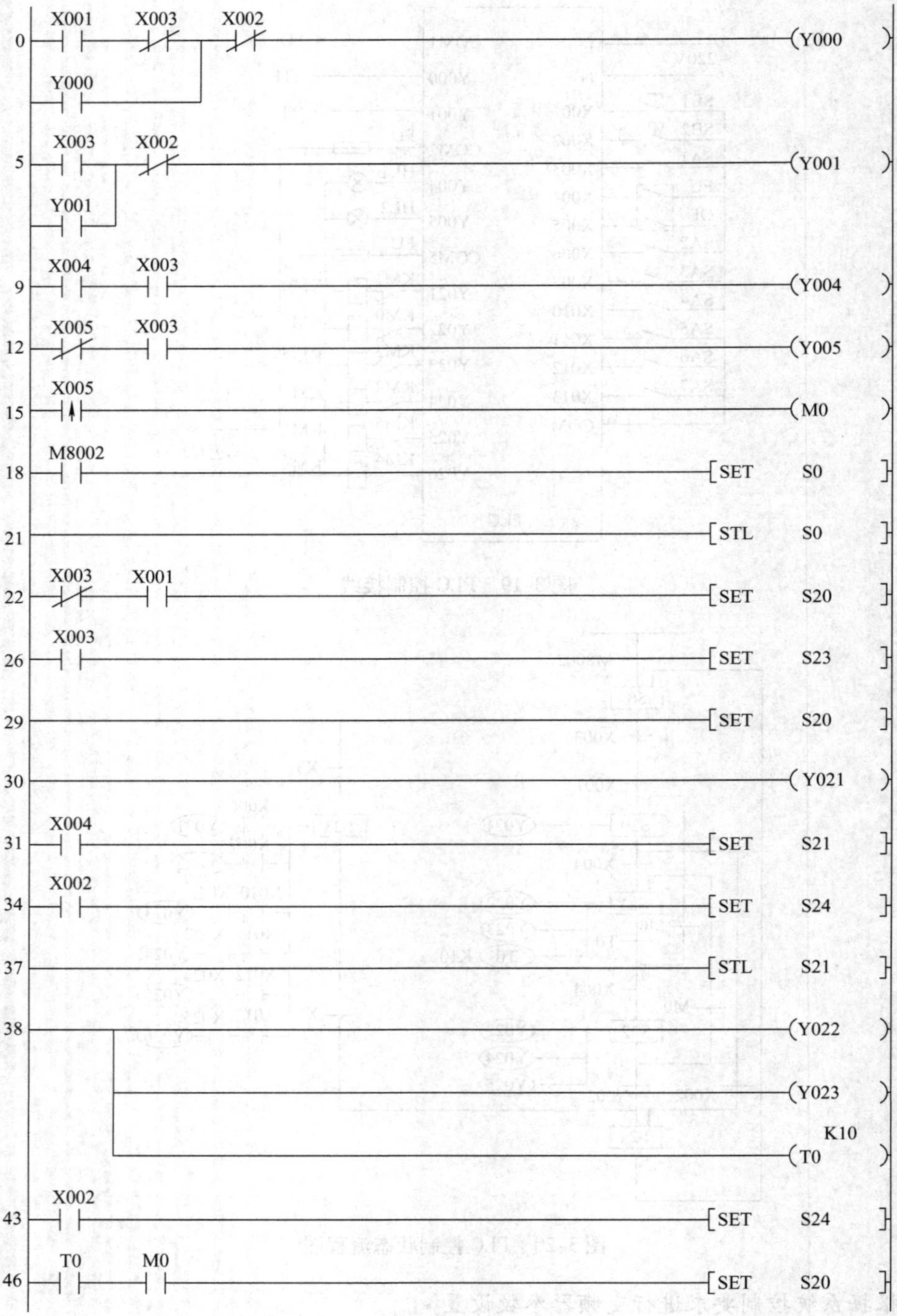

图 3-21 恒压供水 PLC 控制参考程序梯形图

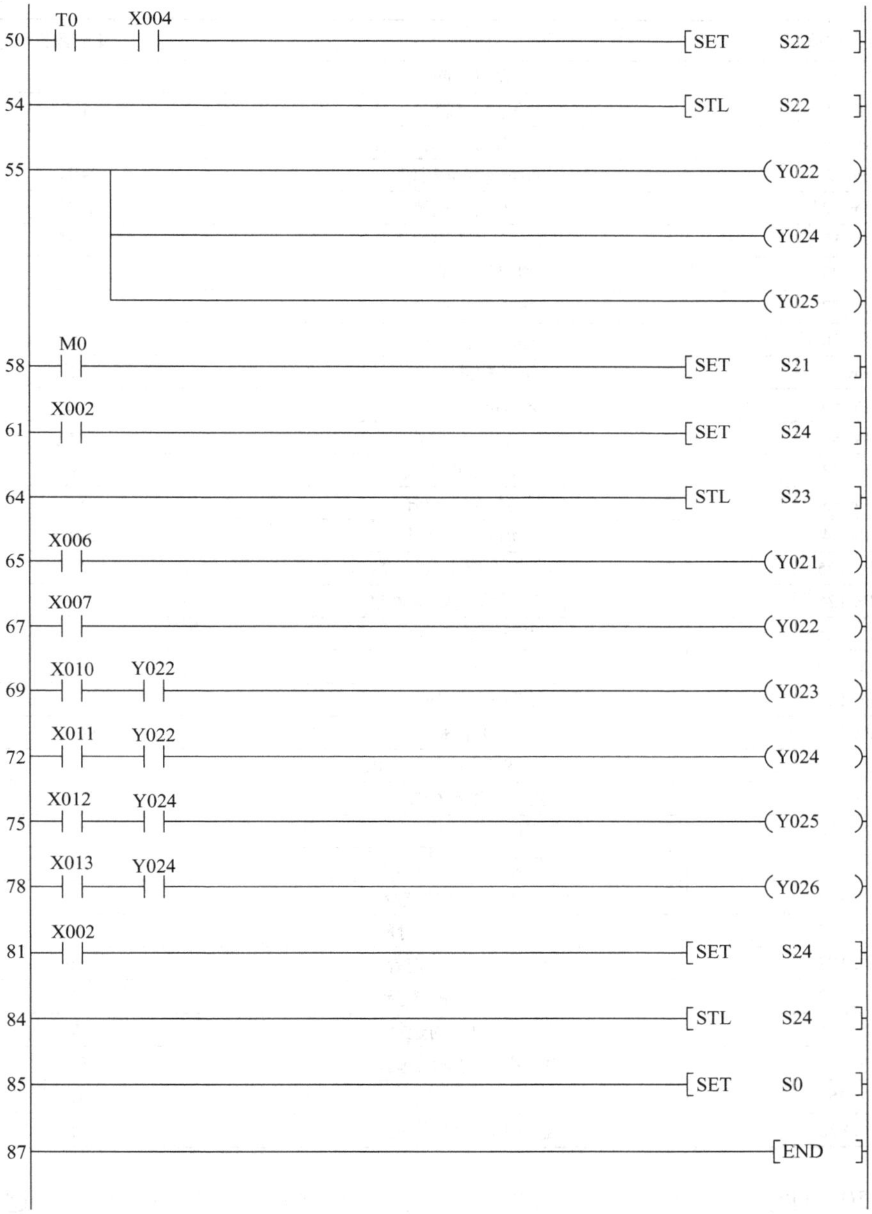

图 3-21　恒压供水 PLC 控制参考程序梯形图（续）

表 3-3　恒压供水控制参数设定

参数代码	功能	设定数据
Pr. 1	上限频率	50Hz
Pr. 2	下限频率	0Hz
Pr. 3	基准频率	50Hz
Pr. 7	加速时间	3s

（续）

参数代码	功能	设定数据
Pr. 8	减速时间	3s
Pr. 9	电子过电流保护	14.3A
Pr. 14	适用负荷选择	0
Pr. 20	加减速基准频率	50Hz
Pr. 42	输出频率检测	10Hz
Pr. 50	第 2 输出频率检测	50Hz
Pr. 73	模拟量输入的选择	1
Pr. 77	参数写入选择	0
Pr. 78	逆转防止选择	1
Pr. 79	运行模式选择	2
Pr. 80	电动机（功率）	7.5kW
Pr. 81	电动机（极数）	2 极
Pr. 82	电动机励磁电流	13A
Pr. 83	电动机额定电压	380V
Pr. 84	电动机额定频率	50Hz
Pr. 125	端子 2 设定增益频率	50Hz
Pr. 126	端子 4 的设定增益频率	50Hz
Pr. 128	PID 动作选择	20
Pr. 129	PID 比例带	100%
Pr. 130	PID 积分时间	10s
Pr. 131	PID 上限	96%
Pr. 132	PID 下限	10%
Pr. 133	PID 动作目标值	20%
Pr. 134	PID 微分时间	2s
Pr. 178	STF 端子功能的选择	60
Pr. 179	STR 端子功能的选择	61
Pr. 183	RT 端子功能的选择	14
Pr. 192	IPF 端子功能的选择	16
Pr. 193	OL 端子功能的选择	4
Pr. 194	FU 端子功能的选择	5
Pr. 195	ABC1 端子功能的选择	99
Pr. 267	端子 4 的输入选择	0
Pr. 858	端子 4 的功能分配	0

2）Pr. 50：此参数为设定第 2 输出频率的动作（检测）值。当输出频率超过设定的动作值时，由端子 FU 输出 ON 信号。此参数的设定与 Pr. 194 相对应，为上限标志频率，设定范围为 0 ~ 400Hz。

3）Pr. 193：此参数为 OL 端子功能的选择，本变频器设定次值为 4，是输出频率检测功能。当检测到设定的频率值时，输出为低电平；未检测到设定值时，输出为高电平，相当于触点的接通和断开。有时 OL 也常作为过负荷报警的输出监测。设定范围为 0 ~ 8，10 ~ 20，25 ~ 28，30 ~ 36，39，41 ~ 47，64，70，84，85，90 ~ 99，100 ~ 108，110 ~ 116，120，125 ~ 128，130 ~ 136，139，141 ~ 147，164，170，184，185，190 ~ 199，9999。

4）Pr. 194：此参数为 FU 端子功能的选择，本变频器设定次值为 5，是第二输出频率检测功能。当检测到设定频率值时，输出为低电平，未检测到设定频率值时，输出为高电平，相当于触点的接通和断开。有时 FU 也常作为其他功能的输出监测。设定范围为 0～8，10～20，25～28，30～36，39，41～47，64，70，84，85，90～99，100～108，110～116，120，125～128，130～136，139，141～147，164，170，184，185，190～199，9999。

5）Pr. 195：此参数为 ABC1 继电器输出端子功能的选择，本变频器设定值为 99，作为变频器报警，异常输出时使用。当变频器因保护功能动作时，输出停止的转换接点。故障时：B－C 间不导通（A－C 间导通）；正常时：B－C 间导通（A－C 间不导通）。ABC1 也可作为其他功能的输出监测。设定范围为 0～8，10～20，25～28，30～36，39，41～47，64，70，84，85，90，91，94～99，100～108，110～116，120，125～128，130～136，139，141～147，164，170，184，185，190，191，194～199，9999。

四、监控设计

（1）触摸屏的接线　触摸屏与计算机及 PLC 的接线如图 3-22 所示。

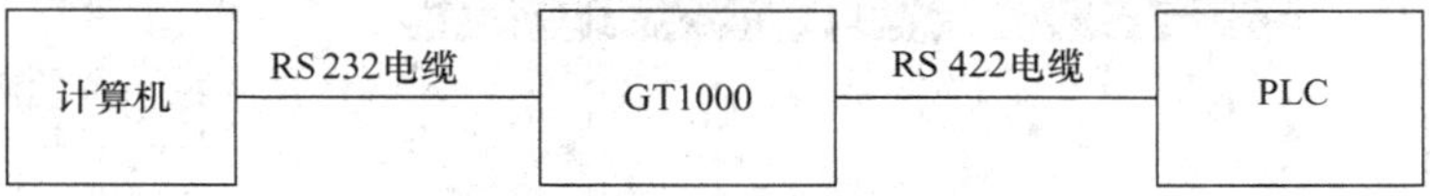

图 3-22　触摸屏与计算机及 PLC 的接线

（2）触摸屏应用程序设计　在触摸屏应用程序设计中，同样要完成系统的建立及画面的制作等内容。

1）新建触摸屏系统文件。新建一触摸屏编辑文件，所用触摸屏为三菱 GT1000 触摸屏，所用 PLC 为三菱 FX 系列。

2）制作触摸屏画面。其具体步骤如下：

① 打开 GT Desginer2 软件，设定机器连接属性及其连接驱动，如图 3-23 所示。

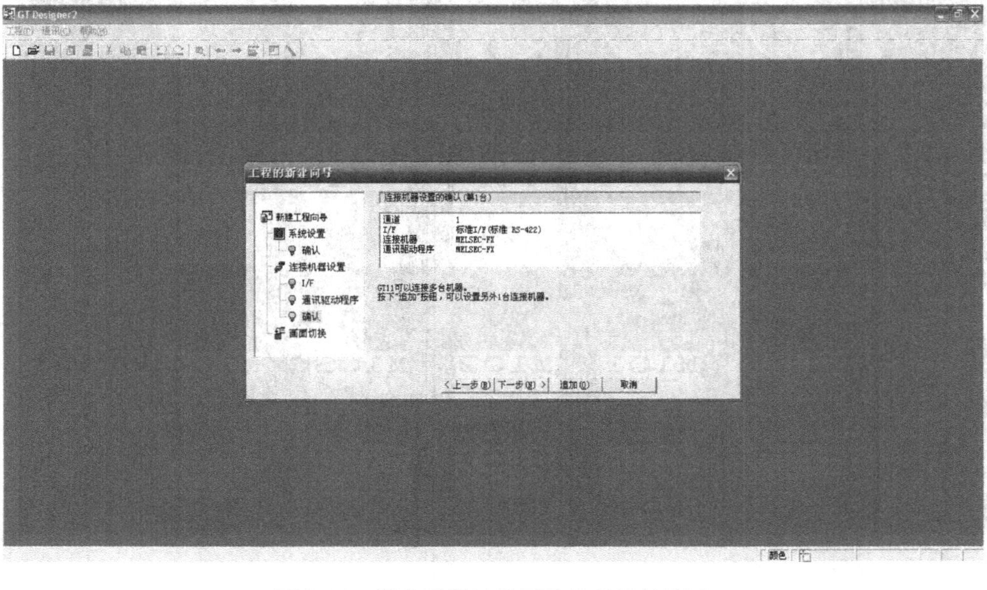

图 3-23　设定机器连接属性及其连接驱动

② 设定完成后进入主编辑区编辑制作系统界面，如图 3-24 所示。

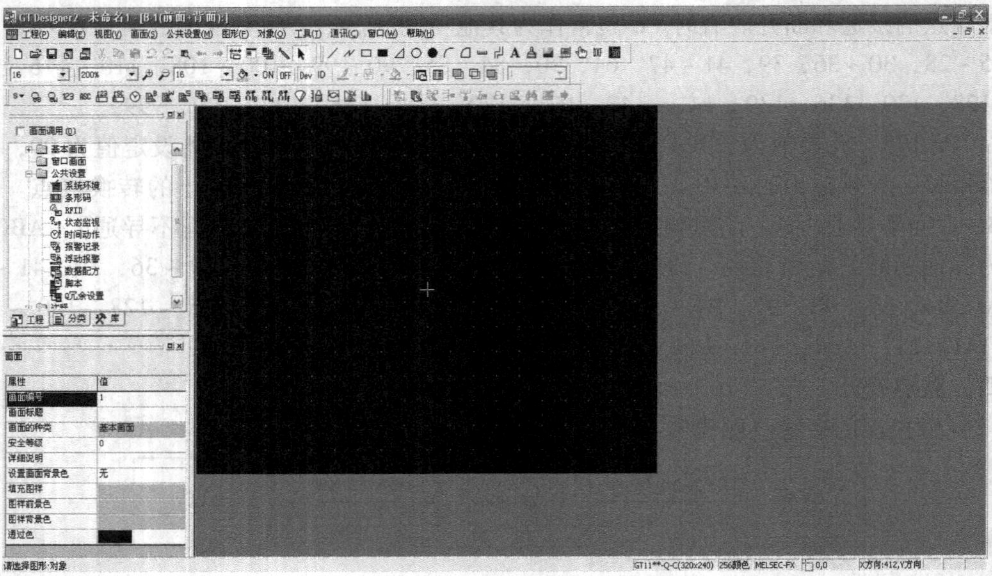

图 3-24　设定完成后进入主编辑区编辑制作系统界面

③ 系统中设置两个界面，分别为手动界面和自动界面，如图 3-25 所示。

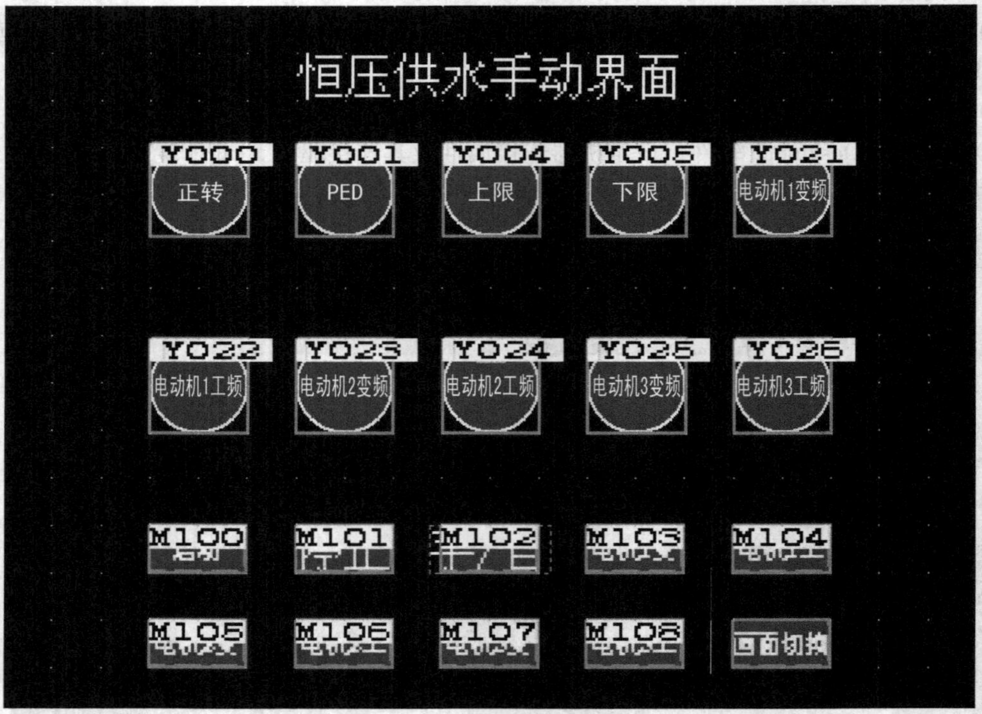

a)

图 3-25　手动界面和自动界面设定

a）手动界面

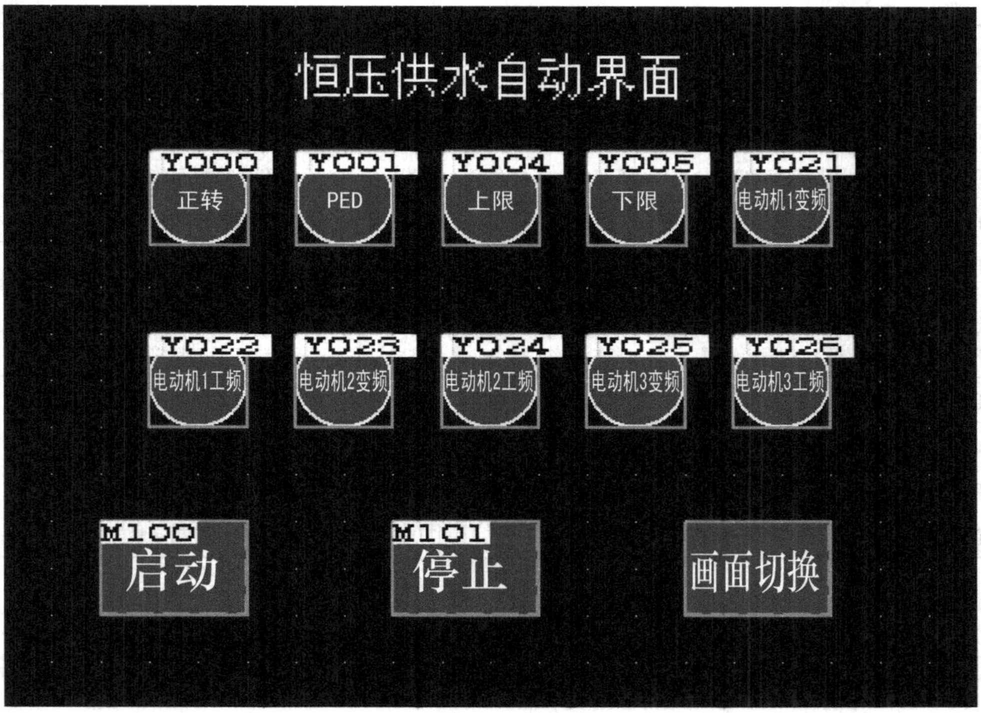

b)

图 3-25　手动界面和自动界面设定（续）

b）自动界面

3）设置各按键与 PLC 中软元件的对应关系。在上述界面完成后，除切换按键以外的所有对象均通过属性的修改与 PLC 软元件建立对应关系，见表 3-4。

表 3-4　各对象的属性

对象	名称	颜色		对应软元件	文本内容	其他
		OFF	ON			
开关	启动	绿色	红色	M100	启动	点动
开关	停止	绿色	红色	M101	停止	点动
开关	手动/自动	绿色	红色	M102	手动/自动	点动
开关	电动机 1 变频（手动）	绿色	红色	M103	电动机 1	点动
开关	电动机 1 工频（手动）	绿色	红色	M104	电动机 1	点动
开关	电动机 2 变频（手动）	绿色	红色	M105	电动机 2	点动
开关	电动机 2 工频（手动）	绿色	红色	M106	电动机 2	点动
开关	电动机 3 变频（手动）	绿色	红色	M107	电动机 3	点动
开关	电动机 3 工频（手动）	绿色	红色	M108	电动机 3	点动
开关	画面切换	绿色				

（续）

对象	名称	颜色		对应软元件	文本内容	其他
		OFF	ON			
指示灯	变频运行正转	红色	绿色	Y000	变频运行正转	
指示灯	PID 控制有效端	红色	绿色	Y001	PID 控制有效端	
指示灯	上限指示灯信号	红色	绿色	Y004	上限指示灯信号	
指示灯	下限指示灯信号	红色	绿色	Y005	下限指示灯信号	
指示灯	电动机 1 变频接触器	红色	绿色	Y021	电动机 1 变频接触器	
指示灯	电动机 1 工频接触器	红色	绿色	Y022	电动机 1 工频接触器	
指示灯	电动机 2 变频接触器	红色	绿色	Y023	电动机 2 变频接触器	
指示灯	电动机 2 工频接触器			Y024	电动机 2 工频接触器	
指示灯	电动机 3 变频接触器			Y025	电动机 3 变频接触器	
指示灯	电动机 3 工频接触器			Y026	电动机 3 工频接触器	

第二节　触摸屏物料传送分拣控制系统

自动化生产控制的自动分拣控制系统和传送控制系统能对已加工的工件进行分拣和传输，该系统可由传送带与机械手配合组成物料自动分拣控制系统。

自动分拣控制系统是工业自动控制及现代物流系统的重要组成部分，实现物料同时进行多口多层连续的分拣。自动化、信息化以及方便的系统集成是目前物流行业控制系统发展的趋势。

自动分拣控制系统的电气控制部分由上位计算机、传感器、光电控制器、变频器、电动机及继电器控制部分等构成。

一、自动分拣系统的主要特点

1）能连续、大批量地分拣货物。由于采用流水线自动作业方式，自动分拣系统不受气候、时间、人的体力等限制，可以连续运行，同时由于自动分拣系统单位时间内分拣件数多，比人工高几十倍，或者更高，且大大提高了劳动效率，减小了劳动强度。

2）分拣误差率极低。自动分拣系统的分拣误差靠光电传感器和接近开关控制，减少了分拣的误差。

3）能最大限度地减少人员的使用。分拣作业本身并不需要使用人员，人员的使用仅局限于系统出现故障和手动调试时。

4）运输传送带与变频器配合可选择最合适的输送速度。

以下是一个简单的物料传送及分拣系统，由传送系统和分拣系统组成。传送系统由机械手完成工件的抓取和转移；分拣系统由传送带输送并对不同要求的工件进行区别、分类和拣出。此系统结合传感器和位置控制等技术，并运用梯形图编程，实现对铝块及白色、蓝色两种塑料块共三种材料的自动分拣，该系统的通用性极强、可靠性好、程序开发简单，可符合材料分拣生产线的需求。其系统结构如图 3-26 所示。

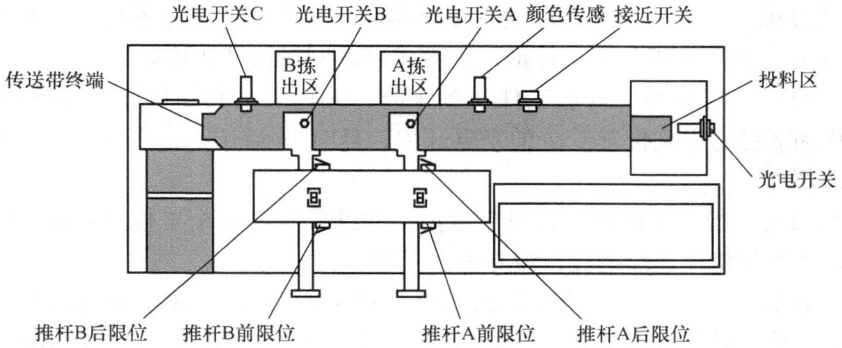

图 3-26　物料分拣系统结构

二、控制要求

根据图 3-26 物料分拣控制系统进行物料分拣控制，控制要求如下：

1. 机械手传送系统要求

机械手传送系统由三台直流电动机拖动。通过三台电动机的正、反转切换来控制机械臂的上下、左右及水平旋转运动，且均为恒压、恒速控制。机械手通过电磁铁的通、断电来完成对工件的吸取和释放动作。

具体要求如下：

（1）初始状态　机械手电磁铁处于放置工件位置（料盘）上方，机械臂位于上限、左限（伸出）位置。整个系统启动时，机械手应优先检测初始状态，并保证处于初始位置。

（2）抓取转移工件　当有符合要求的工件到达传送带左端时，机械手开始工作。从初始位置逆时针旋转到被抓工件上方→下降至下限位→吸取工件→停留 1s→上升至上限位→顺时针旋转至机械手料盘正上方→下降至下限位→释放工件→停留 1s→返回初始位置。为避免意外发生，从机械手吸合工件到释放至料盘期间，传送系统不响应停止信号。

（3）工件返回重拣　当需要把被机械手转移的工件取回重新分拣时，机械手首先在废品料盘中吸取工件，然后按照同上述相反的过程把工件放回到传送带终端（传送带左端），然后机械手返回到初始位置。

2. 工件分拣系统要求

工件分拣系统由变频器控制的三相异步电动机拖动，可实现正、反转变换，有高速（对应频率 50Hz）、中速（对应频率 30Hz）和低速（对应频率 15Hz）三挡速度，从而控制传送带传送速度的快慢。

该系统包括五个传感检测位置，从右至左分别为：接近开关（感应金属工件）、颜色分辨传感器（感应白色工件，对蓝色不敏感）、光电开关 A、光电开关 B 和光电开关 C。

系统有四个工件放置区域：投料区、A 拣出区、B 拣出区和传送带终端，具体控制要求如下：

（1）变速控制　当传送带正转，被检测区域中没有检测到任何工件时，电动机以高速运行；反之，电动机以低速运行。当传送带反转时，电动机工作在中速 30Hz，即变频器的 X1、X2 同时接通。加、减速时间分别为 2s、1s。

（2）材质分拣　当金属工件通过接近开关时，接近开关感应，那么该工件到达光电开关 A 处，推杆 A 把金属工件推入 A 拣出区，同时该区计数器加 1。

（3）颜色分拣　当白色工件通过颜色传感器时，颜色分辨传感器感应，那么该工件到达光电开关 B 处，推杆 B 把白色工件推入 B 拣出区。同时该区计数器加 1。

（4）废品分拣　当废品（蓝色工件）到来时，接近开关和颜色分辨传感器均无感应，那么该工件作为废品运送到位置 C 处的光电开关，延时 1s 后传送带停止，等待机械手来把工件取走，重新加工。

（5）工件放置　投放工件时应在投料区内，并且要等前一个工件越过标志线后才能放第二个工件。工件随机、连续摆放，没有个数限制。

（6）工件包装　当 A 拣出区或 B 拣出区内达到 4 只工件，即相应的拣出区计数器累计数值等于 4 时，传送带停止（暂停），等待包装，等待 5s 后包装完毕，传送带继续按照暂停前的状态运行（同时该计数器清零）。

（7）工件转移　被分拣工件中混杂着的废品（蓝色工件）到达传送带终端时，需要停止传送，此状态也为暂停状态。当机械手把其转移到废品料盘，且返回初始位置后，暂停状态结束，传送带继续按照暂停前的状态运行。

（8）返回重拣　当需要把废品区的工件返回到传送带上重新进行分拣时，先按下重拣按钮，此时蜂鸣器长鸣，提示不得在投料区投放工件；等传送带把已经在传送带上的料分拣完毕后，机械手执行工件返回重拣动作。当工件被机械手放回到传送带终端后 1s，传送带以反向中速运行，把该工件送回到投料区（光电开关 D 感应到）后停止，然后立即转换为正向高速进入正常分拣程序。

（9）启动/停止控制　按下启动按钮时，系统启动，但需等待机械手检测并回到初始状态后，传送带才开始高速运行等待检测工件。按下停止按钮时，如果机械手吸合工件并正在转移的过程中，不响应该停止信号，须等废品工件安全释放到料盘时（或从料盘转移到传送带终端后）才可停止整个传送系统。

三、程序设计

1. 结合系统进行 PLC 的输入/输出（I/O）点分配及系统控制接线和变频器参数的设定。

1）I/O 分配见表 3-5。

表 3-5　物料分拣系统 PLC 控制 I/O 分配

输入端			输出端		
名称	代号	输入点编号	名称	代号	输出点编号
机械手上限位	SQ1	X000	变频器正转	STF	Y000
机械手下限位	SQ2	X001	变频器反转	STR	Y001
机械手前限位	SQ3	X002	低速运行	RL	Y002
机械手后限位	SQ4	X003	高速运行	RH	Y003
机械手左限位	SQ5	X004	推杆 A 伸出	KA1	Y004
机械手右限位	SQ6	X005	推杆 A 缩回	KA2	Y005
重拣按钮	SB3	X006	推杆 B 伸出	KA3	Y006
启动按钮	SB1	X010	推杆 B 缩回	KA4	Y007
停止按钮	SB2	X011	机械手上升	KA5	Y010
颜色检测开关	SQ10	X012	机械手下降	KA6	Y011
金属检测开关	SQ11	X013	机械手伸出	KA7	Y012
光电开关 A	SQ12	X014	机械手缩回	KA8	Y013

（续）

输入端			输出端		
名称	代号	输入点编号	名称	代号	输出点编号
光电开关 B	SQ13	X015	机械手右转	KA9	Y014
光电开关 C	SQ14	X016	机械手左转	KA10	Y015
光电开关 D	SQ15	X017	机械手吸合	KA11	K016
推杆 A 前限位	SQ20	X020	蜂鸣器	KA12	Y017
推杆 A 后限位	SQ21	X021	数码显示 A1		Y020
推杆 B 前限位	SQ22	X022	数码显示 B1		Y021
推杆 B 前限位	SQ23	X023	数码显示 C1		Y022
			数码显示 D1		Y023
			数码显示 A2		Y024
			数码显示 B2		Y025
			数码显示 C2		Y026
			数码显示 D2		Y027

2）物料分拣控制系统接线如图 3-27 所示。

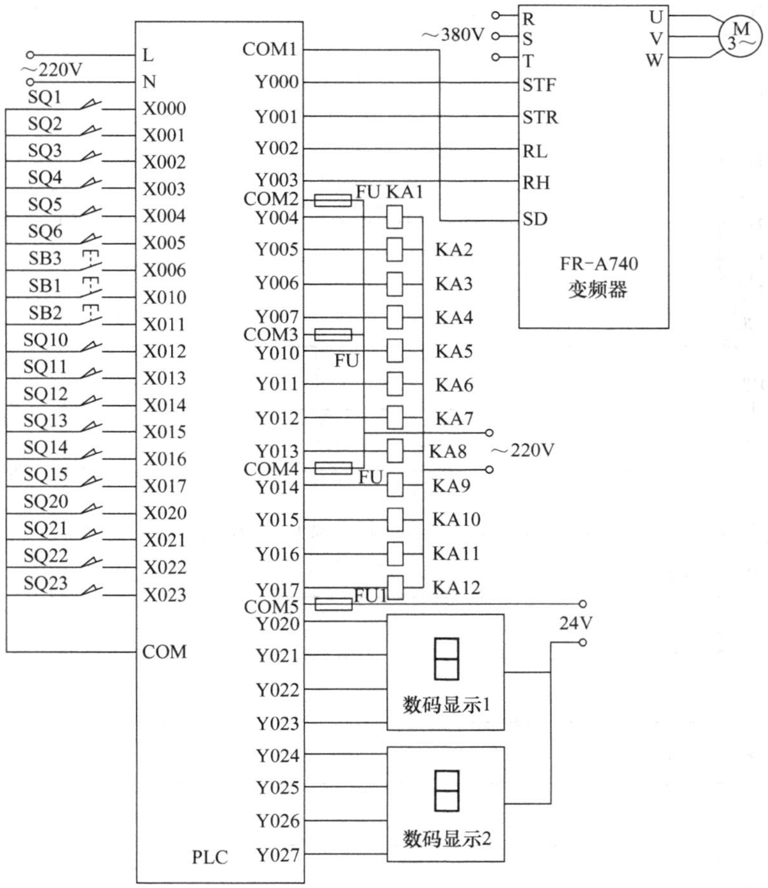

图 3-27　物料分拣系统控制接线

3）物料分拣系统控制 PLC 梯形图如图 3-28 所示。

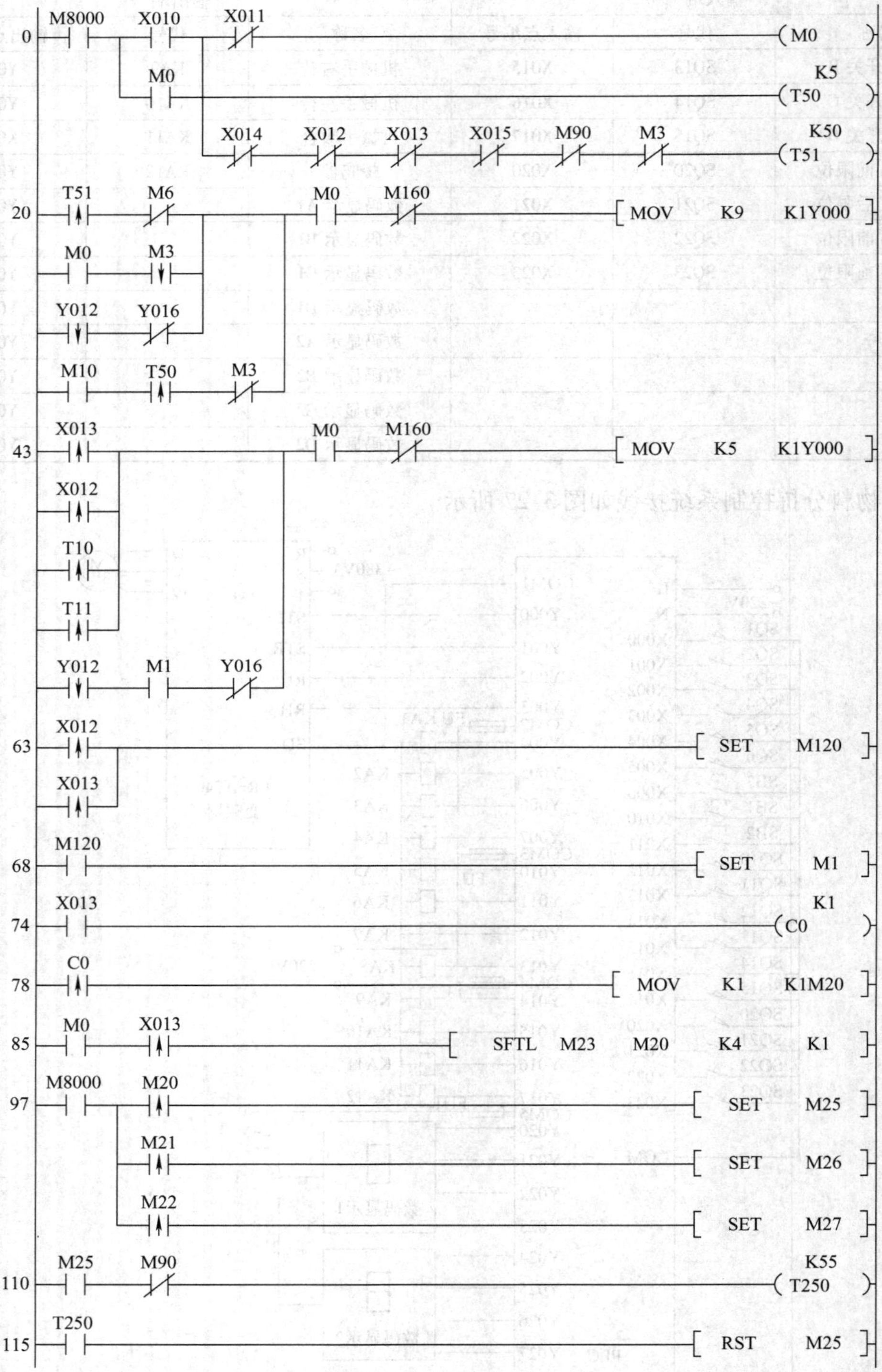

图 3-28　物料分拣系统控制梯形图

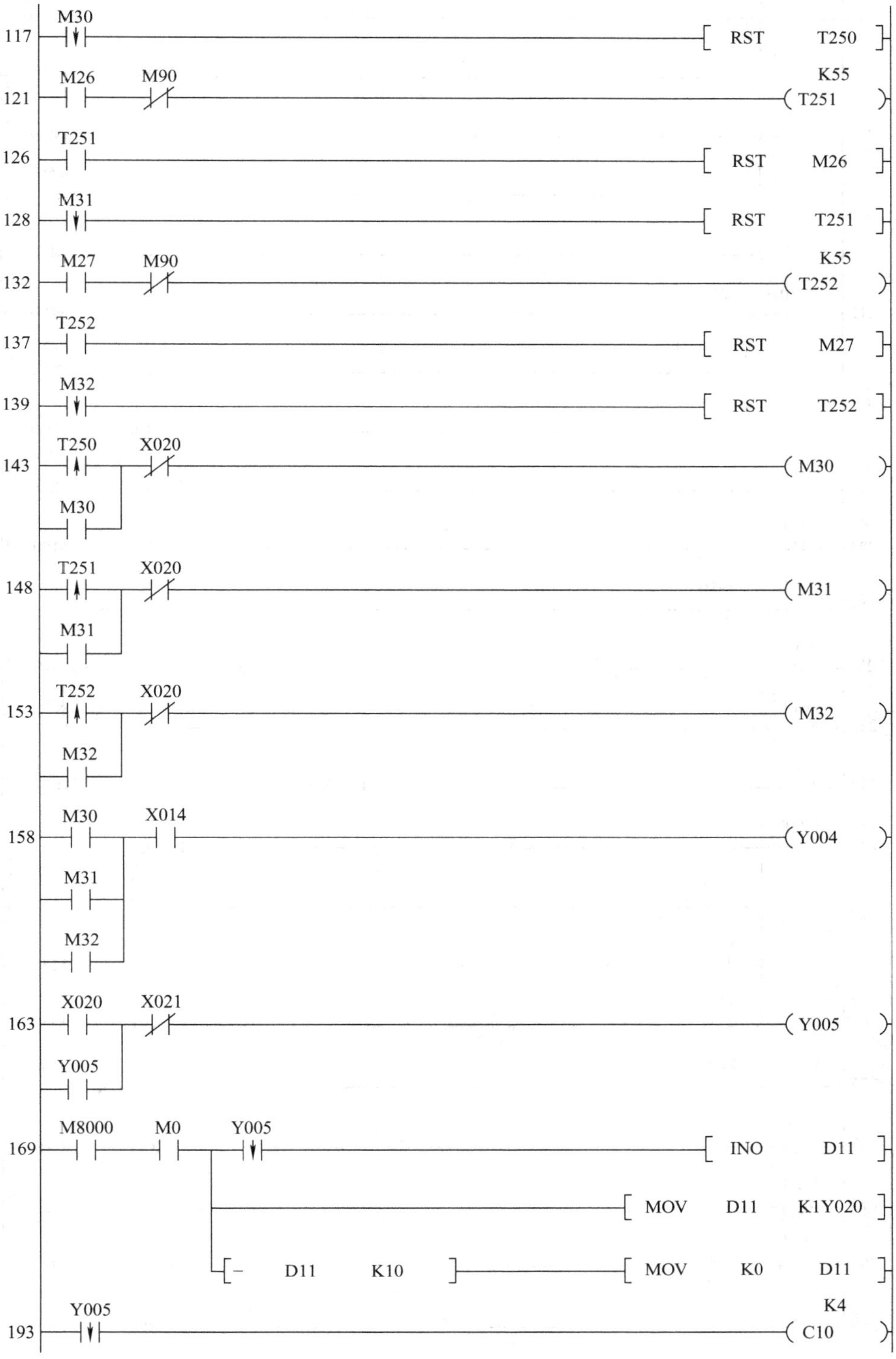

图 3-28　物料分拣系统控制梯形图（续）

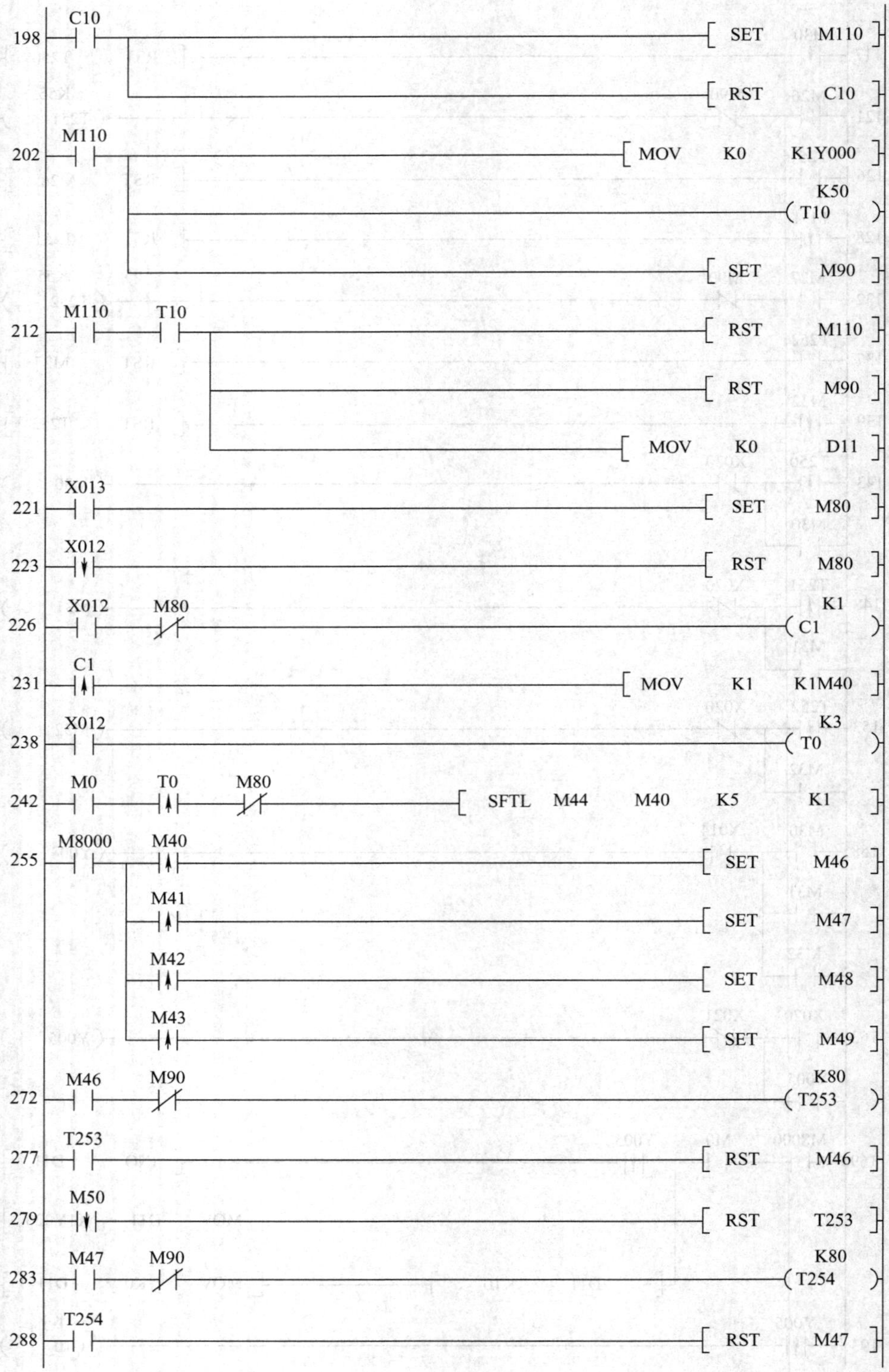

图 3-28 物料分拣系统控制梯形图（续）

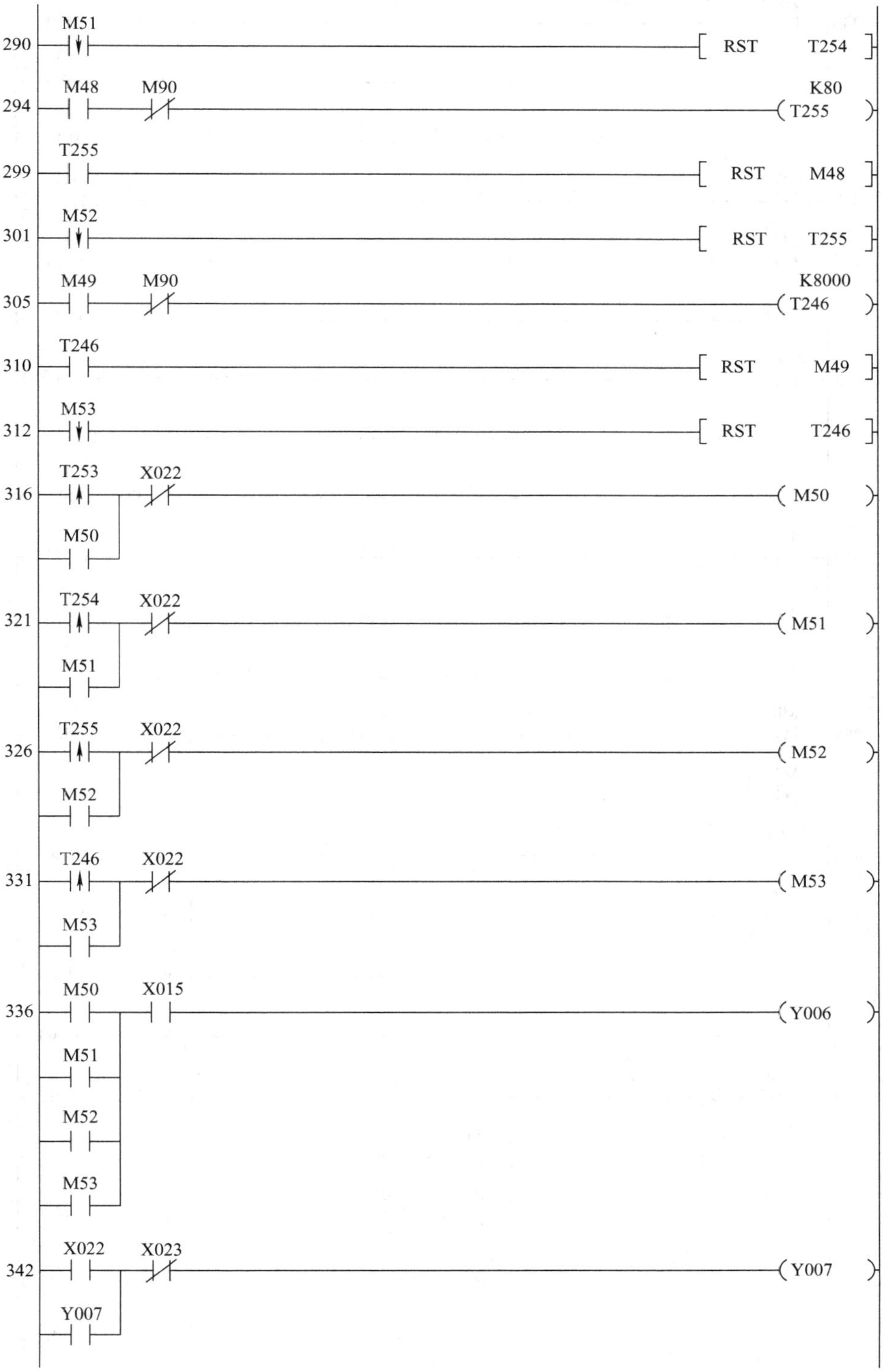

图 3-28　物料分拣系统控制梯形图（续）

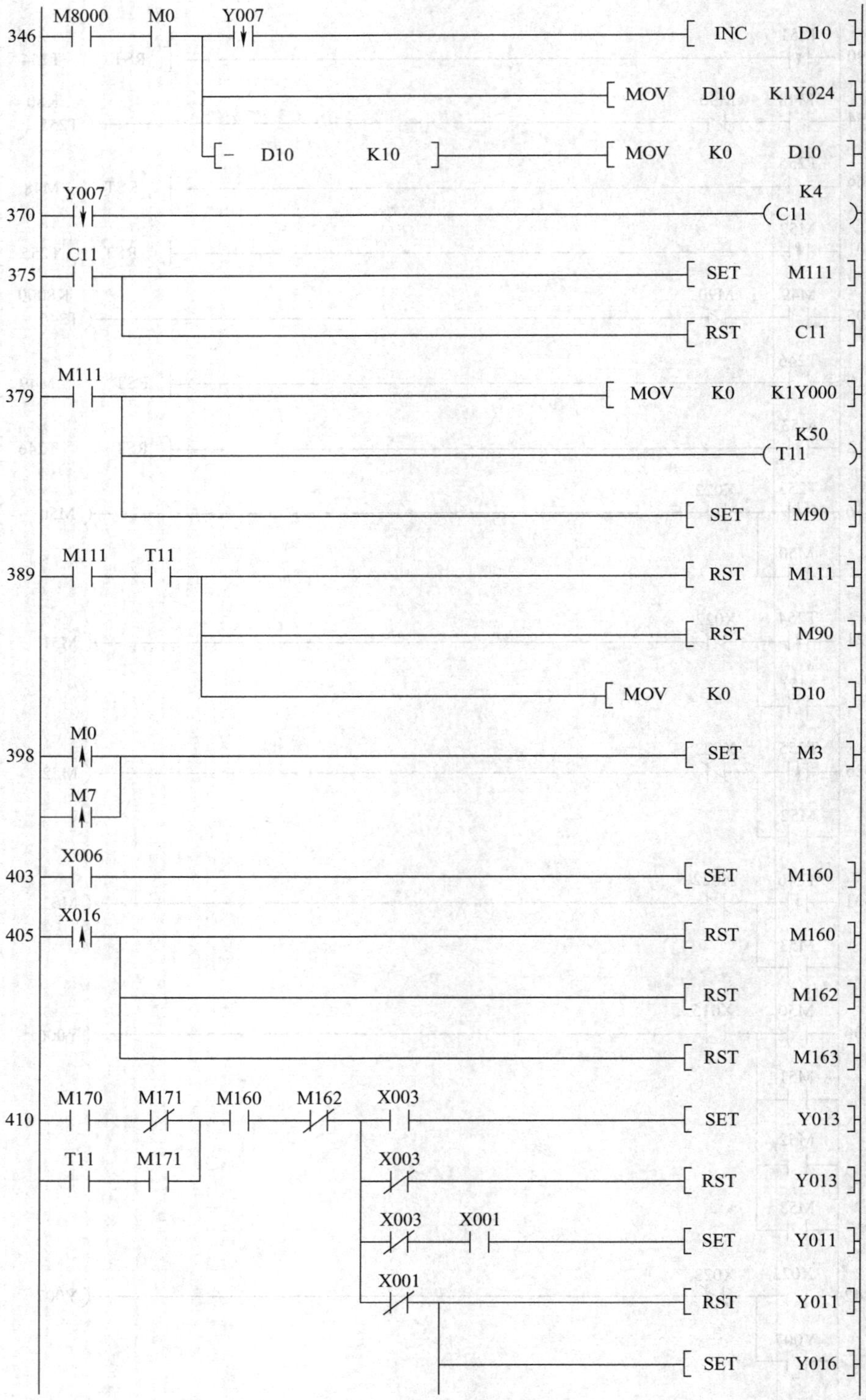

图 3-28　物料分拣系统控制梯形图（续）

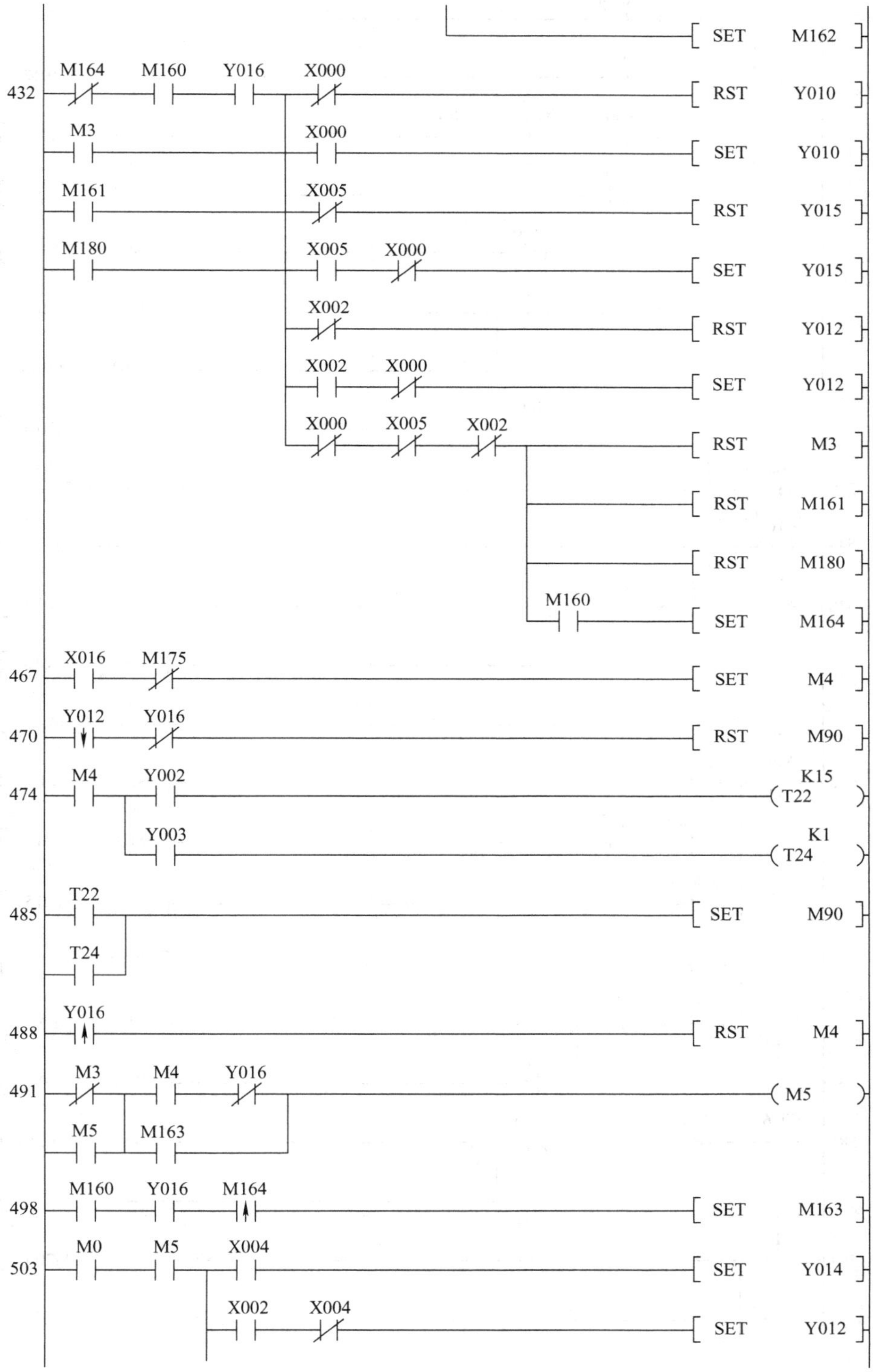

图 3-28　物料分拣系统控制梯形图（续）

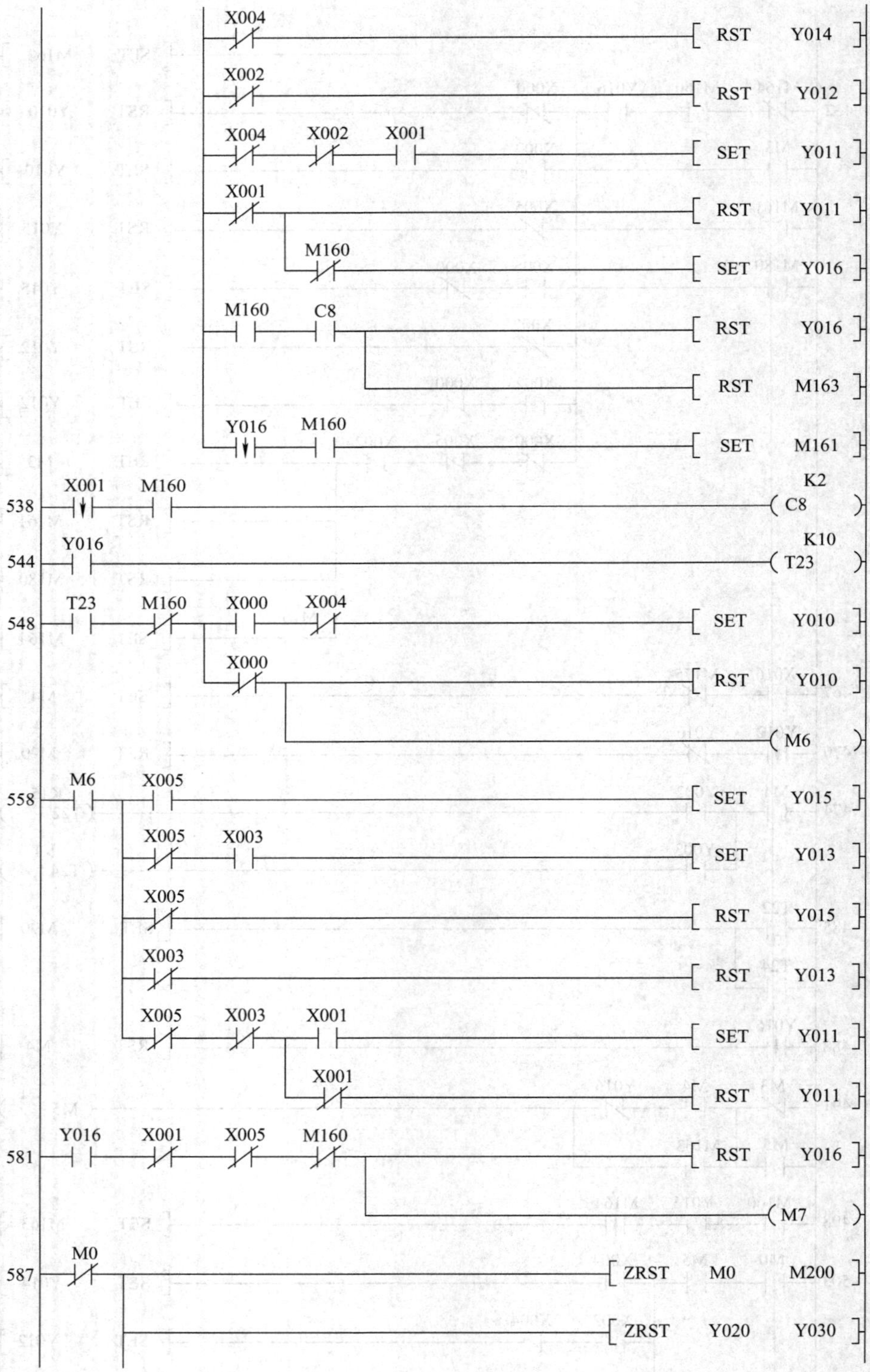

图 3-28　物料分拣系统控制梯形图（续）

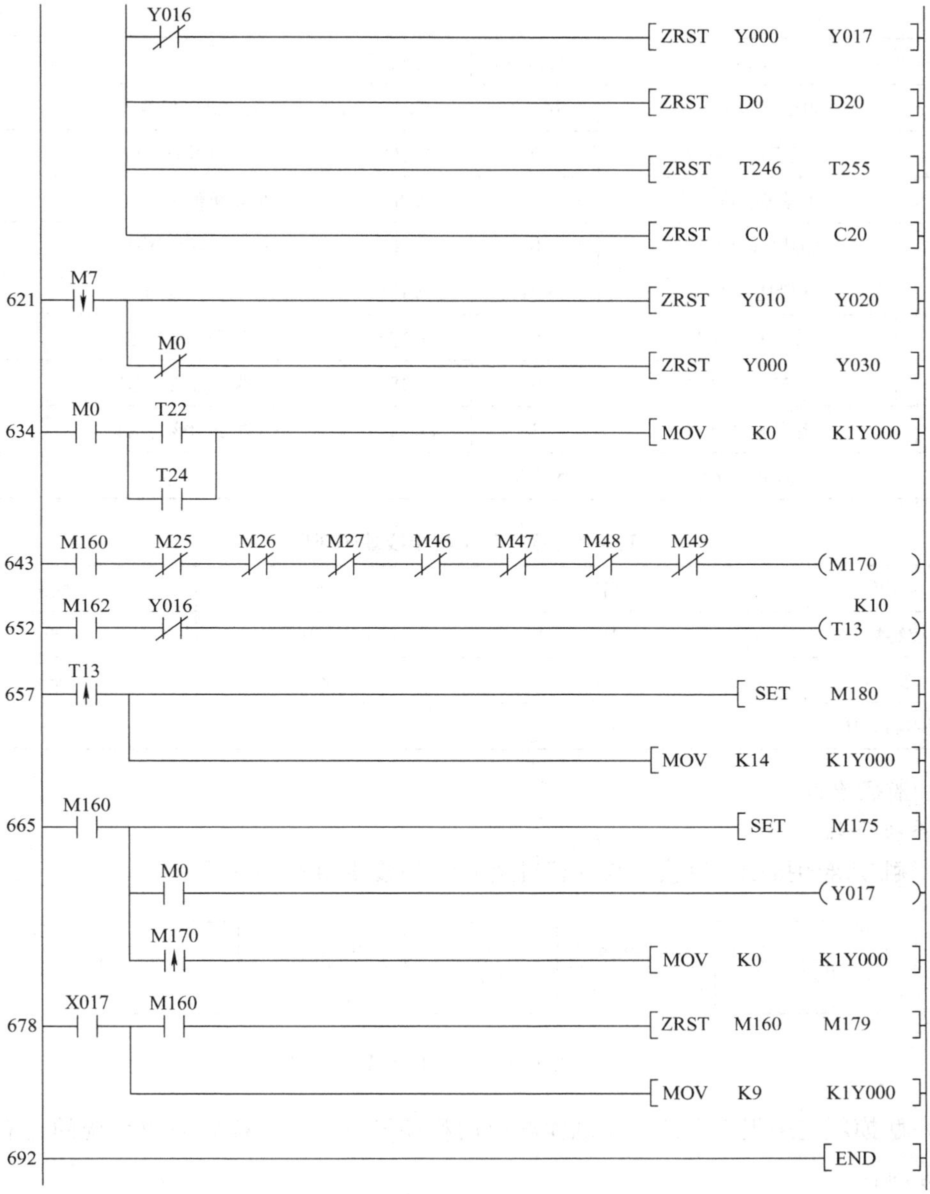

图 3-28　物料分拣系统控制梯形图（续）

4）按物料传送要求进行变频器参数设定，见表 3-6、3-7。

表 3-6　物料传送运行参数

参数代码	功能	设定数据	参数代码	功能	设定数据
Pr. 0	转矩提升	3%	Pr. 4	多段速（高速）	50Hz
Pr. 1	上限频率	50Hz	Pr. 6	多段速（低速）	15Hz
Pr. 2	下限频率	0Hz	Pr. 7	加速时间	3s
Pr. 3	基准频率	50Hz	Pr. 8	减速时间	2s

（续）

参数代码	功能	设定数据	参数代码	功能	设定数据
Pr. 9	电子过电流保护	14. 3A	Pr. 81	电动机（极数）	4 极
Pr. 14	适用负荷选择	0	Pr. 82	电动机励磁电流	13A
Pr. 20	加减速基准频率	50Hz	Pr. 83	电动机额定电压	380V
Pr. 21	加减速时间单位	0	Pr. 84	电动机额定频率	50Hz
Pr. 25	多段速（中速）	30Hz	Pr. 178	STF 端子功能的选择	60
Pr. 77	参数写入选择	0	Pr. 179	STR 端子功能的选择	61
Pr. 78	逆转防止选择	0	Pr. 180	RL 端子功能的选择	0
Pr. 79	运行模式选择	3	Pr. 182	RH 端子功能的选择	2
Pr. 80	电动机（功率）	5. 5kW			

表 3-7　运行状态与接线端子对照

速度	高速	中速	低速
控制端子	RH	RH，RL	RL
参数号	Pr. 4	Pr. 25	Pr. 6
设定值/Hz	50	30	15

四、监控设计

1. 系统设计

（1）触摸屏的接线　触摸屏与计算机及 PLC 的接线如图 3-29 所示。

图 3-29　触摸屏与计算机及 PLC 的接线

（2）触摸屏应用程序设计　在触摸屏应用程序设计中，同样要完成系统的建立及画面的制作等内容。

1）新建触摸屏系统文件。新建一触摸屏编辑文件，所用触摸屏为三菱 GT1000 触摸屏，所用 PLC 为三菱 FX 系列。

2）制作触摸屏画面。

① 打开 GT Desginer2 软件，设定机器连接属性及其连接驱动，如图 3-30 所示。

② 设定完成后进入主编辑区编辑制作系统界面，如图 3-31 所示。

③ 系统中设置两个界面，分别为启动界面和监控界面，启动界面设定如图 3-32 所示。

3）设置各按键与 PLC 中软元件的对应关系。在上述画面完成后，除切换按键以外的所有对象均通过属性的修改与 PLC 软元件建立对应关系，见表 3-8。

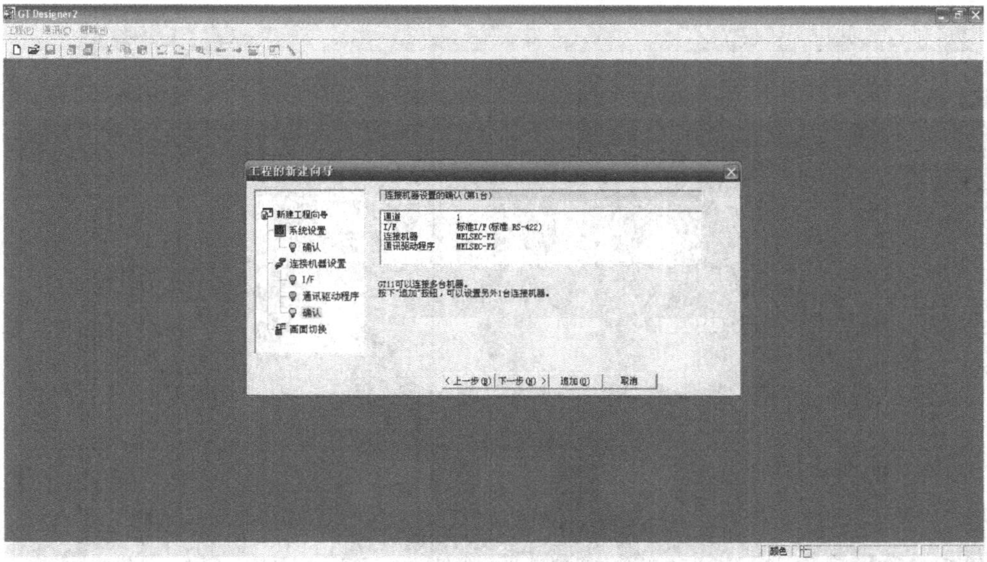

图 3-30　设定机器连接属性及其连接驱动

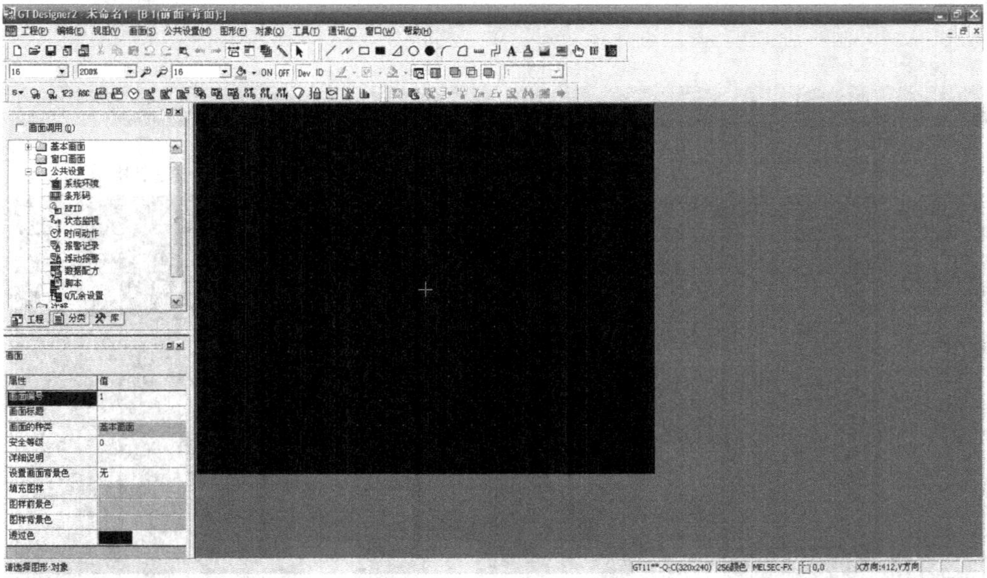

图 3-31　进入主编辑区编辑制作系统界面

五、操作步骤

1. 系统的安装接线及运行调试

1）首先将主、控电路按图 3-27 所示进行连线，并与实际操作中情况相结合。

2）经检查无误后方可通电。

3）在通电后不要急于运行，应先检查各电气设备的连接是否正常，然后进行单一设备的逐个调试。

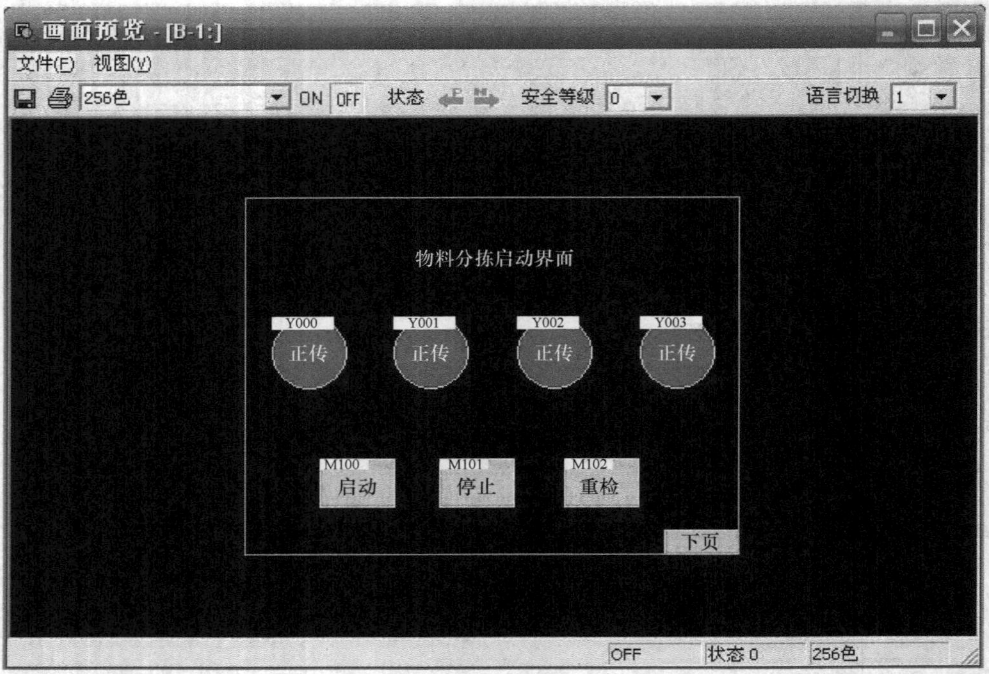

a)

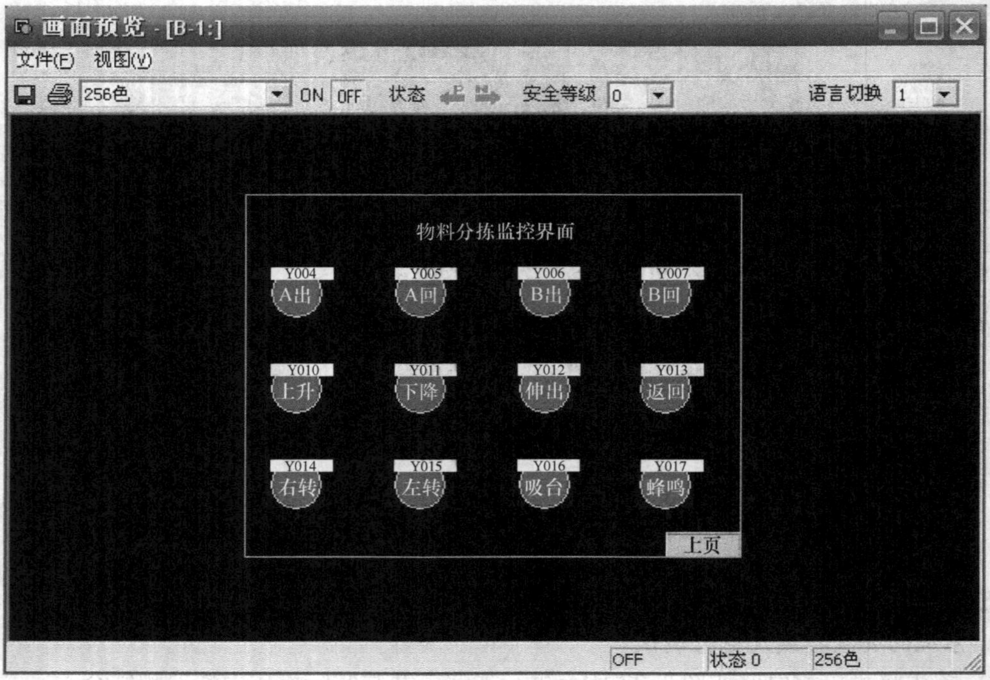

b)

图 3-32　启动监控界面设定

表 3-8 各对象的属性

对象	名称	颜色		对应软元件	文本内容	其他
		OFF	ON			
开关	启动	绿色	红色	M100	启动	点动
开关	停止	绿色	红色	M101	停止	点动
开关	重检	绿色	红色	M102	重检	点动
开关	画面切换开关	绿色	红色			
开关	画面切换开关	绿色	红色			
指示灯	变频器正转	红色	绿色	Y000	正转	
指示灯	变频器反转	红色	绿色	Y001	反转	
指示灯	低速运行	红色	绿色	Y002	低速	
指示灯	高速运行	红色	绿色	Y003	高速	
指示灯	推杆 A 伸出	红色	绿色	Y004	A 出	
指示灯	推杆 A 缩回	红色	绿色	Y005	A 回	
指示灯	推杆 B 伸出	红色	绿色	Y006	B 出	
指示灯	推杆 B 缩回	红色	绿色	Y007	B 回	
指示灯	机械手上升	红色	绿色	Y010	上升	
指示灯	机械手下降	红色	绿色	Y011	下降	
指示灯	机械手伸出	红色	绿色	Y012	伸出	
指示灯	机械手缩回	红色	绿色	Y013	退回	
指示灯	机械手右转	红色	绿色	Y014	右转	
指示灯	机械手左转	红色	绿色	Y015	左转	
指示灯	机械手吸合	红色	绿色	Y016	吸合	
指示灯	蜂鸣器	红色	绿色	Y017	蜂鸣	

4）按照系统要求进行变频器参数的设置。

5）按照系统要求进行 PLC 程序的编写并传入 PLC 内，并进行模拟运行调试，观察输入和输出点是否和要求一致。

6）对整个系统统一调试，包括安全和运行情况的稳定性。

7）当按下启动按钮 SB1 时，系统启动，但需等待机械手检测并回到初始状态后，传送带才可以开始高速运行等待检测工件。当检测到工件时传送带低速运行，按下重拣按钮 SB3 时，进行物料重拣，系统控制将按照所设定好的程序要求运行。

8）按下停止按钮 SB2 时，物料分拣系统停止，如果机械手吸合工件并正在转移的过程中，不响应该停止信号，须等废品工件安全释放到料盘时（或从料盘转移到传送带终端后）才可停止整个传送系统。

2. 注意事项

1）电路必须检查正确才能通电。

2）在系统运行调整中要有准确的实际记录，以确保运行平稳。

3）对运行中出现的故障现象进行准确的描述分析。

4）在运行过程中如遇到问题，应能分析是程序故障还是外部硬件故障，必须做到对较复杂系统控制的清晰理解。

5）由于系统控制较复杂，必须认真检查，严禁误操作，注意设备及人身安全。

第三节　触摸屏控制注塑机

一、系统介绍

注塑机是塑料成型加工设备，在一个注塑成型周期中，包括预塑计量、注射充模、保压补缩和冷却定型等过程。

注塑机采用 PLC 和变频器配合控制节省了人力，可提高生产线的自动控制性能和稳定程度，并且设备的安全性能也得到了进一步提升，从而提高了生产效率和设备的使用寿命。

1. 注塑机拖动系统工作原理

对注塑机电路进行变频调速电气化改造，首先要分析其工作原理，然后确定相应的控制方案，并设计相应的程序。注塑机拖动系统电路原理如图 3-33 所示。

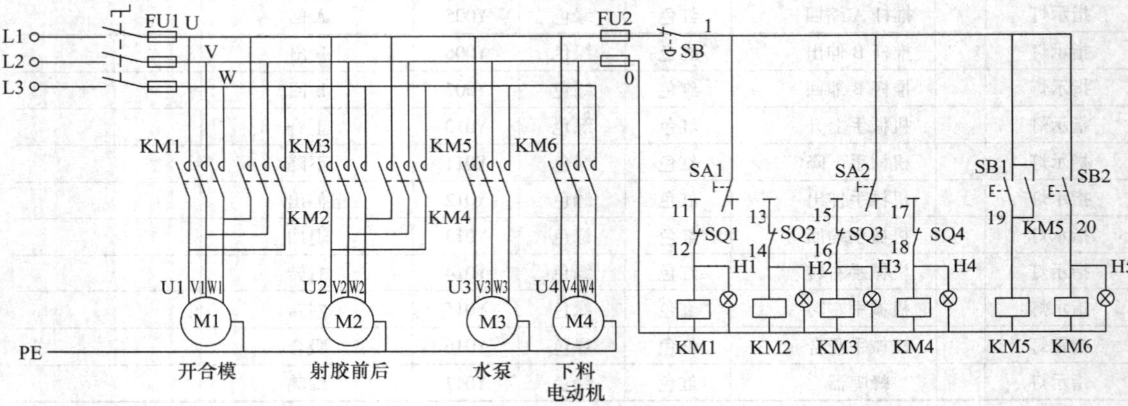

图 3-33　注塑机拖动系统电路原理

根据图 3-33 分析电路如下：

（1）熔胶加热

闭合电源开关→温度传感器得电→输入温度参数；闭合电源开关→温控显示仪得电→固态继电器得电；→（常开触点闭合）→加热带开始加热→到达设定温度→温控触点断开→固态继电器失电→加热带停止工作→保温为射胶准备

（2）开合模

闭合开关 —转换开关转向开模→ KM1 线圈得电→KM1 主触点闭合→电动机 M1 正转→当撞下行程开关 SQ1 时→电动机停止（开模结束）闭合开关 —转换开关转向合模→ KM2 线圈得电→KM2 主触点闭合→电动机 M1 反转→当撞下行程开关 SQ2 时→电动机停止（合模结束）

（3）射胶前进后退

闭合开关 —转换开关转向前进→ KM3 线圈得电→KM3 主触点闭合→电动机 M2 正

转⟶当撞下行程开关 SQ3 时⟶电动机停止（射胶前进结束）

闭合开关$\xrightarrow{\text{转换开关转向后退}}$KM4 线圈得电⟶KM4 主触点闭合⟶电动机 M2 反转⟶当撞下行程开关 SQ4 时⟶电动机停止（射胶后退结束）

（4）水泵

闭合开关$\xrightarrow{\text{按下水泵启动按钮 SB1}}$KM5 线圈得电⟶KM5 主触点闭合⟶电动机 M3 正转⟶按下急停按钮⟶水泵停止

（5）射胶

闭合开关$\xrightarrow{\text{按下射胶点动按钮 SB2}}$KM6 线圈得电⟶KM6 主触点闭合⟶电动机 M4 反转⟶松开按钮⟶射胶电动机停止

2. 电路设计分析

（1）变频器控制方案

1）启动加热熔胶阶段，此时并伴有料仓冷却（水泵自动开启）。

2）等待 5s 后，模具开始合模，先快速 50Hz 合模；3s 后，慢速 20Hz 锁模，直到合模限位接通，合模电动机停止工作。

3）当温度到达射胶温度（温度传感器触点接通），此时开始射胶。射台前移（先高速 50Hz 移动，3s 后再慢速移动），当射台到位后，开始以 40Hz 转速向模具内射胶，5s 后，以低速 20Hz 补胶保压。当到达射胶限位后，射胶电动机停止。

4）射胶结束，射台以 40Hz 速度后移，当到达限位后，开始熔胶下料，熔胶电动机以 10Hz 的速度后退下料。当到达熔胶限位时，熔胶下料电动机停止，但电加热继续，等待下一次射胶。

5）射胶结束，30s 后当零件冷却结束，开模电动机先以 30Hz 的速度开模，3s 后以低速 15Hz 开模，并由顶尖顶出零件。当到达开模限位后，电动机停止。整个注塑周期结束。

6）本注塑机也可根据实际情况进行手动控制和调整。手动时，为了使设备安装调试方便，在此设计了一个双重功能（手/自动切换和手动）按钮，即当按下手/自动切换时，当前工步结束，按一次手动执行下一工步，按两次执行下两个工步；依此类推。

（2）设计 PLC 控制方案

1）模具电动机正反转实现合模和开模。

① 合模时：模具电动机先高速正转进行快速合模，当左模接近右模时，模具电动机转入低速运行进行合模。

② 合模结束时：为了做到准确停机，采用传感器控制继电器停止电动机工作。

③ 开模时：模具电动机高速反转进行快速开模。

④ 开模结束时：为了做到准确停机，采用传感器控制继电器停止电动机工作。

2）注塑电动机正、反转实现注料杆左、右移动。

① 注料杆左行：注塑电动机先高速正转，注料杆快速下降，当注料杆接近挤压位置时，电动机转入低速运行，此时注料杆低速向左进行注塑挤压。

注料杆向左结束时，停机时，为了做到注料杆准确定位，电动机采用传感器控制继电器停止电动机工作。

② 注料杆上升：注塑电动机高速反转，注料杆快速上升。用传感器控制继电器停止电动机动作。

注料杆向右结束：为了做到准确停机，用传感器控制继电器停止电动机动作。

3）原料加热熔化的时间。将一定量的塑料原料加入到料筒中，料筒中的塑料原料在加热器的作用下经过一段时间（大约1min）加热后熔化，此时即可将其挤入模具成型。注塑机可以对很多不同的原材料（例如：聚丙烯、聚氯乙烯、ABS原料等）进行生产和加工，由于原材料的性质不同，所以加热熔化的时间长短也不一样。这就要求加热的时间长短根据材料的性质不同进行调整。

4）温度加热器。温度加热器用于对原材料进行加热，温度的高低通过改变加热器两端电压的高低来实现，要求温度的高低可以调整。

5）开模时间。高温原材料挤入模具后，需要在模具中冷却一段时间，让其基本成型后才能打开模具，这一段时间称为保模时间。由于产品的大小和原材料的性质不同，所以不同产品的保模时间有所不同，这就要求保模时间长短可以调整。

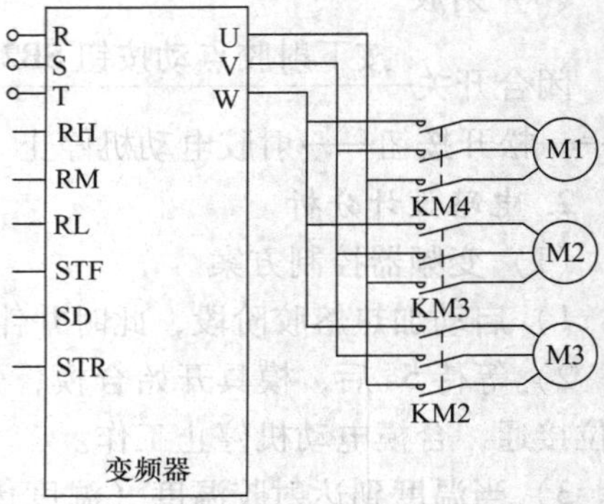

图3-34　变频器控制电路

二、设计变频器控制电路及参数

变频器控制电路如图3-34所示。

结合实际控制应用及要求，设置变频器的参数，见表3-9。

表3-9　变频器参数

参数代码	功能	设定数据	参数代码	功能	设定数据
Pr. 0	转矩提升	4%	Pr. 26	多段速设定：6段速	15Hz
Pr. 1	上限频率	50Hz	Pr. 77	参数写入选择	0
Pr. 2	下限频率	0Hz	Pr. 78	逆转防止选择	0
Pr. 3	基准频率	50Hz	Pr. 79	运行模式选择	3
Pr. 4	多段速设定：1段速	50Hz	Pr. 80	电动机（功率）	0.55kW
Pr. 5	多段速设定：2段速	20Hz	Pr. 81	电动机（极数）	4极
Pr. 6	多段速设定：3段速	30Hz	Pr. 82	电动机励磁电流	1.5A
Pr. 7	加速时间	2s	Pr. 83	电动机额定电压	380V
Pr. 8	减速时间	3s	Pr. 84	电动机额定频率	50Hz
Pr. 9	电子过电流保护	1.7A	Pr. 178	STF端子功能的选择	60
Pr. 14	适用负荷选择	0	Pr. 179	STR端子功能的选择	61
Pr. 20	加减速基准频率	50Hz	Pr. 180	RL端子功能的选择	0
Pr. 21	加减速时间单位	0	Pr. 181	RM端子功能的选择	1
Pr. 24	多段速设定：4段速	40Hz	Pr. 182	RH端子功能的选择	2
Pr. 25	多段速设定：5段速	10Hz			

三、PLC程序设计

1. 分配PLC控制系统输入/输出（I/O）地址

PLC控制系统输入/输出（I/O）地址分配见表3-10。

表 3-10 I/O 分配

输入端			输出端		
名称	代号	输入点编号	名称	代号	输出点编号
启动按钮	SB1	X010	水泵电动机接触器	KA1	Y000
停止按钮	SB2	X011	电加热丝接触器	KA	Y001
手自动切换按钮	SA1	X012	开合模电动机接触器	KM2	Y005
开模限位	SQ6	X000	下料电动机接触器	KM3	Y006
急停	SB	X001	射胶电动机接触器	KM4	Y007
合模限位	SQ1	X002	高速	RH	Y010
温度检测节点	BL	X003	中速	RM	Y011
射台前限位	SQ2	X004	低速	RL	Y012
射胶限位	SQ3	X005	正转	STF	Y013
射台后限位	SQ4	X006	反转	STR	Y014
熔胶下料限位	SQ5	X007	电源指示灯	HL1	Y020
手动 - 合模	SA2	X013	熔胶下料电动机	HL2	Y021
手动 - 开模	SA2	X014	加热指示灯	HL3	Y022
手动 - 熔胶	SA3	X015	射台 - 后退	HL4	Y023
手动 - 射台前进	SA4	X016	射台 - 前进	HL5	Y024
手动 - 射台后退	SA4	X017	合模	HL6	Y025
手动 - 高速	SB3	X020	开模	HL7	Y026
手动 - 中速	SB4	X021			
手动 - 低速	SB5	X022			
手动 - 正转	SB6	X023			
手动 - 反转	SB7	X024			
手动 - 下料电动机按钮	SB8	X025			

2. 设计 PLC 控制系统接线

PLC 控制系统接线如图 3-35 所示。

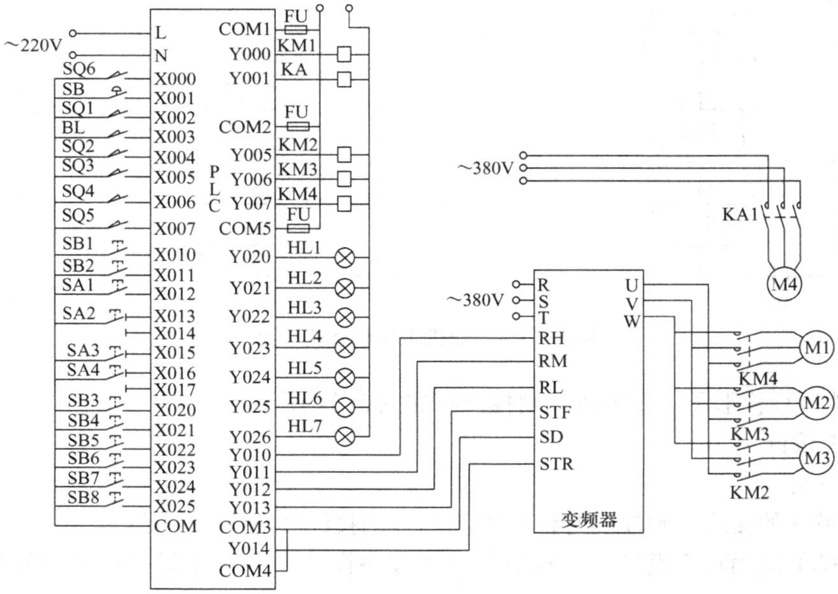

图 3-35 注塑机控制接线

3. 编制 PLC 程序

1）画出工作状态流程图（见图 3-36）。

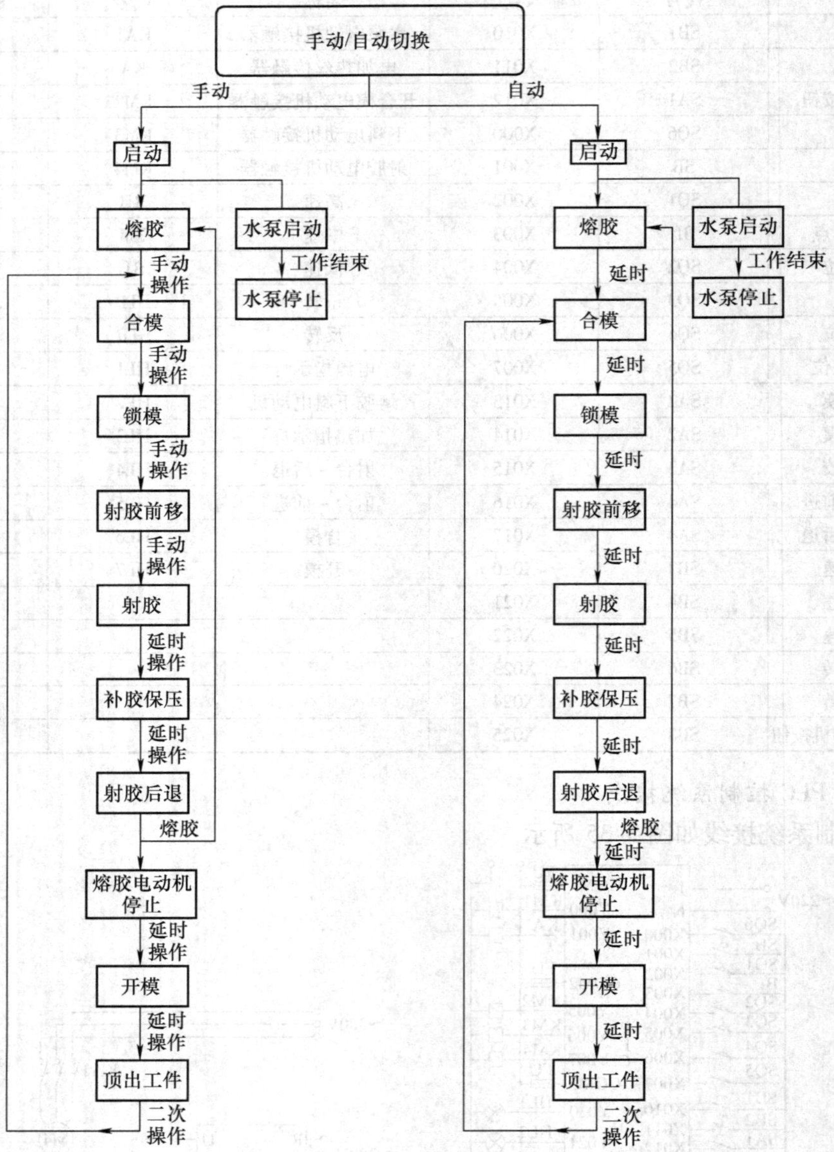

图 3-36 注塑机工作状态流程图

2）编制 PLC 梯形图。注塑机控制梯形图如图 3-37 所示。

四、监控设计

1. 系统设计

（1）触摸屏的接线 触摸屏与计算机及 PLC 的接线如图 3-38 所示。

（2）触摸屏应用程序设计 在触摸屏应用程序设计中，同样要完成系统的建立及画面的制作等内容。

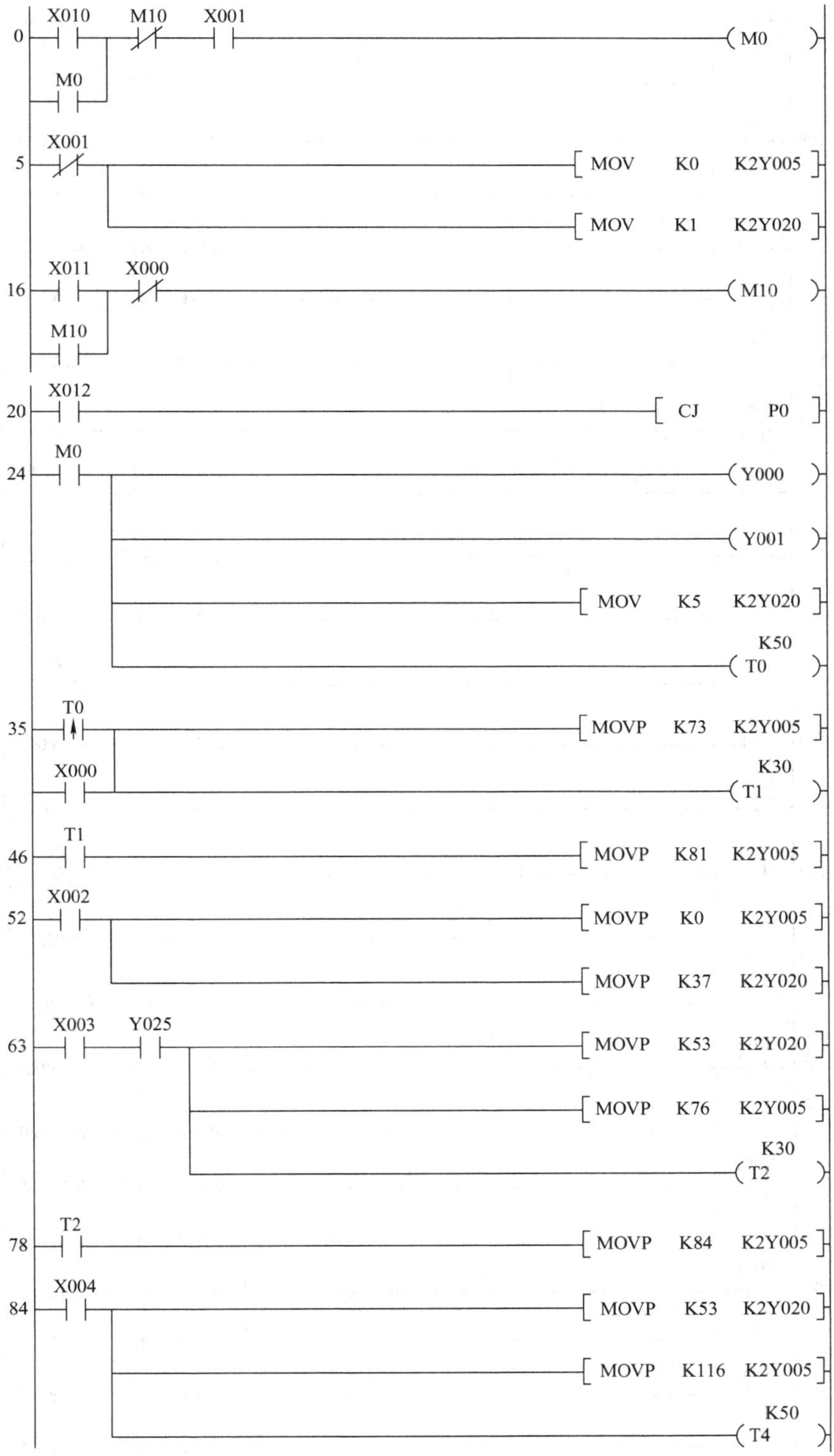

图 3-37　注塑机控制梯形图

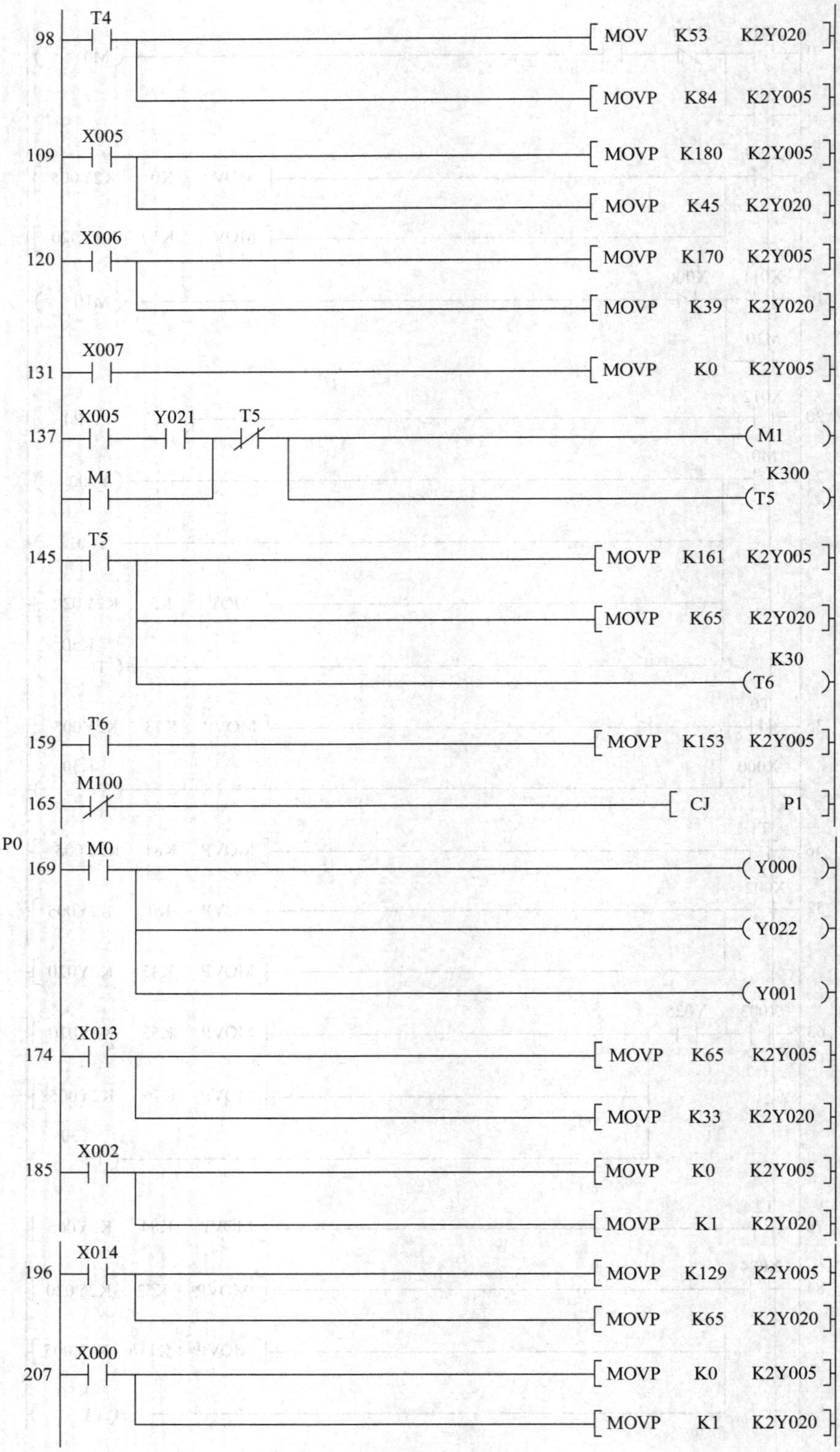

图 3-37　注塑机控制梯形图（续）

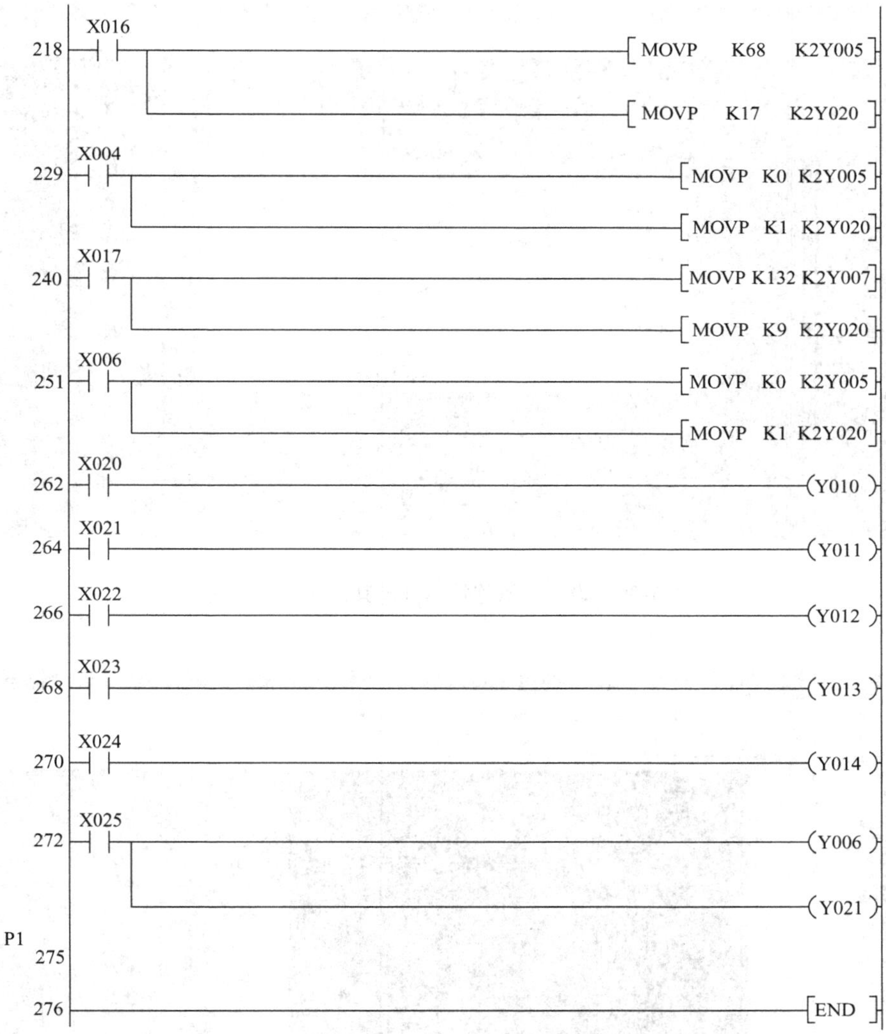

图 3-37　注塑机控制梯形图（续）

图 3-38　触摸屏与计算机及 PLC 的接线

1）新建触摸屏系统文件。新建一触摸屏编辑文件，所用触摸屏为三菱 GT1000 触摸屏，所用 PLC 为三菱 FX 系列。

2）制作触摸屏画面。

① 打开 GT Desginer2 软件，设定机器连接属性及其连接驱动，如图 3-39。

② 设定完成后进入主编辑区编辑制作系统，如图 3-40 所示。

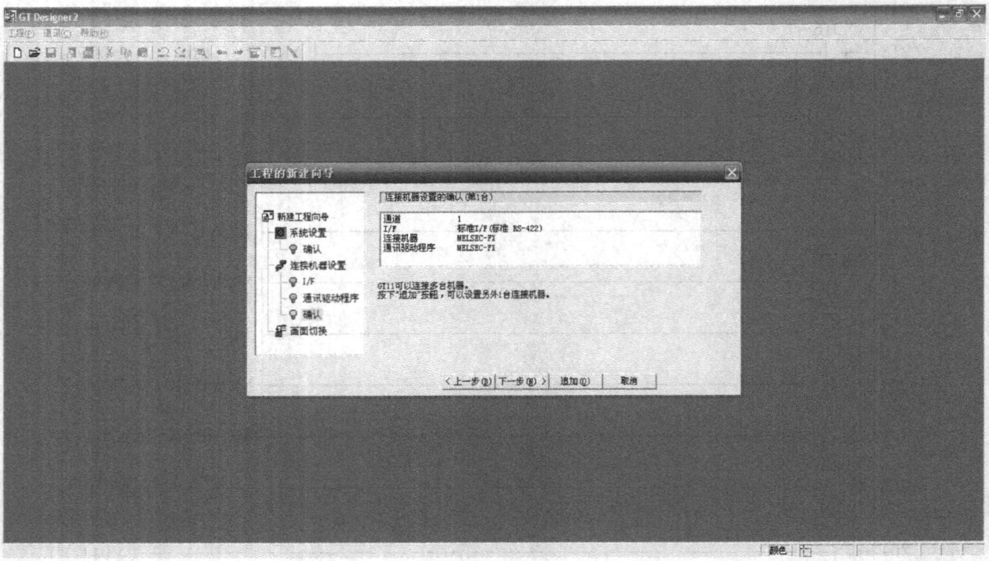

图 3-39　设定机器连接属性及其连接驱动界面

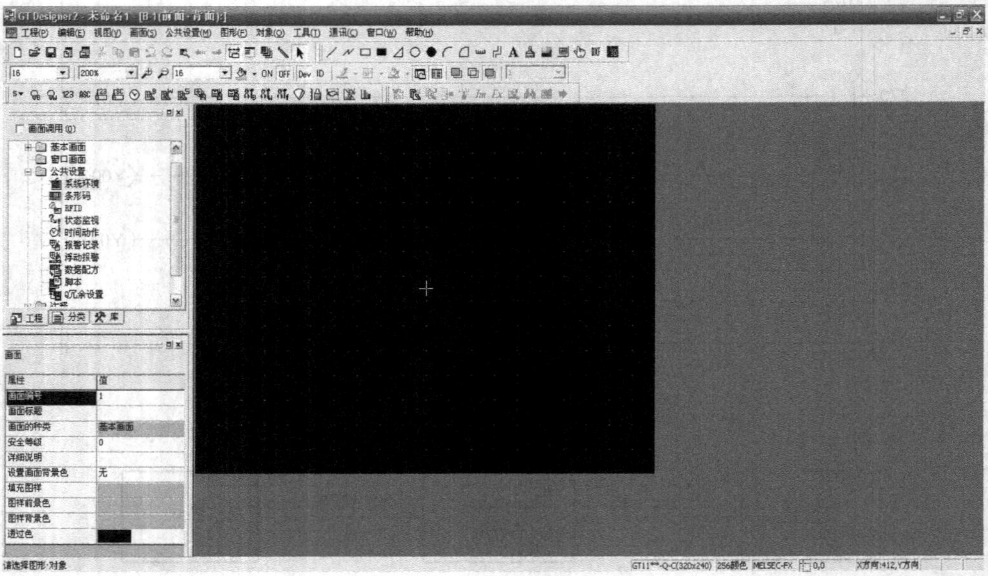

图 3-40　设定完成后进入主编辑区编辑制作系统

③ 系统中设置两个界面，分别为手动界面和自动界面，启动界面设定如图 3-41 所示。

3）设置各按键与 PLC 中软元件的对应关系。在上述画面完成后，除切换按键以外的所有对象均通过属性的修改与 PLC 软元件建立对应关系，见表 3-11。

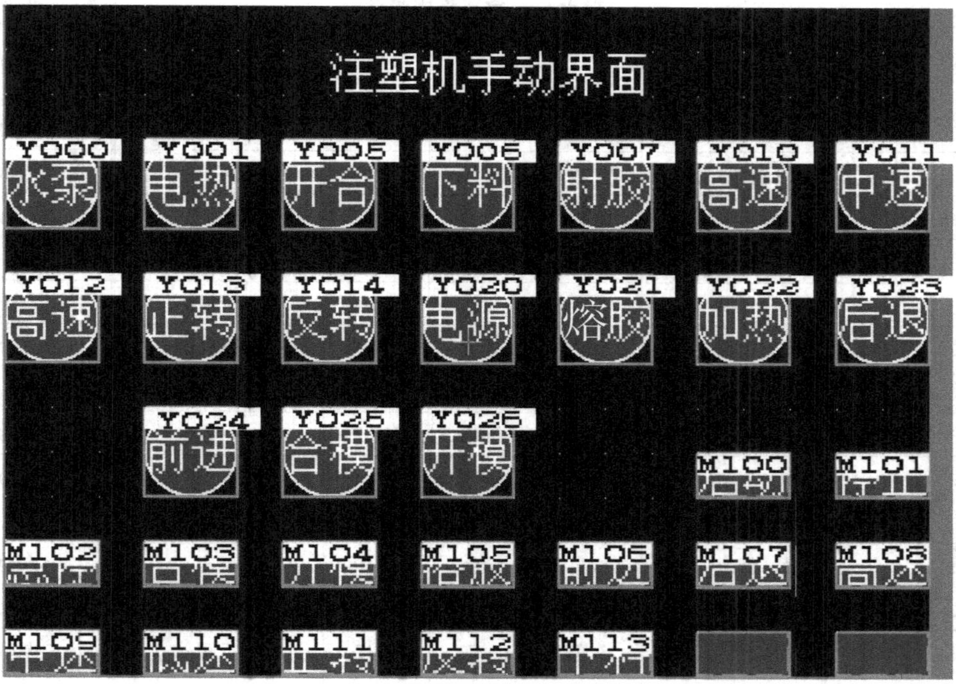

a)

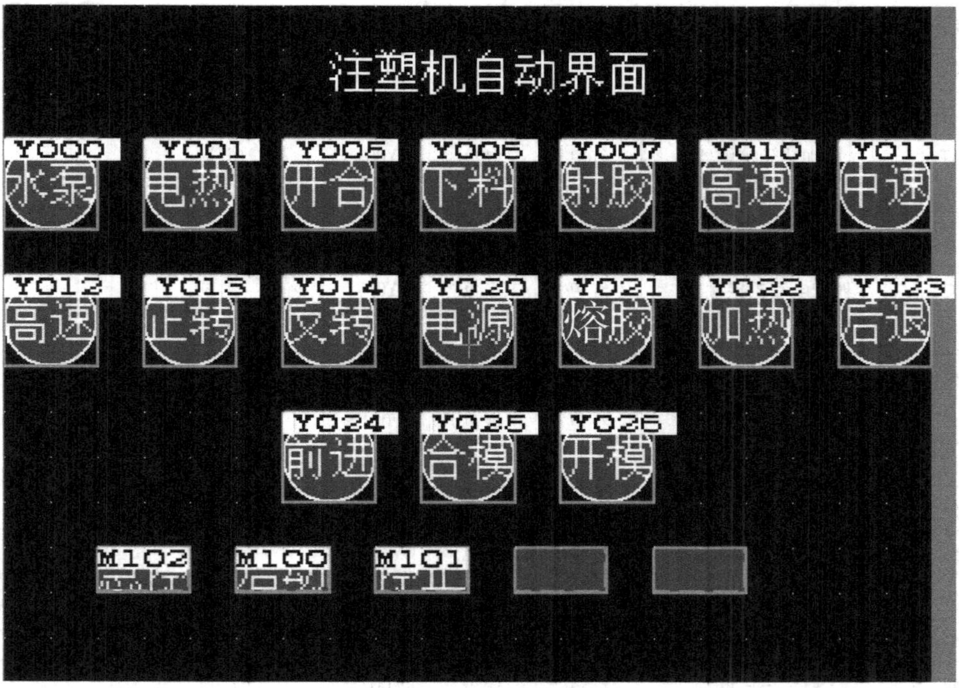

b)

图 3-41　启动界面设定

a）手动界面　b）自动界面

表 3-11　各对象的属性

对象	名称	颜色		对应软元件	文本内容	其他
		OFF	ON			
开关	启动按钮	红色	绿色	M100	启动	点动
开关	停止按钮	红色	绿色	M101	停止	点动
开关	急停	红色	绿色	M102	急停	点动
开关	手动 - 合模	红色	绿色	M103	合模	点动
开关	手动 - 开模	红色	绿色	M104	开模	点动
开关	手动 - 熔胶	红色	绿色	M105	熔胶	点动
开关	手动 - 射台前进	红色	绿色	M106	前进	点动
开关	手动 - 射台后退	红色	绿色	M107	后退	点动
开关	手动 - 高速	红色	绿色	M108	高速	点动
开关	手动 - 中速	红色	绿色	M109	中速	点动
开关	手动 - 低速	红色	绿色	M110	低速	点动
开关	手动 - 正转	红色	绿色	M111	正传	点动
开关	手动 - 反转	红色	绿色	M112	反转	点动
开关	手动 - 下料电动机按钮	红色	绿色	M113	下料	点动
开关	画面切换开关	绿色	红色	M114		
开关	画面切换开关	绿色	红色	M115		
指示灯	水泵电动机接触器	红色	绿色	Y000	水泵	
指示灯	电加热丝接触器	红色	绿色	Y001	电热	
指示灯	开合模电动机接触器	红色	绿色	Y005	开合	
指示灯	下料电动机接触器	红色	绿色	Y006	下料	
指示灯	射胶电动机接触器	红色	绿色	Y007	射胶	
指示灯	高速	红色	绿色	Y0010	高速	
指示灯	中速	红色	绿色	Y0011	中速	
指示灯	低速	红色	绿色	Y0012	低速	
指示灯	正转	红色	绿色	Y0013	正传	
指示灯	反转	红色	绿色	Y0014	反转	
指示灯	电源指示灯	红色	绿色	Y0020	电源	
指示灯	熔胶下料电动机	红色	绿色	Y0021	熔胶	
指示灯	加热指示灯	红色	绿色	Y0022	加热	
指示灯	射台 - 后退	红色	绿色	Y0023	后退	
指示灯	射台 - 前进	红色	绿色	Y0024	前进	
指示灯	合模	红色	绿色	Y0025	合模	
指示灯	开模	红色	绿色	Y0026	开模	

第四节　触摸屏控制龙门刨床

龙门刨床主拖动系统传统上采用电机扩大机调速系统。电机扩大机由交流电动机 MB 拖动，其输出电压给发电机 G1 的励磁绕组供电，而交流电动机 MA 则拖动发电机 G1 和励磁机 G2，它们又分别给直流电动机的电枢绕组和励磁绕组供电，通过控制电路实现对直流电动机的调速控制，其系统组成如图 3-42 所示。

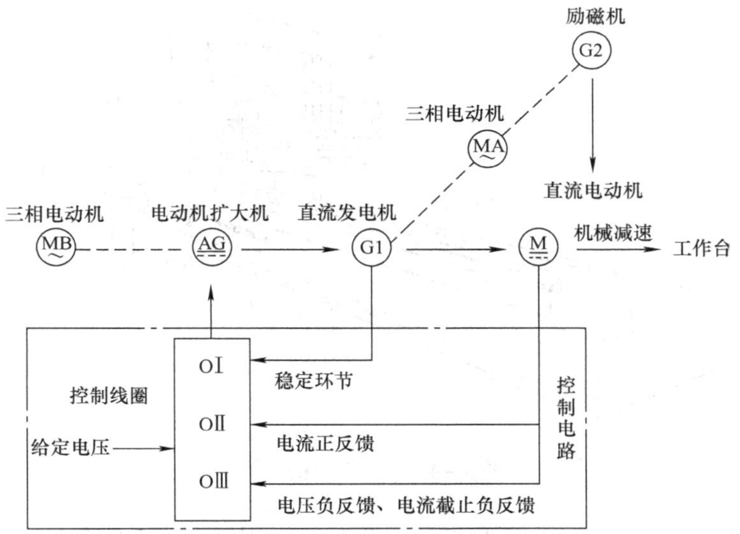

图 3-42　主拖动系统组成

从龙门刨床主拖动系统的组成可以发现，其刨台拖动系统采用 M—G—M（电动机—发电机—电动机组）调速系统。尽管直流电动机在额定转速以上可以进行具有恒功率性质的弱磁调速，但由于在弱磁调速时无法利用电流反馈和速度反馈环节来改善机械特性，所以不能用于切削过程中。同时，该系统中的电动机功率比负载实际所需功率要大很多，能量消耗大。另外，由于调速系统结构复杂，尤其是用到了直流发电机和直流电动机，使其故障率增高、维护保养工作量加大。再者，主拖系统的 M—G—M 调速系统用到了三台功率相近的大功率电动机，也使成本和占地面积明显增加。

一、控制要求

根据龙门刨床主拖动系统的控制要求，采用 PLC、变频器对龙门刨床主拖动系统进行改造，控制要求如下：

1）能按规定的速度完成自动往复循环。

2）调整机床时，工作台能以较低的速度“步进”或“步退”。

3）工作台停止时有制动，防止“爬行”。

4）磨削时应低速。

5）有必要的联锁保护。

6）编制 PLC 控制程序。

7）利用触摸屏对系统进行监控。

二、电路设计分析

1. 龙门刨床的结构

龙门刨床主要用来加工各种平面、斜面、槽，更适合于加工大型而狭长的工件，如机床床身、横梁、立柱、导轨和箱体等。龙门刨床的结构如图 3－43 所示，主要由以下七个部分组成。

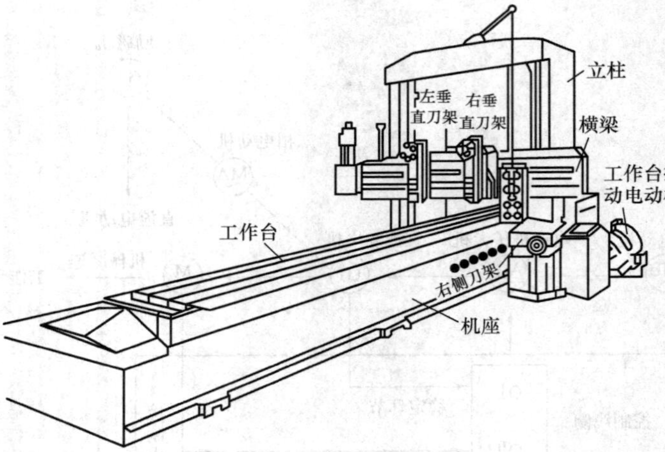

图 3－43　龙门刨床结构

1）机座：是一个箱形体，上有 V 形和 U 形导轨，用于安置工作台。

2）工作台：也叫刨台，用于安置工件。下有传动机构，可顺着床身的导轨作往复运动。

3）立柱：用于安置横梁及刀架。

4）横梁：用于安置垂直刀架，在切削过程中严禁动作，仅在更换工件时移动，用以调整刀架的高度。

5）垂直刀架：安装在横梁上，可沿水平方向移动，刨刀也可沿刀架本身的导轨垂直移动。

6）左右侧刀架：安置在立柱上，可上、下移动。

7）拖动电机：用于拖动工作台的往复循环运动。

2. 龙门刨床的运动

1）主运动：工作台的往复运动。

2）进给运动：刨刀垂直于主运动的运动。

3）辅助运动：横梁的夹紧、放松及升降。

3. 拖动系统的要求

1）调速范围：通常采用直流电动机调压调速，并加一级机械变速，使工作台调速比达到 1:20，工作台低速挡的速度为 6～60m/min，高速挡的速度为 9～90m/min。

2）静差率：要求负载变动时，工作台速度的变化在允许范围内。龙门刨床的静差率一般要求为0.05～0.1，B2012A型龙门刨床的静差率为0.1。

3）工作台往复运动中的速度能根据要求相应变化：刨刀慢速切入（工作台开始前进时速度要慢，以避免刨刀切入工件时的冲击使刨刀崩裂）、刨削加工恒速（刨刀切入工件后，工作台速度增加到规定值，并保持恒定，使得工件表面均匀光滑）、刨刀慢速退出（行程末尾工作台减速，刨刀慢速离开工件，防止工件边缘剥落，减小工作台对机械的冲击）。除此之外，还包括快速返回和缓冲过渡过程。

4）调速方案能满足负载性质的要求：$n<25\mathrm{r/min}$ 时输出转矩恒定，$n>25\mathrm{r/min}$ 时输出功率恒定，低速磨削时 $n=1\mathrm{r/min}$。另外，工作台正反向过渡过程快，需有必要的联锁。

4. 刨台运动的机械特性

下面对刨台的运动特性分两种情况进行分析：

1）低速区：刨台运行速度较低时，刨刀允许的切削力由电动机的最大转矩决定。电动机确定后，即确定了低速加工时的最大切削力。因此，在低速加工区，电动机为恒转矩输出。

2）高速区：刨台运行速度较高时，切削力受机械结构的强度限制，允许的最大切削力与速度成反比。因此，电动机为恒功率输出。

5. 工作台控制电路

1）工作台对电控系统的要求：调整机床时，工作台能以较低的速度“步进”或“步退”；能按规定的速度完成自动往复循环；工作台停止时有制动，防止“爬行”；磨削时应低速；有必要的联锁保护。

2）工作台控制电路：在B2012A型龙门刨床的床身上装有6个行程开关，即前进减速SQ1、前进换向SQ2、后退减速SQ3、后退换向SQ4、前进终端SQ5和后退终端SQ6。工作台侧面装有A、B、C、D共4个撞块，如图3－44所示。减速与换向行程开关的布置见表3-12。

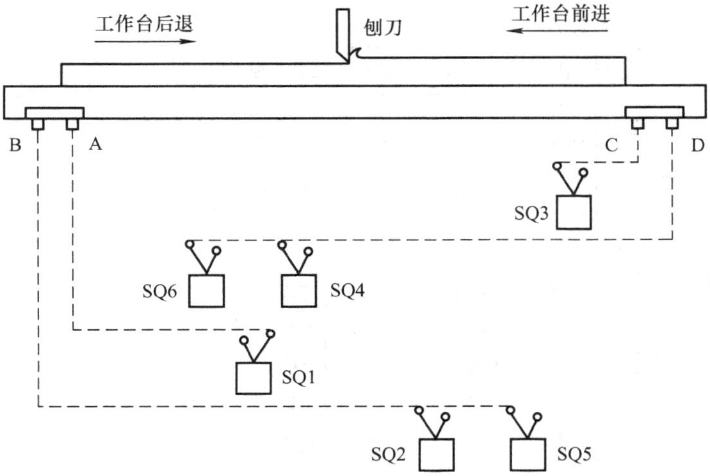

图3-44　行程开关的布置

当主拖动机组起动完毕，横梁已经夹紧，液压泵已经工作，并且机床润滑油供给情况正常时，工作台自动往返工作的控制电路将处于准备状态。

表 3-12　减速与换向时行程开关状态

触点＼状态		原位	加速	工进	减速	停止	快速退回			减速	停止
前进减速行程开关	SQ1	−	−	−	+	+	+	−	−	−	−
前进换向行程开关	SQ2	−	−	−	−	+	−	−	−	−	−
后退减速行程开关	SQ3	+	−	−	−	−	−	−	−	+	+
后退换向行程开关	SQ4	+	−	−	−	−	−	−	−	−	+

注：“+”表示行程开关动作接通，“−”表示行程开关不动作。

三、电路设计

1. 主电路设计

采用变频器对龙门刨床主拖动系统中的刨台进行速度控制，可以克服原设计中的不足，系统框图如图 3-45 所示。

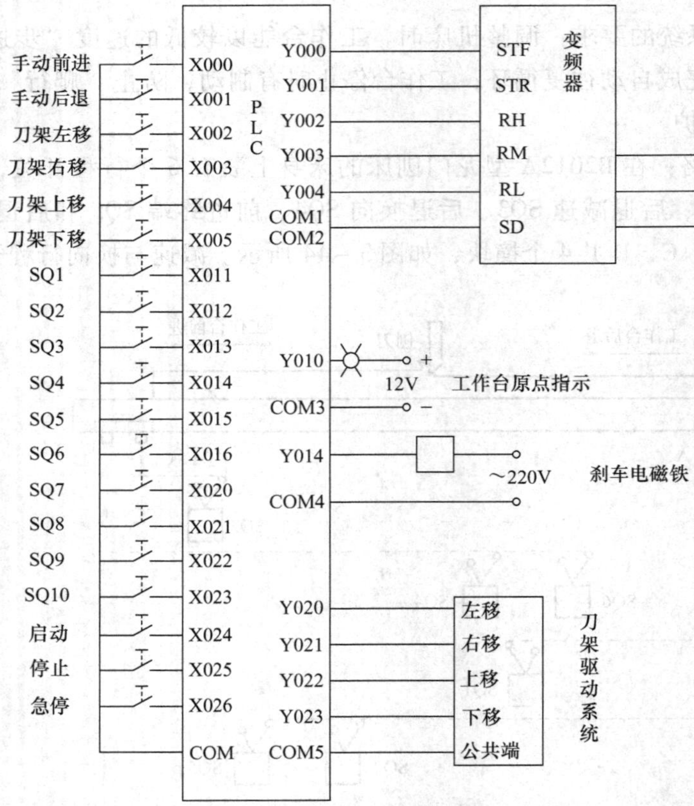

图 3-45　刨台变频调速系统框图

在系统中设置了工作台的手动前进与后退（慢速）控制，并设计了刀架的手动控制，方便加工开始时，直接将刨刀放在合适的位置，提高生产的效率。另外，刀架的运动是根据刨刀运动的方向，由 PLC 触发相应的控制脉冲，再由刀架控制系统驱动刀架的移动。当工作台到达原点时，原点指示灯点亮，提示操作人员当前工作台的状态。当工作台停止运行时，Y014 所控制的电磁铁动作，起制动的作用，防止工作台的“爬行”。SQ1 ~ SQ6 是工作台中的各位置检测点，SQ7 ~ SQ10 为刀架上下左右 4 个位置的限位开关。

根据系统的控制要求，可以利用变频器的多段速度运行功能满足工作台往复运动时的速度要求。低速时用于刨刀切入、刨刀退出，中速时用于刨削加工，高速时用于空刀返回。SQ1 ~ SQ6 用于工作台在工作过程中的减速与换向。输出点包括变频器的控制、刀架的运动控制及原点指示与制动。编制 PLC 的输入/输出（I/O）信号地址分配，见表 3-13。

表 3-13　PLC 的 I/O 信号地址分配

输入信号		输出信号	
功能	地址	功能	地址
手动前进	X000	STF	Y000
手动后退	X001	STR	Y001
刀架左移	X002	RH	Y002
刀架右移	X003	RM	Y003
刀架上移	X004	RL	Y004
刀架下移	X005	工作台原点指示	Y010
SQ1（前行减速）	X010	制动电磁铁	Y014
SQ2（前行换向）	X011	刀架左移脉冲	Y020
SQ3（后退减速）	X012	刀架右移脉冲	Y021
SQ4（后退换向）	X013	刀架上移脉冲	Y022
SQ5（前行终端）	X014	刀架下移脉冲	Y023
SQ6（后退终端）	X015		
SQ7（左限位）	X020		
SQ8（右限位）	X021		
SQ9（上限位）	X022		
SQ10（下限位）	X023		
启动	X024		
停止	X025		
急停	X026		

2. 变频器六段速设置

工作台的运行中，要求有六种不同的速度，在此采用变频器的七段速功能（其中一速不用），其七段速的设定见表3-14。变频器其他的参数设置见表3-15。

表3-14　七段速设置

名称	对应控制端	参数号（Pr.）	设置值/Hz	备注
速度1	RH	4	10	
速度2	RM	5	15	
速度3	RL	6	20	
速度4	RM、RL	24	25	
速度5	RH、RL	25	45	
速度6	RH、RM	26	50	
速度7	RH、RM、RL	27		此处不用

表3-15　基本运行参数设定

参数名称	参数号（Pr.）	设定值
提升转矩	0	5%
上限频率	1	50Hz
下限频率	2	3Hz
基底频率	3	50Hz
加速时间	7	5s
减速时间	8	5s
电子过电流保护	9	3A（以实际使用电动机为准）
加减速基准频率	20	50Hz
操作模式	79	2

四、设计程序

1. 绘制状态流程图

利用PLC状态转移中多进程的特性，这里设立三个流程，分别是进程1，即正常工作进程；进程2，即工作过程的停止操作过程；进程3，即工作过程的紧急停止进程。其流程图如图3-46所示。

1）进程1：在刚开始时，可以手动对龙门刨床的工作台进行慢速地前进后退、刀架的上下左右移动操作，可以在此阶段调整刀架的高度及左、右和下限位，同时还可调整工作台的前行与后退的减速与换向的行程开关位置。在上述调整好之后，先使工作台返回原点，然后等待运行指令。

当按下启动按钮后，工作台就按照工艺所要求的运行程序开始运行。切削的过程中，在不同的工作台位置，其运行速度是不同的，根据要求在程序中设定时间与速度的关系，为提高可靠性，还要根据行程开关的动作（即工作台的位置）对速度和换向做出同样限定，位置开关与时间的条件是逻辑或的关系。刨刀刨一条线后，刀架横向进给一步，再刨第二刀，如此重复，当刨刀到达横向限位时，完成该面一层的切削，然后纵向进给一步，改变刨刀横

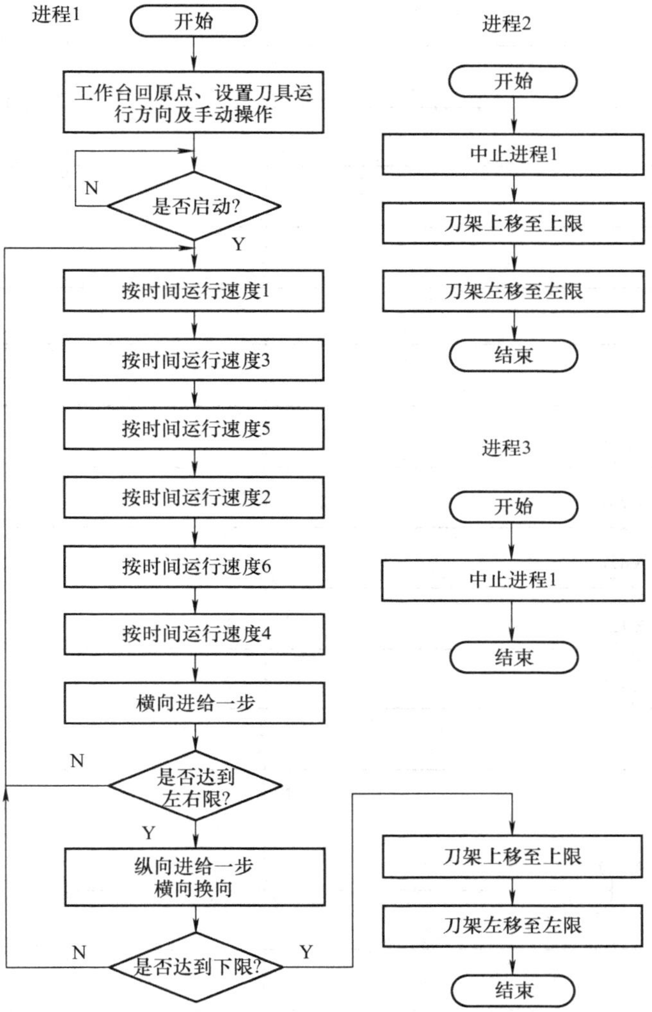

图 3-46　龙门刨床的加工流程图

向进给的方向，再重复上一层的切削过程，也是重复一层层的切削。当下限开关动作时，表明该面的加工完成，刀架先上开到上限位，再移到左限位，本次操作完成。

2）进程 2：在加工过程中，遇有情况需要停机时，按下停止按钮，启动停机的进程。在该进程中，中止进程 1，并将刀架先上移，后左移，最终放置在左上的位置。

3）进程 3：当遇到突发紧急事件时，按下急停按钮，启动急停进程。在该进程中，中止进程 1，工作台与刀架保留在原地不动。

2. 梯形图设计

此加工过程是严格按照步骤顺序加工的，这里采用状态转移的方法编程，其梯形图如图 3-47 所示。

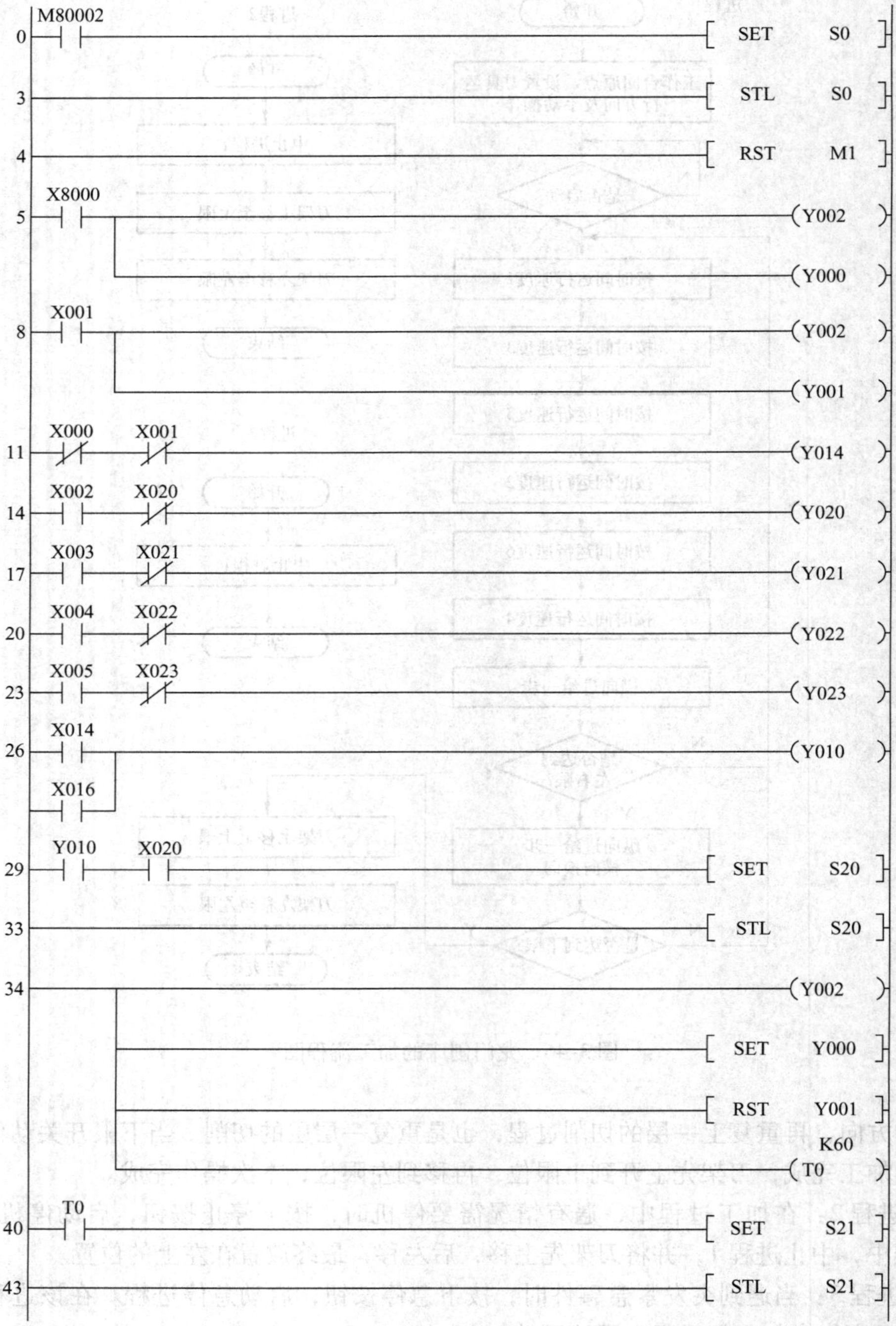

图 3-47　龙门刨床控制梯形图

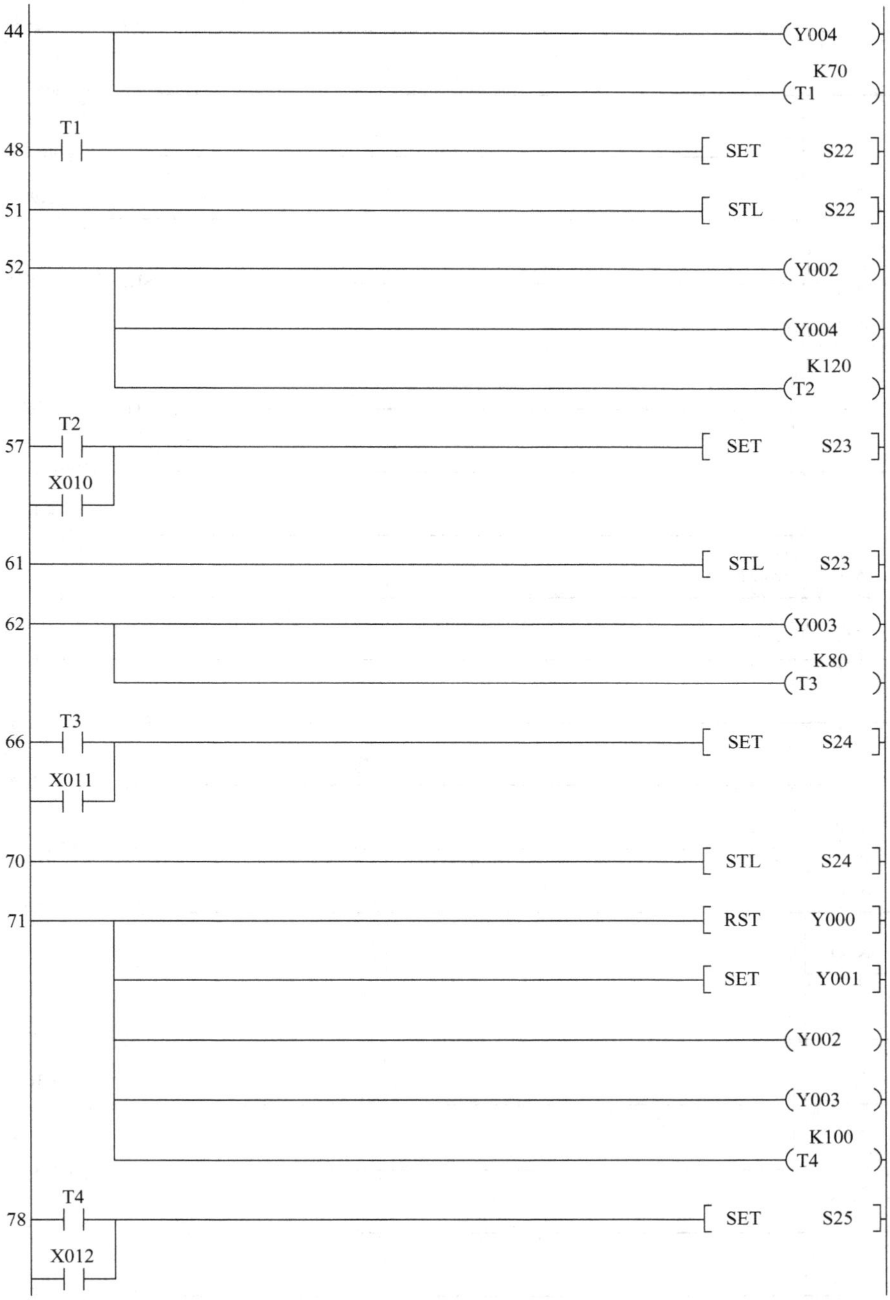

图 3-47 龙门刨床控制梯形图（续）

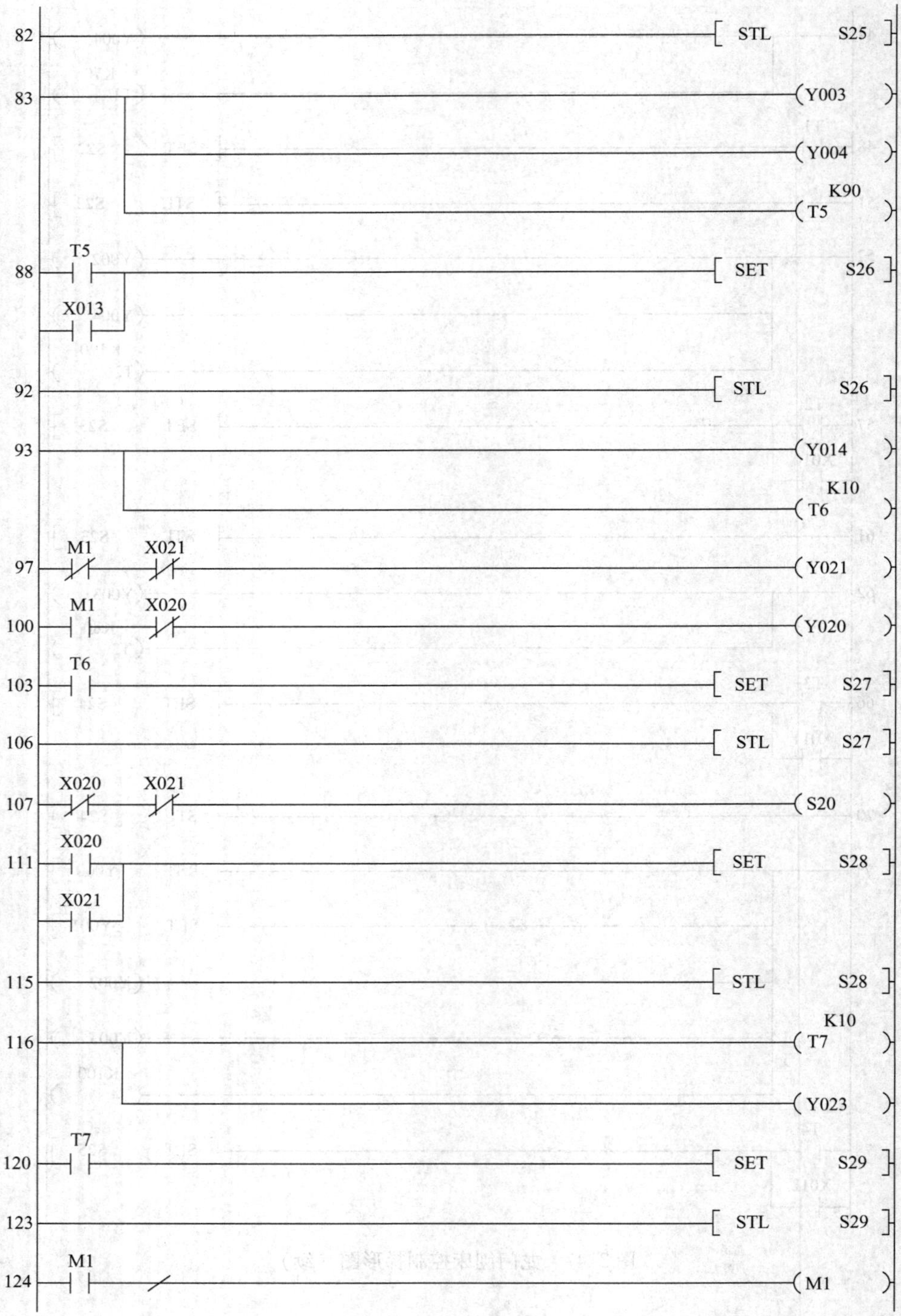

图 3-47　龙门刨床控制梯形图（续）

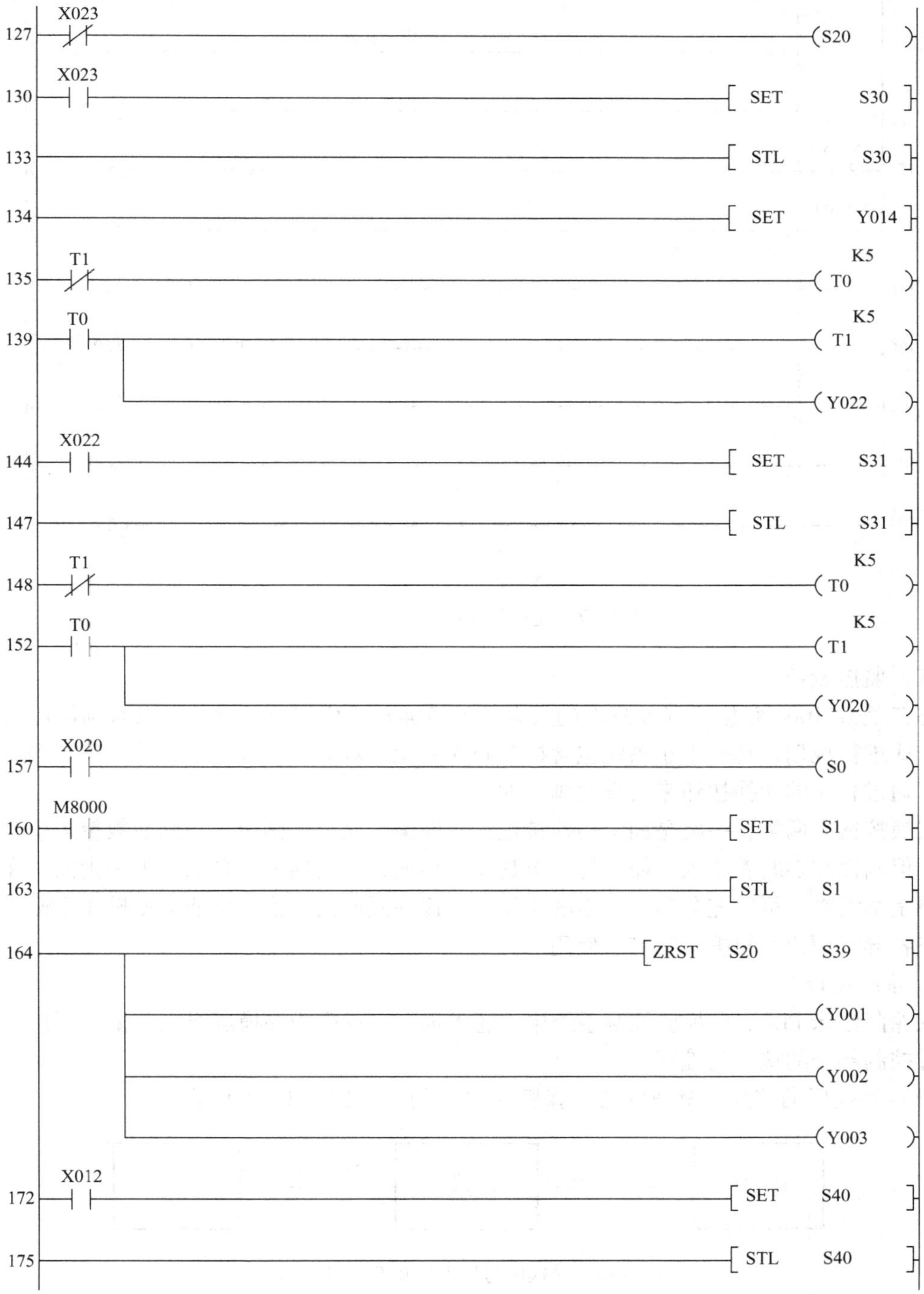

图 3-47　龙门刨床控制梯形图（续）

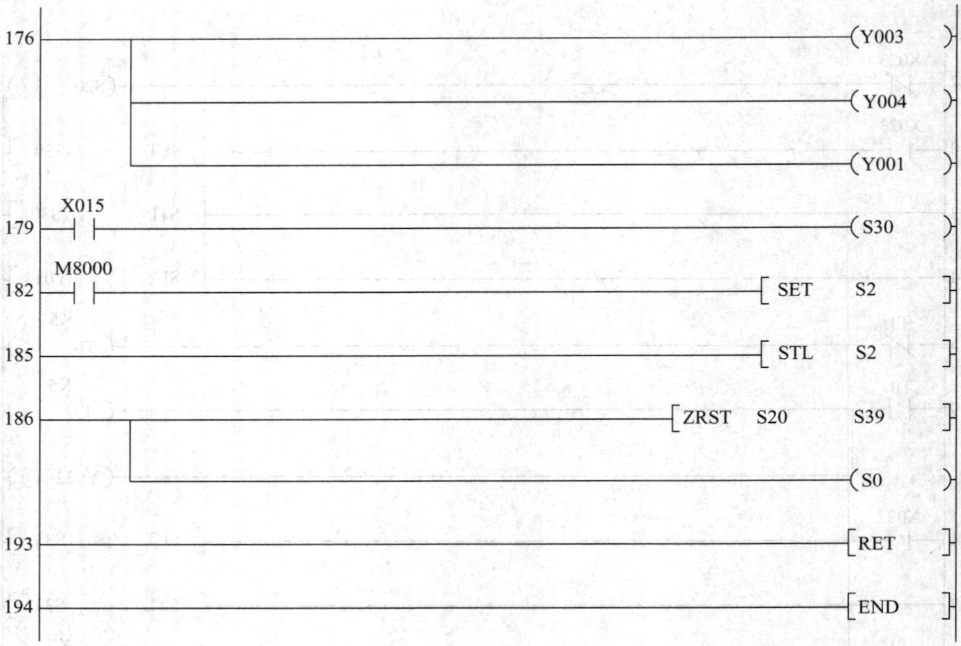

图 3-47　龙门刨床控制梯形图（续）

五、监控设计

在三菱 GT1000 触摸屏（及现有的大多数触摸屏）的应用设计时，可以对画面以功能模块的方式进行规划，每一个小系统包含控制画面单元、数据显示画面单元及趋势图等。在使用中，通过相应的切换按钮来实现对画面的切换。

切换按钮有两类，一类是固定切换按钮，指向某一固定的画面，当画面数量较少时可以使用，但画面较多时就不太方便；另一类是相对切换，即指向上一画面或下一画面，在画面尺寸不是很大时，可以充分利用画面的空间，但逐一画面的切换，可能会使操作变慢。二者优缺点各异，用户可根据实际需求使用。

1. 系统设计

在龙门刨床 PLC、触摸屏控制系统中，还需加一段程序为触摸屏提供数据，再接下来是触摸屏控制部分的接线与编程。

（1）触摸屏的接线　触摸屏与计算机及 PLC 的接线如图 3-48 所示。

图 3-48　触摸屏与计算机及 PLC 的接线

（2）触摸屏应用程序设计　在触摸屏应用程序设计中，同样是要完成系统的建立及画面的制作等内容。

1）新建触摸屏系统文件。新建一触摸屏编辑文件，所用触摸屏为三菱 GT1000 触摸屏，所用 PLC 为三菱 FX 系列。

2）制作触摸屏画面。本系统中建立两个触摸屏画面，一个是工作台运行控制画面，另一个是刀架控制画面，如图 3-49 和图 3-50 所示。在第一个画面中，包含启动、停止、急停、手动前行与手动后退等操作按键。此外，还要有工作台的原点指示、变频器的运行方向、输出频率的显示，以及前行与后退过程中的减速和换向行程开关的动作状况指示；第二个画面中，要有刀架上下左右运行的手动操作按键和相应的行程开关动作状态指示。两个画面还要有画面切换的按键。在画面制作中还要对其属性和对象的外形做出调整。图 3-49 为所有按键及指示灯为 OFF 状态时的画面，图 3-50 为所有按键及指示灯为 ON 状态时的画面。各对象的属性见表 3-16。

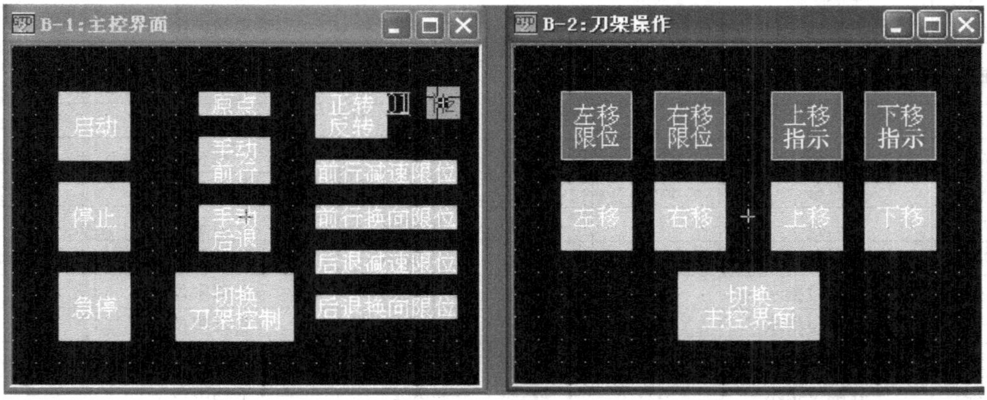

图 3-49 触摸屏控制画面（所有按键及指示灯为 OFF 状态）

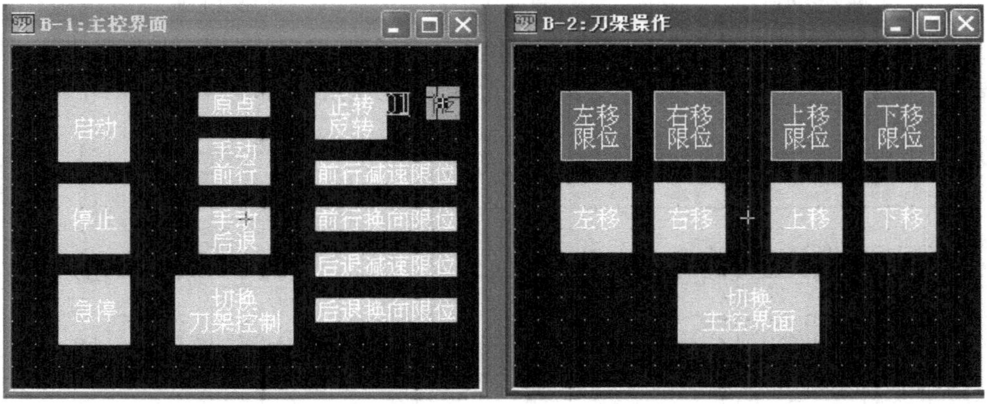

图 3-50 触摸屏控制画面（所有按键及指示灯为 ON 状态）

3）设置各按键与 PLC 中软元件的对应关系。在上述画面完成后，将切换按键以外的所有对象通过属性的修改与 PLC 软元件建立对应关系。

表 3-16 各对象的属性

对象	名称	颜色		对应软元件	文本内容	其他
		OFF	ON			
开关	启动	蓝色	绿色	X0024	启动	点动
开关	停止	蓝色	绿色	X0025	停止	点动
开关	急停	蓝色	绿色	X0026	急停	点动

（续）

对象	名称	颜色		对应软元件	文本内容	其他
		OFF	ON			
开关	手动前行	蓝色	绿色	X00	手动前行	点动
开关	手动后退	蓝色	绿色	X01	手动后退	点动
指示灯	原点	黑色	绿色	Y010	原点	
指示灯	正转	黑色	绿色	Y000	正转	
指示灯	反转	黑色	绿色	Y001	反转	
指示灯	前行减速限位	黑色	绿色	X010	前行减速限位	
指示灯	前行换向限位	黑色	绿色	X011	前行换向限位	
指示灯	后退减速限位	黑色	绿色	X012	后退减速限位	
指示灯	后退换向限位	黑色	绿色	X013	后退换向限位	
数字显示	变频器输出频率			D0	变频器输出频率	2 位数字，无小数位
文本框	Hz				Hz	
开关	左移	蓝色	绿色	X002	左移	点动
开关	右移	蓝色	绿色	X003	右移	点动
开关	上移	蓝色	绿色	X004	上移	点动
开关	下移	蓝色	绿色	X005	下移	点动
指示灯	左移限位指示	黑色	红色	X020	左移限位	
指示灯	右移限位指示	黑色	红色	X021	右移限位	
指示灯	上移限位指示	黑色	红色	X022	上移限位	
指示灯	下移限位指示	黑色	红色	X023	下移限位	
页面切换	切换刀架控制	蓝色	绿色		切换刀架控制	
页面切换	切换主控界面	蓝色	绿色		切换主控界面	

（3）频率显示的 PLC 编程　针对触摸屏中显示变频器的输出频率，需要在 PLC 中编写一段程序，补充在上一任务的程序中，梯形图如图 3-51 所示。

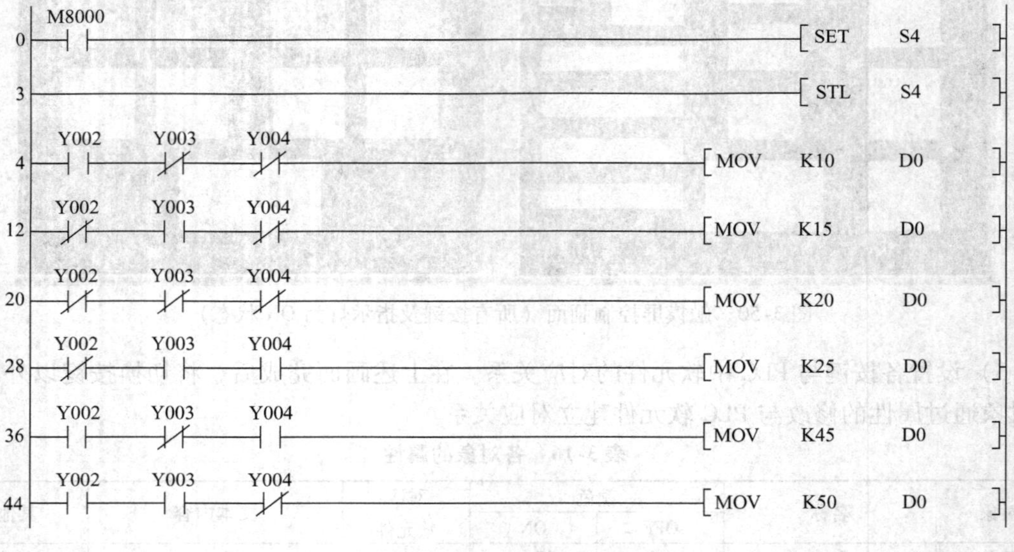

图 3-51　要增加的部分程序梯形图

第五节　触摸屏控制带式输送机

带式输送机是一种以摩擦驱动方式运输物料的机械，可以将输送线上的物料从供料点传送到卸料点，形成一物料输送流程。它既可以输送碎散物料，也可以输送成件物品，还可以与工业企业生产流程中的工艺过程相配合，形成有节奏的流水作业运输线。根据输送工艺要求，带式输送机可以单台输送，也可多台输送，或与其他输送设备组成水平或倾斜的输送系统，以满足不同布置形式作业线的需要。

带式输送机具有输送量大、结构简单、维修方便、部件标准化等优点，广泛应用于食品、冶金、化肥、煤炭、矿产等多种行业企业。

一、控制要求

在建材、化工、机械、冶金、矿山等工业生产中广泛使用带式输送系统运送原料或物品。供电由电阀 DT 控制，电动机 M1、M2、M3、M4 分别用于驱动带式输送线 PD1、PD2、PD3、PD4。储料仓设有空仓和满仓信号。多带式输送机如图 3-52 所示。

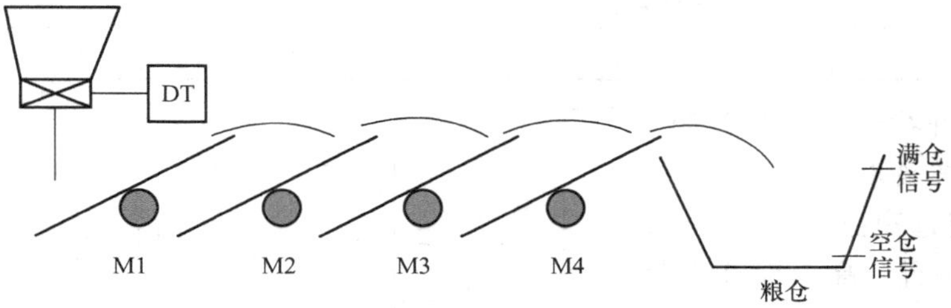

图 3-52　多带式输送机示意图

1）正常启动顺序（空仓或启动按钮）。仓空或按启动按钮的启动顺序为

M1 ⟶ DT ⟶ M2 ⟶ M3 ⟶ M4　间隔 5s

2）故障后启动顺序（紧急停机后的启动）。为避免前段传输带上造成物料堆积，要求物料流动方向按一定时间间隔顺序启动，即

M4 ⟶ M3 ⟶ M2 ⟶ M1 ⟶ DT　间隔 10s

3）正常停止顺序（满仓或按钮正常停机）。为使传送带上不留物料，要求沿物料流动方向按一定时间间隔顺序停止，即

DT ⟶ M1 ⟶ M2 ⟶ M3 ⟶ M4　间隔 5s

4）热继电器动作，无条件全部停机。

5）具有点动功能。

6）带式输送机触摸屏监控界面，如图 3-53 所示。

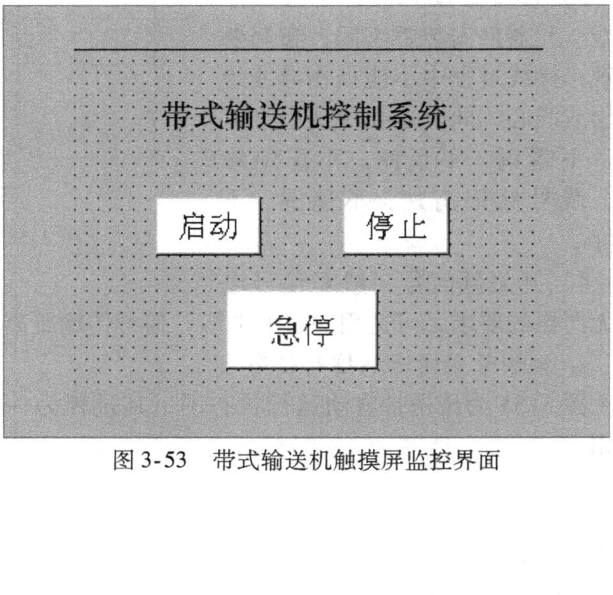

图 3-53　带式输送机触摸屏监控界面

二、PLC 程序设计

1. I/O 分配（见表 3-17）

表 3-17 I/O 分配

输入端	功能	输出端	功能
X000	自动/手动转换	Y000	DT 电磁阀
X001	自动启动	Y001	M1 电动机
X002	正常停止	Y002	M2 电动机
X003	紧急停止	Y003	M3 电动机
X004	点动 DT 电磁阀	Y004	M4 电动机
X005	点动 M1		
X006	点动 M2		
X007	点动 M3		
X010	点动 M4		
X011	满仓信号		
X012	空仓信号		

2. PLC 外部接线（见图 3-54）

3. 安装工艺要求

1）PLC 应远离强干扰源，如大功率可控硅装置、高频焊机和大型动力设备等。

2）通信电缆要求可靠性高。有的通信电缆的信号频率很高（如兆赫以上），一般应选用 PLC 生产厂家提供的专用电缆，在要求不高或信号频率较低时，也可以选用带屏蔽的双绞线电缆。

3）接线要按 PLC 外部接线图接线。元器件安装要牢固，布局要美观；接线过程中不能损伤导线绝缘层或线心，同时还要保证节点紧固、不露铜、不反圈、不压绝缘层，线号标记清楚、不遗漏、不误标。

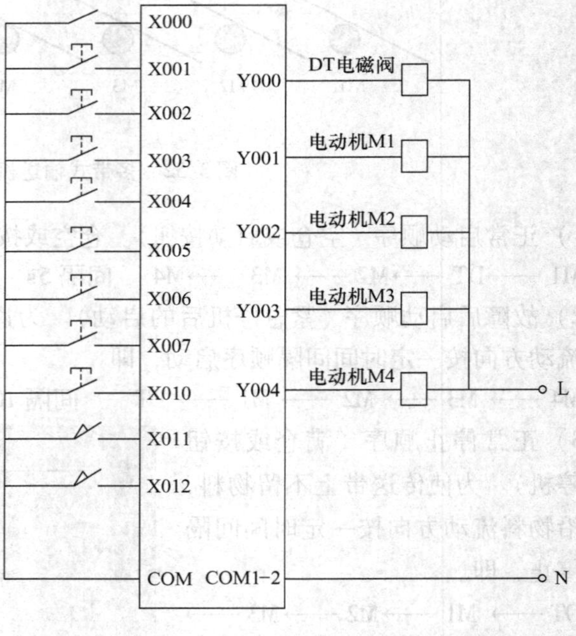

图 3-54 带式输送机控制 PLC 外部接线

4）开关量信号一般对信号电缆无严格的要求，可选用一般的电缆，信号传输距离较远时，可选用屏蔽电缆。

4. 编制带式输送机控制程序

图 3-55 为传送带自动运行状态图，其过程为一子程序，由图 3-56 所示程序状态图所调用。

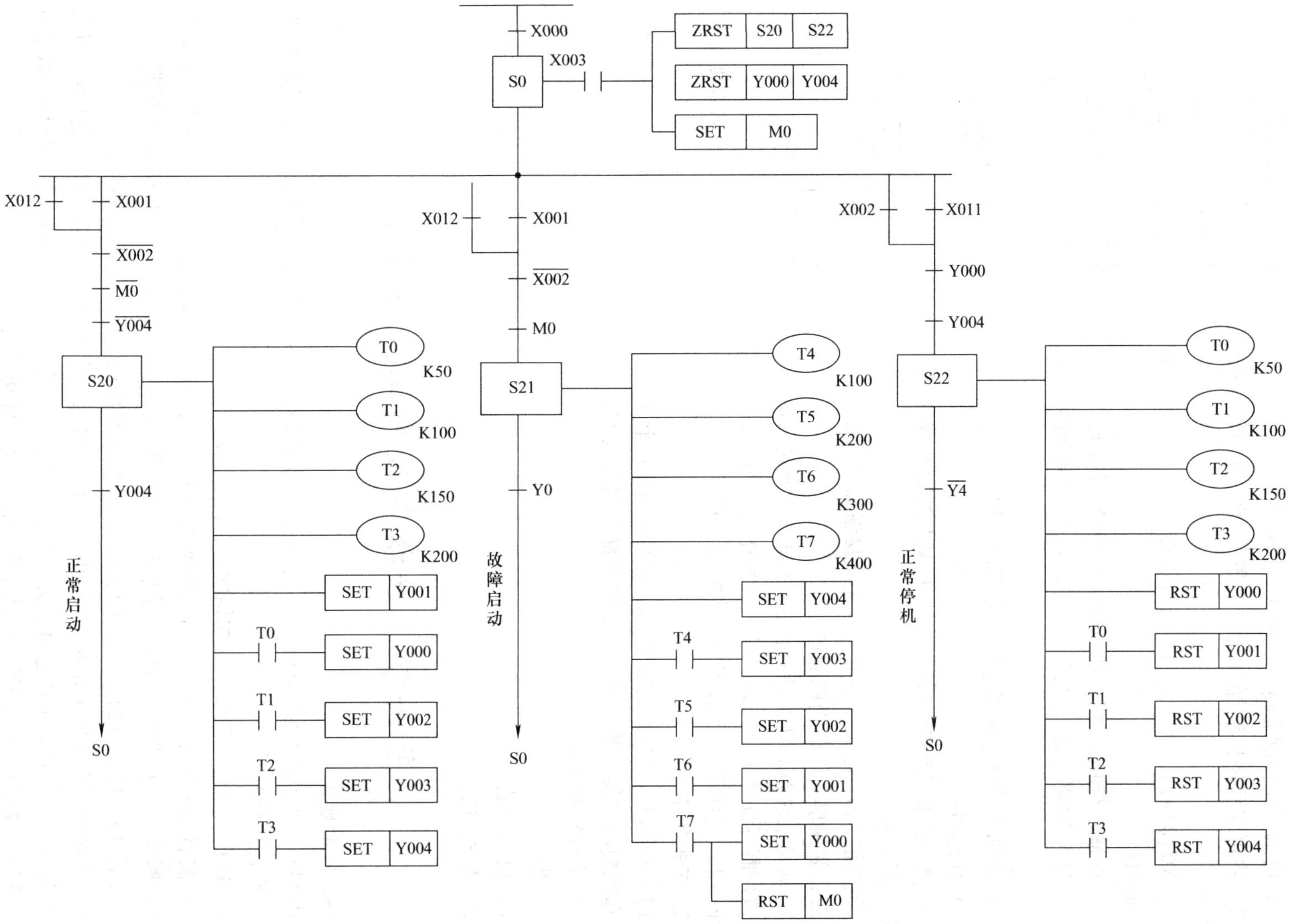

图 3-55　带式输送机自动程序

5. 调试步骤

1）可编程序控制器清零后输入正确指令。

2）将可编程序控制器运行开关置“ON”位置，调试运行程序。

3）X0 接通后，再启动 X1 运行自动程序，X0 断开后运行手动程序。

4）按输入/输出接线，注意相线接接触器线圈。

5）按控制要求运行此程序，按 X3 后再启动属于故障启动。

6）分别实验空仓和满仓信号是否起作用。

7）注意事项：

① 当一次运行程序不正常时，下次重新运行程序前请先清零，再运行。

② 若接 220V 电压接触器时，先接接触器线圈。

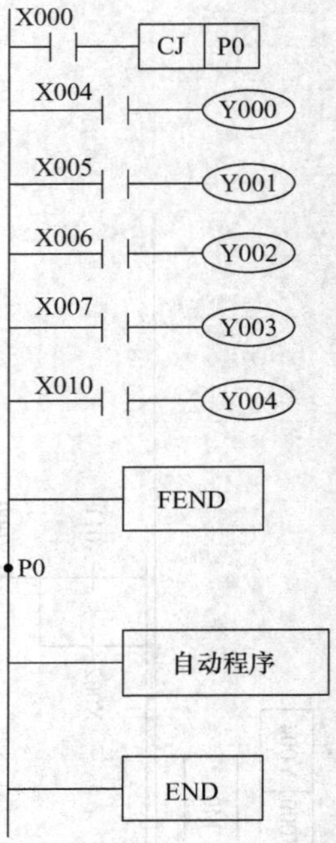

图 3-56　带式输送机自动程序

三、触摸屏监控画面的制作

1. 利用触摸屏软件制作如图 3-53 所示的监控画面

该控制界面主要由启动、停止等按钮功能组成。“启动”、“停止”和“急停”分别对应 PLC 的 X1、X2 和 X3。

2. 下载程序

1）下载 PLC 程序。首先利用匹配的通信电缆将 PLC、计算机和触摸屏连接，然后将任务实施的梯形图送入 PLC。

2）下载触摸屏程序。

3. 调试

1）模拟调试。

2）系统调试。

第六节　触摸屏控制工业洗衣机

一、控制要求

用 PLC、变频器和触摸屏设计一个工业洗衣机的综合控制系统，控制流程如图 3-57 所示。其控制要求如下：

1）PLC 一通电，系统进入初始状态，准备启动。

2）按启动按钮开始进水，当水位到达高水位时，停止进水，并开始正转洗涤。正转洗涤 15s，暂停 3s，反转洗涤 15s，暂停 3s，此过程为一次小循环。若小循环次数不满 3 次，则正转洗涤 15 s 后，开始下一个小循环；若小循环次数达到 3 次，则开始排水。

3）当水位下降到低水位时，开始脱水并继续排水，脱水时间为 10s，10s 时间到，即完成一次大循环。若大循环未达到 3 次，则返回进水，开始下一次大循环；若大循环次数达到 3 次，则进行洗完报警。报警 10s 后结束全部过程，自动停机。

4）洗衣机“正转洗涤 15s”和“反转洗涤 15s”过程，要求使用变频器驱动电动机，且实现3段速运行，即先以30Hz速度运行5s，接着变为45Hz速度运行5s，最后以25Hz速度运行5s。

5）脱水时的变频器输出频率为50Hz，设定其加速、减速时间均为2s。

6）通过触摸屏设定启动按键、停止按键，显示正反转运行时间、循环次数等参数。

二、设计要求分析

1. 工作原理分析

图3-58为洗衣机实物示意图，洗衣机的洗衣筒（外筒）和脱水筒（内筒）是以同一中心安放的。外筒固定，用于盛水。内筒可以旋转，用于脱水（甩干）。内筒的四周有很多小孔，使内、外筒的水流相通。

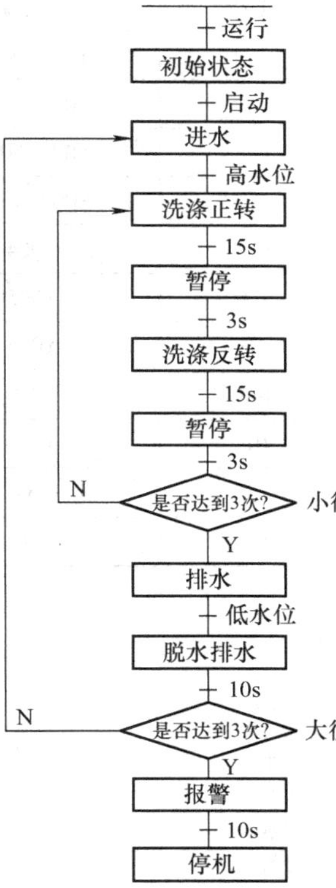

图3-57　控制流程

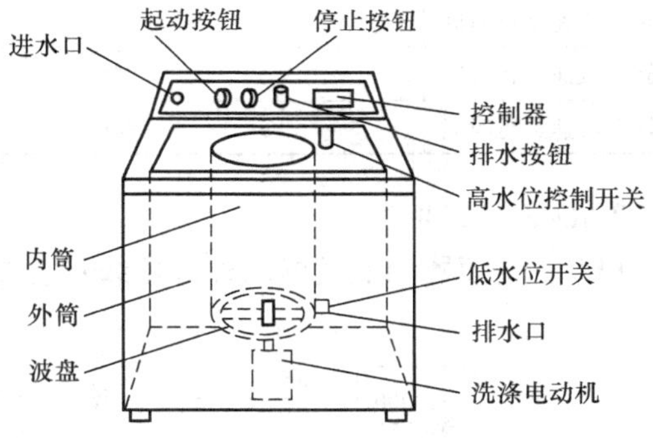

图3-58　洗衣机实物示意图

洗衣机的进水和排水分别由进水电磁阀和排水电磁阀来执行。进水时，通过电控系统使洗衣机进水电磁阀打开，经进水管将水注入外筒；排水时，通过电控系统使排水电磁阀打开，将水由外筒排出机外。洗涤正转、反转由洗涤电动机驱动波盘正、反转来实现，此时脱水筒（内筒）并不旋转。脱水时，通过电控系统将离合器合上，由洗涤电动机带动脱水筒（内筒）正转进行甩干。高低压水位开关分别用来检测高、低水位；启动按钮用来启动洗衣机工作；停止按钮用来实现手动进水、排水、脱水及报警；排水按钮用来实现手动排水。

2. 设计思路

1）用PLC控制整个运行过程，包括检测高、低水位、进水、排水、脱水及报警等。

2）洗衣机正转洗涤15s和反转洗涤15s的过程，要使用FR-E740型变频器实现3段速运行。变频器正、反转运行信号通过 PLC 的输出继电器来提供（即通过 PLC 控制变频器的 RM、RH、STF、STR 端子与 SD 端子的通断）。

3）用触摸屏实现画面监控功能。

三、程序设计和变频器的参数设定

1. PLC 与触摸屏的软元件分配

根据系统的控制要求、设计思路和变频器的设定参数，PLC 的输入/输出（I/O）端口分配见表 3-18。

表 3-18　PLC I/O 端口分配

输入端			输出端		
设备名称/功能	代号	软元件编号	设备名称/功能	代号	软元件编号
启动按钮	SBO	X000/M1	进水		Y000/M100
停止按钮	SB1	X001/M2	排水		Y001/M101
排水按钮	SB2	X002	脱水		Y002/M102
高水位	SQl	X003	报警		Y003/M103
低水位	SQ2	X004	运行信号（正转）	STF	Y004
正转 1 段速运行时间		TO	运行信号（反转）	STR	Y005
正转 2 段速运行时间		T1	1 速	RH	Y006
正转 3 段速运行时间		T2	2 速	RM	Y007
反转 1 段速运行时间		T3	3 速	RL	Y010
反转 2 段速运行时间		T4	小循环次数		CO
反转 3 段速运行时间		T5	大循环次数		C1

2. 画出接线图

PLC、变频器和触摸屏的外部接线示意图如图 3-59 所示。

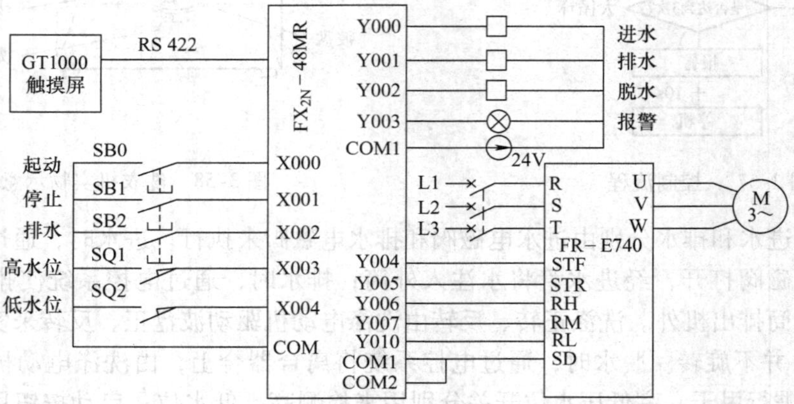

图 3-59　PLC、变频器和触摸屏的外部接线示意图

3. 设计 PLC 程序

该系统的程序设计既可采用基本指令，又可采用步进指令。根据控制要求，设计出控制